Steffen Praetorius
Britta Schößer

Bentonithandbuch
Ringspaltschmierung für den Rohrvortrieb

Bentonithandbuch

Ringspaltschmierung für den Rohrvortrieb

Steffen Praetorius
Britta Schößer

Dipl.-Geol. Steffen Praetorius
Herrenknecht AG
Business Unit Utility Tunnelling
Schlehenweg 2, 77963 Schwanau – Allmannsweier

Dr.-Ing. Britta Schößer
Ruhr-Universität Bochum
Lehrstuhl für Tunnelbau, Leitungsbau und Baubetrieb
Universitätsstr. 150, 44801 Bochum

Titelbild: Prinzipieller Aufbau der Bentonitschmierung im Standardsystem Herrenknecht
Quelle: Herrenknecht AG

Bibliografische Information der Deutschen Nationalbibliothek
Die Deutsche Nationalbibliothek verzeichnet diese Publikation in der Deutschen Nationalbibliografie; detaillierte bibliografische Daten sind im Internet über http://dnb.d-nb.de abrufbar.

© 2016 Wilhelm Ernst & Sohn,
Verlag für Architektur und technische Wissenschaften GmbH & Co. KG,
Rotherstraße 21, 10245 Berlin, Germany

Alle Rechte, insbesondere die der Übersetzung in andere Sprachen, vorbehalten. Kein Teil dieses Buches darf ohne schriftliche Genehmigung des Verlages in irgendeiner Form – durch Fotokopie, Mikrofilm oder irgendein anderes Verfahren – reproduziert oder in eine von Maschinen, insbesondere von Datenverarbeitungsmaschinen, verwendbare Sprache übertragen oder übersetzt werden.

All rights reserved (including those of translation into other languages). No part of this book may be reproduced in any form – by photoprinting, microfilm, or any other means – nor transmitted or translated into a machine language without written permission from the publisher.

Die Wiedergabe von Warenbezeichnungen, Handelsnamen oder sonstigen Kennzeichen in diesem Buch berechtigt nicht zu der Annahme, daß diese von jedermann frei benutzt werden dürfen. Vielmehr kann es sich auch dann um eingetragene Warenzeichen oder sonstige gesetzlich geschützte Kennzeichen handeln, wenn sie als solche nicht eigens markiert sind.

Umschlaggestaltung: stilvoll – Werbe- und Projektagentur
Satz: Reemers Publishing Services GmbH, Krefeld
Druck und Bindung: Media-Print Informationstechnologie GmbH, Paderborn

Printed in the Federal Republic of Germany.
Gedruckt auf säurefreiem Papier.

Print ISBN: 978-3-433-03136-0
ePDF ISBN: 978-3-433-60659-9
ePub ISBN: 978-3-433-60657-5
eMobi ISBN: 978-3-433-60658-2
oBook ISBN: 978-3-433-60656-8

Für Angela, Lucia und Luana
S.P.

Für Holger, Leo und Ole
B.S.

Danksagung

Der intensive fachliche Austausch über Herausforderungen in der Vortriebspraxis und über Erkenntnisse der Wissenschaft hat Eingang in das vorliegende Bentonithandbuch gefunden und lässt neue (Forschungs-)Ideen wachsen. Für wertvolle Beiträge danken wir den Mitarbeitern der Abteilung After Sales der BU Utility Tunnelling der Herrenknecht AG sowie dem erfahrenen und engagierten Fachpersonal auf den Rohrvortriebsbaustellen. Für vertiefte Diskussionen sprechen wir Frau Dipl.-Ing. Geotechnik/Bergbau *Christel Flittner*, Herrn Dipl.-Ing. Tiefbohrtechnik *Oliver Knopf*, Frau *Irmhild Lauter*, Herrn *Ulrich Schröder*, Herrn *Hermann Spengler* und Herrn Dipl.-Geol. *Björn Zenner* unseren Dank aus.

Einen besonderen Beitrag hat Herr Dipl.-Geol. *Matthias Botzenhardt* durch seine fachliche Unterstützung bei der Erarbeitung der Thematik zu den Additiven geleistet. Die Erstellung der Zeichnungen und Texte wurden durch Herrn Dipl.-Ing. *Nick Biermann*, Frau *Melanie Ruff*, Herrn *Roman Duda* und Herrn *Tobias Bucher* unterstützt.

Wir danken aufrichtig Herrn Prof. Dr.-Ing. *Markus Thewes* und Herrn Dr.-Ing. *Marc Peters* sowie den Kollegen der Forschungs- und Entwicklungsabteilung BU Utility Tunnelling der Herrenknecht AG und am Lehrstuhl für Tunnelbau, Leitungsbau und Baubetrieb der Ruhr-Universität Bochum für die wohlwollende Unterstützung und die angenehme Atmosphäre. Dem Verlag Ernst & Sohn und insbesondere Herrn Dr. *Helmut Richter*, Frau *Esther Schleidweiler* und Herrn Dr. *Michael Bär* gebührt unser Dank für die Unterstützung bei der Umsetzung und Gestaltung dieses Buchs.

Anregungen und Hinweisen werden gern entgegengenommen.

Steffen Praetorius und *Britta Schößer*

Vorwort

Der Rohrvortrieb ist ein unverzichtbares Bauverfahren für den Bau unterirdischer Leitungen. Die konsequente Verbesserung der Maschinentechnik in den letzten Jahrzehnten hat dazu geführt, dass Vortriebsprojekte in nahezu jeder Geologie und Hydrogeologie mit anspruchsvoller Trassierung realisiert werden. Der Erfolg eines Rohrvortriebs wird vom reibungslosen Zusammenspiel der Vortriebstechnik und der verfahrenstechnischen Abläufe getragen. Potenzielle Risiken zu minimieren und erreichbare Vortriebslängen zu erhöhen, sind Teil der Herausforderungen, die sich bei Rohrvortriebsprojekten täglich stellen.

Die Entwicklung der Vortriebskraft über die Vortriebslänge – und insbesondere die Mantelreibung entlang des Rohrstrangs – ist ein zentraler Punkt bei der Durchführung von Rohrvortrieben. Mithilfe hoher Ausführungsstandards können erhöhte Pressenkräften und daraus resultierende Vortriebsverzögerungen oder Vortriebsstillstände vermieden werden. Ein wesentliches Element zur Begrenzung der Mantelreibung ist eine funktionierende Ringspaltschmierung, bei der das Schmiermittel und die Schmiertechnik auf die Randbedingungen des Vortriebs und insbesondere auf den Baugrund abgestimmt sind. Beide Komponenten – Schmiermittel und Schmiertechnik – hängen von wichtigen Details ab und erfordern ein gutes Grundlagenverständnis der Ausführungsbeteiligten.

Das Schmiermittel besteht meist aus einer Bentonitsuspension, deren rheologische Parameter Fließgrenze und Viskosität an die bestehenden geologischen Randbedingungen der Vortriebsmaßnahme angepasst werden müssen. Es ist fachgerecht herzustellen und die rheologischen Parameter sind normgerecht zu messen. Mithilfe der Schmiertechnik wird das Schmiermittel in ausreichender Menge kontinuierlich in den Ringspalt eingebracht. Vorab sind die Verbrauchsmengen des Schmiermittels über den Vortriebsverlauf zu bestimmen, zeitgerecht herzustellen und in ausreichenden Volumina vorzuhalten. Diese Zahlen hängen direkt von der Größe der Vortriebsmaschine und der Vortriebsrohre sowie von den bodenmechanischen Parametern Kornverteilung, Lagerungsdichte und Durchlässigkeit ab. Beim Einsatz eines automatischen Bentonitschmiersystems sind die Anzahl der Injektionsstutzen im Rohrquerschnitt einer Schmierstation ebenso festzulegen wie der Abstand der Schmierstationen und deren Schmierintervalle in Vortriebsmaschine und Rohrstrang.

Die präzise Abstimmung der einzelnen Aspekte aufeinander ermöglicht es, den Ringspalt um den Rohrstrang aufrecht zu erhalten, den Reibungsbeiwert zwischen Vortriebsrohr und Boden deutlich herab zu setzen und zusammenfassend die Mantelreibung im Vortriebsverlauf beherrschbar zu halten.

Das vorliegende Bentonithandbuch behandelt umfassend die relevanten Komponenten der Ringspaltschmierung. Es kann als Planungshilfe und als Leitfaden für den Baustelleneinsatz gute Dienste leisten. Darin können jedoch nicht alle Problemstellungen der Praxis des Rohrvortriebs erschöpfend behandelt werden. Eigenverantwortliches Handeln gut ausgebildeter Ingenieure muss auch bei Anwendung dieses Buchs die Grundlage einer guten und erfolgreichen Ausführungspraxis bleiben.

Univ.-Prof. Dr.-Ing. *Markus Thewes*

Inhaltsverzeichnis

Liste der verwendeten Symbole		XV
I. Griechische Symbole		XV
II. Lateinische Symbole		XV
1	**Grundlagen**	1
1.1	Grundlagen und technische Ausführung von Bentonitschmiersystemen	1
1.1.1	Steuerungseinheit	2
1.1.2	Mischbehälter	2
1.1.3	Vorratsbehälter	3
1.1.4	Hauptpressstation	3
1.1.5	Vortriebsmaschine	3
1.1.6	Schmierring	3
1.1.7	Zwischenpressstation (Dehnerstation)	3
1.1.8	Vortriebsrohr	3
1.1.9	Schmierstation	4
1.1.10	Injektionsstutzen	4
1.1.11	Bentonitpumpe	5
1.1.12	Druckluftzuführung	5
1.1.13	Steuerkabel	5
1.1.14	Bentonit- oder Zuführungsleitung	5
1.2	Ringspaltschmierung beim Rohrvortrieb	5
1.3	Vorbemerkungen zum Baugrund	6
2	**Bentonit und Bentonitsuspensionen**	9
2.1	Zusammensetzung und Struktur	9
2.2	Quellverhalten	10
2.3	Kartenhausstruktur und Thixotropie	11
2.4	Fließgrenze, Viskosität und Gelstärke	12
2.5	Stabilität	17
2.6	Gebräuchliche Bentonitarten	19
2.6.1	Natürlicher Bentonit (Ca oder Na)	19
2.6.2	Aktivierter oder Aktivbentonit	19
2.6.3	Bentonit mit Polymerzugabe	20
3	**Additive**	21
3.1	Polymere	21
3.1.1	Funktionsweisen von Polymeradditiven	21
3.2	Arten von Polymeradditiven	25
3.2.1	Stärke	25
3.2.2	Xanthan	25
3.2.3	Guaran	26
3.2.4	Modifizierte Cellulosen (PAC, MEC, HEC, CMC)	27
3.2.5	Polyacrylamid/-acrylat	27
3.3	Übersicht über Polymeradditive und ihre Funktionen	28

4	**Fachgerechte Herstellung von Bentonitsuspensionen**	29
4.1	Anmischen	29
4.1.1	Vorgehensweise beim Herstellen der Suspension	30
4.2	Mischtechnik	33
4.3	Mischanweisungen	34
4.3.1	Mischanweisung für Mischer mit Mischpumpe	34
4.3.2	Mischanweisung für Mischer mit Wasserstrahlpumpe	35
4.4	Quelltanks	35
5	**Eigenschaften der Suspension und verwendete Messverfahren**	37
5.1	Viskosität: Marsh-Trichter	37
5.2	Fließgrenze: Kugelharfe	40
5.3	Viskosität und Gelstärke: Rotationsviskosimeter	42
5.4	Filtratwasserabgabe und Filterkuchenbildung: Filterpresse	43
5.5	Dichte	45
5.5.1	Messung mithilfe einer Spülungswaage	45
5.5.2	Messung mithilfe eines Pyknometers	45
5.6	Wasserhärte: Messstreifen	46
5.7	pH-Wert	46
5.7.1	Bestimmung mittels pH-Messstreifen	46
5.7.2	Messung mittels eines pH-Meters	46
5.8	Leitfähigkeit	46
5.9	Temperatur	47
6	**Baugrund und Grundwasser**	49
6.1	Geologie von Festgesteinen	49
6.1.1	Klassifikation von Festgesteinen	50
6.1.2	Mineralbestand und Mineralgefüge	50
6.1.3	Einaxiale Gesteinsdruckfestigkeit	51
6.1.4	Zugfestigkeit	53
6.1.5	Gebirgsfestigkeit	54
6.1.6	Gesteinsabrasivität	54
6.1.7	Trennflächengefüge	55
6.1.8	Verwitterungsgrad	59
6.1.9	Gebirgsklassifikation	60
6.2	Geologie von Lockergesteinen	65
6.2.1	Art der Minerale	65
6.2.2	Korngröße und Kornverteilung	65
6.2.3	Kornrundung	77
6.2.4	Poren	78
6.2.5	Lagerungsdichte	80
6.2.6	Scherfestigkeit	82
6.2.7	Konsistenzgrenzen	83
6.2.8	Quellfähigkeit	85
6.3	Standfestigkeit und Standzeit	85
6.3.1	Beurteilung der Standfestigkeit nach dem Ortsbrustverhalten	85
6.3.2	Beurteilung der Standzeit mithilfe des RMR- und Q-Systems	87

6.4	Hydrogeologie	88
6.4.1	Hydrogeologische Grundbegriffe	88
6.4.2	Durchlässigkeit	89
6.4.3	Bestimmung der Durchlässigkeit im Lockergestein	93
6.4.4	Bestimmung der Durchlässigkeit im Festgestein	96
6.5	Auswirkung verschiedener Gesteinseigenschaften auf die Anwendung von Bentonit	100
6.6	Kontaminationen in Baugrund, Grund- und/oder Anmachwasser	101
6.6.1	pH-Wert	101
6.6.2	Salzwasser	102
6.6.3	Wasserhärte aufgrund von Calcium- oder Magnesiumionen	102
6.6.4	Chlor	103
6.6.5	Eisen	103
6.6.6	Huminsäuren	103
6.6.7	Zement/Beton	104
6.6.8	Übersicht der Grenzwerte für Kontaminationen im Anmachwasser	104
6.6.9	Auswirkungen von Kontaminationen auf die Eigenschaften der Suspension	104
7	**Bentonitsuspensionen zur Ringspaltschmierung**	**107**
7.1	Größe des Ringspalts	107
7.1.1	Mantelreibung	108
7.2	Vertikale Position des Rohrstrangs im aufgefahrenen Hohlraum	109
7.2.1	Auftrieb	110
7.2.2	Ballastierung	111
7.2.3	Vertikale Position des Rohrstrangs in standfestem Baugrund	111
7.2.4	Vertikale Position des Rohrstrangs in nichtstandfestem Baugrund	112
7.3	Funktionen des Schmiermittels im Ringspalt	113
7.3.1	Stützfunktion	114
7.3.2	Schmierfunktion	117
7.3.3	Tragfunktion	118
7.3.4	Folgen einer schlechten Anpassung des Schmiermittels	120
7.4	Anpassung der Bentonitsuspension an den Baugrund	121
7.4.1	Grundlegende geologische Parameter	122
7.4.2	Flussdiagramme für Festgesteine	122
7.4.3	Flussdiagramme für Lockergesteine	123
7.4.4	Zusammenhänge zwischen Boden- und Schmiermittelparametern	125
7.4.5	Hydrogeologische Parameter	127
7.5	Rheologische Parameter der Bentonitsuspension	127
7.5.1	Partikelgröße	128
7.5.2	Fließgrenze	129
7.5.3	Viskosität	132
7.5.4	Gelstärke	133
7.6	Verpressmengen	135
7.6.1	Definition der Begriffe	135
7.6.2	Grundlagen für die Ermittlung der erforderlichen Verpressmenge	143

7.6.3	Berechnung der Verpressmengen V_{Maschine} und $V_{\text{Rohrstrang}}$	148
7.7	Das zeitabhängige Verlustvolumen	150
7.8	Schmierstrategien	151
7.8.1	Intervallgesteuerte Systeme	151
7.8.2	Volumenkontrollierte Systeme	153
7.8.3	Schmierstrategien für Erst- und Nachverpressung	155
7.8.4	Besondere Schmierstrategien bei Direct Pipe® und verwandten Verfahren	156
8	**Schmiertechnik**	157
8.1	Anordnung und Abstand der Schmierstationen im Rohrstrang	157
8.2	Anzahl und Anordnung der Injektionsstutzen pro Schmierstation im Rohrquerschnitt	158
8.3	Rückschlagventile	159
8.4	Schmierkreislauf	160
8.5	Zusammenspiel zwischen dem Stützdruck an der Ortsbrust und dem Ringspaltdruck	161
8.6	Bentonitversorgung im Anfahrbereich	162
8.7	Schmiermitteldruck, Schmiermittelmenge und Druckverluste	163
9	**Berichtswesen**	165
9.1	Welche Parameter sollten bei der Bentonitschmierung dokumentiert werden?	165
9.2	Vordrucke	165
10	**Listen der erforderlichen Verpressmengen**	169
10.1	Erläuterungen der Listen	169
Literatur		199

Liste der verwendeten Symbole

I. Griechische Symbole

γ	Wichte
$\gamma_{Stahlbeton}$	Wichte von Stahlbeton
$\gamma_{Suspension}$	Wichte der Suspension
$\gamma_{Teilchen}$	Wichte von Feststoffteilchen
η	(dynamische) Viskosität
η'	differenzielle Viskosität
η_s	scheinbare Viskosität
η_p	plastische Viskosität
λ	Rohrreibungszahl
μ	Reibungsbeiwert
ρ	Dichte
ρ_f	Dichte der Suspension
ρ_s	Dichte von Feststoffteilchen
$\rho_{Suspension}$	Dichte der Suspension
$\rho_{Teilchen}$	Dichte von Feststoffteilchen
σ_c	Gesteinsfestigkeit
τ	Scher- oder Schubspannung
τ_B	Bingham'sche Fließgrenze
τ_F	Fließgrenze
φ	innerer Reibungswinkel (Scherfestigkeit)
φ'	Winkel des Scherwiderstands (Drucksondierung); dränierter Reibungswinkel (Scherfestigkeit)
φ_u	undränierter Reibungswinkel (Scherfestigkeit)
χ	Anpassungsparameter nach *Slichter* (Gl. 6.13)

II. Lateinische Symbole

a	halbe Kluftöffnungsweite
A	Anpassungsparameter nach *von Soos* (Gl. 6.17)
$A_{Rohrstrang}$	Mantelfläche des Rohrstrangs

B	Anpassungsparameter nach *von Soos* (Gl. 6.17)
c	Formbeiwert nach *Kozeny* (Gl. 6.14)
c'	dränierte Kohäsion (Scherfestigkeit)
c_{Teilchen}	
c_u	undränierte Kohäsion (Scherfestigkeit)
c_w	Widerstandskoeffizient
C	Proportionalitätsfaktor nach *Hazen* (Gl. 6.15); Anpassungsparameter nach *von Soos* (Gl. 6.17)
$C_{\text{Klufthohlraum}}$	Kluftvolumen in Festgesteinen
C_{Mantel}	Zuschlagsfaktor zur Mantelfläche für Verpressung in den Untergrund
$C_{\text{Porenvolumen}}$	Porenvolumen in Lockergesteinen
d	Kluftabstand
d_{10}	Korndurchmesser entsprechend 10 Massen-% Siebdurchgang
d_{60}	Korndurchmesser entsprechend 60 Massen-% Siebdurchgang
d_{50}	Korndurchmesser entsprechend 50 Massen-% Siebdurchgang
d_s	Durchmesser von Feststoffteilchen
d_{Teilchen}	Durchmesser eines Bodenteilchens
d_w	wirksamer Korndurchmesser
D	Lagerungsdichte; Geschwindigkeitsgefälle
e	Porenzahl; Kluftöffnungsweite
$e_{\max}$	maximal mögliche Porenzahl
$e_{\min}$	minimal mögliche Porenzahl
f	Filtratwasserabgabe
f_s	lokale Mantelreibung (Drucksondierung)
F	Fläche; Kraft
F_A	Auftriebskraft
F_{Auftrieb}	Auftriebskraft der Vortriebsrohrs
F_{Bohrloch}	Mantelfläche des Ausbruchsquerschnitts
F_G	Gewichtskraft
F_{Gewicht}	Gewichtskraft der Vortriebsrohrs

$F_{\text{Gewicht Einbauten}}$	Gewichtskraft der Einbauten (Kabel, Leitungen etc.) im Vortriebsrohr
$F_{\text{R,spez}}$	spezifische Mantelreibung
F_{Vorpress}	Vorpresskraft des Rohrstrangs
F_{W}	Widerstand gegen das Einsinken eines Bodenteilchens in die Suspension
g	Erdbeschleunigung
h	Druckhöhenunterschied
I_{A}	Aktivitätszahl
I_{C}	Konsistenzzahl
I_{D}	bezogene Lagerungsdichte
I_{P}	Plastizitätszahl
J	hydraulischer Gradient, Gefälle
J_{a}	Kennzahl für die Beschaffenheit der Kluftflächen
J_{n}	Kennzahl für Kluftscharen
J_{r}	Kennzahl für Kluftrauigkeit
J_{w}	Abminderungsfaktor für Gebirgswasser
k_{f}	Durchlässigkeit, Durchlässigkeitsbeiwert
k_{k}	Kluftdurchlässigkeit (Gl. 6.18)
k_{s}	Sandrauheitshöhe
k_{T}	Gebirgsdurchlässigkeit mit einer Trennflächenschar
K	Koeffizient
l	Länge, Strecke
$l_{\text{Überschnitt}}$	Überschnitt
$L_{\text{Vergleich}}$	Länge einer Vergleichsstrecke
m_{D}	Trockenmasse der Körner mit Durchmessern größer als 0,4 mm
m_{T}	Trockenmasse der Körner mit Durchmessern kleiner als 0,002 mm
$M_{\text{Ballastierung}}$	Zur Ballastierung des Vortriebsrohrs benötigte Masse
n	Porenraum (= Porenanteil, Porosität)
n_{e}	nutzbare Porosität
n_{max}	maximal möglicher Porenraum

n_{min}	minimal möglicher Porenraum
N_0	Anpassungsrammung: Zahl der Schläge für die ersten 15 cm Eindringtiefe (Rammsondierung)
N_{10}	Zahl der Schläge für 10 cm Eindringtiefe (Rammsondierung)
N_{30}	Gesamtzahl der Schläge für 30 cm Eindringtiefe nach der Anpassungsrammung (Rammsondierung)
p	Druck
q_c	Spitzendruck (Drucksondierung)
Q	Q-Wert (Maß für die Gebirgsqualität); Durchflussmenge eines Fluids
$Q_{Maschine}$	Pumprate an der Vortriebsmaschine
$Q_{Rohrstrang}$	Pumprate im Rohrstrang
Re	Reynoldszahl
s	Eindringtiefe (der Suspension in den umgebenden Baugrund)
t	Zeit; Temperatur
t_{10}'	Gelstärke nach 10 min
t_{10}''	Gelstärke nach 10 s
t_M	Marsh-Zeit
t_{M1500}	Marsh-Zeit bis zum Auslaufen von 1500 ml Suspension
w	Wassergehalt
w_L	Wassergehalt eines Lockergesteins am Übergang von der flüssigen zur breiigen Konsistenz (Fließgrenze)
w_P	Wassergehalt eines Lockergesteins am Übergang von der steifen zur halbfesten Konsistenz (Ausrollgrenze)
w_S	Wassergehalt eines Lockergesteins am Übergang von der halbfesten zur festen Konsistenz (Schrumpfgrenze)
U	Ungleichförmigkeitsgrad
v	Strömungsgeschwindigkeit
v_f	Filtergeschwindigkeit
$v_{Vortrieb}$	Vortriebsgeschwindigkeit
V	(Gesamt-) Volumen
V_H	Hohlraumvolumen
$V_{Maschine}$	Erstverpressvolumen

$V_{\text{Mehrverpressung}}$	Mehrverpressvolumen
$V_{\text{Ringspalt}}$	Ringspaltvolumen
$V_{\text{Rohrstrang}}$	Nachverpressvolumen
V_t	Feststoffvolumen
w_s	Sinkgeschwindigkeit

1 Grundlagen

1.1 Grundlagen und technische Ausführung von Bentonitschmiersystemen[1]

Grundsätzlich werden zwei Arten von Bentonitschmiersystemen unterschieden:

- Intervallgesteuerte Bentonitschmiersysteme, bei denen die Ansteuerung der Ventile in einer definierten Reihenfolge erfolgt.
- Volumenkontrollierte Bentonitschmiersysteme (seit 2014), bei denen die Ansteuerung der Ventile nach festgelegtem Bedarf entlang der Trasse erfolgt; alternativ ist auch hier eine Ansteuerung der Ventile in einer definierten Reihenfolge möglich.

Beide Systeme existieren als in den Steuercontainer integrierte oder als „Stand-Alone"-Version.

Allgemein setzt sich ein Schmiersystem aus den in Bild 1-1 gezeigten Teilen zusammen. Die erste Station im Schmierkreislauf ist der Mischbehälter, in dem die Bentonitsuspension dispergiert wird, bevor sie in den Vorratsbehälter gepumpt wird. Die Bentonitpumpe versorgt die einzelnen Schmierstationen in der Vortriebsmaschine und im Rohrstrang.

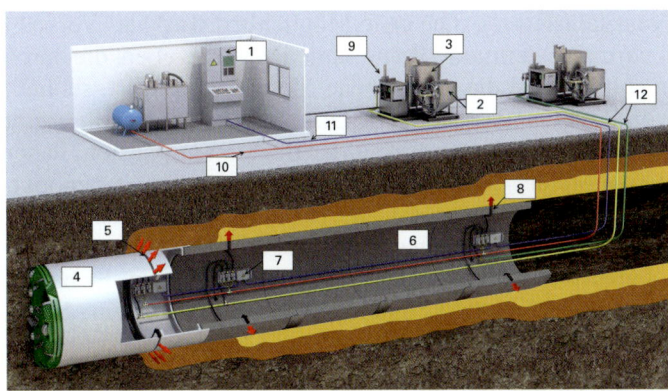

Bild 1-1 Prinzipieller Aufbau der Bentonitschmierung im Standardsystem Herrenknecht
1: Steuerungseinheit;
2: Mischbehälter;
3: Vorratsbehälter;
4: Vortriebsmaschine;
5: Schmierring;
6: Vortriebsrohr;
7: Schmierstation;
8: Injektionsstutzen;
9: Bentonitpumpe;
10: Druckluftzuführung;
11: Steuerkabel;
12: Bentonitzufuhr

Bei einem intervallgesteuerten Bentonitschmiersystem werden die Schmierzyklen je nach Strategie des Maschinenfahrers eingesetzt. Eine Schmierstation (siehe Bild 1-2) besteht aus mehreren Injektionsstutzen. Der Schmierzyklus fährt diese nacheinander an (z.B. Ventil 1 – Ventil 2 – Ventil 3); somit ist zu jedem Zeitpunkt immer nur ein Ventil bzw. ein Injektionsstutzen geöffnet. Anschließend wird die nächste Schmierstation angesteuert.

Generell unterscheidet man zwischen dem Normalzyklus und dem Extrazyklus. Der Normalzyklus dient der Schmierung des gesamten Vortriebs. Der Extrazyklus erlaubt

---

[1] Alle nachfolgenden Aussagen, Beschreibungen und Bilden beziehen sich auf die technischen Systeme der Herrenknecht AG zur automatischen Bentonitschmierung.

Bentonithandbuch. Ringspaltschmierung für den Rohrvortrieb. 1. Auflage. Steffen Praetorius, Britta Schößer.
© 2016 Ernst & Sohn GmbH & Co. KG. Published 2015 by Ernst & Sohn GmbH & Co. KG.

demgegenüber eine zusätzliche Steuerung von separat ausgewählten Schmierstationen mithilfe der zugehörigen Ventile bzw. Injektionsstutzen. Über den Extrazyklus kann ein größeres Schmiermittelvolumen an der Maschine ausgebracht werden. Zusätzlich gibt jede Schmierstation eine Rückmeldung an die Steuereinheit, wodurch überprüft werden kann, ob die einzelne Schmierstation auch tatsächlich angeschlossen ist.

Bei einem volumenkontrollierten System wird die Vortriebstrasse in Abschnitte von je 1 m Länge unterteilt. Jedem dieser Abschnitte wird eine dem Baugrund gemäß gewählte Soll-Verpressmenge an Bentonit zugeordnet. Das Schmiersystem sorgt automatisch dafür, dass die angeschlossenen Schmierstationen diese Sollwerte an den entsprechenden Vortriebsabschnitten auffüllen. Die einzelnen Komponenten des Schmiersystems sind bei beiden Systemen grundsätzlich gleich; sie sollen im Folgenden eingehender beschrieben werden.

1.1.1 Steuerungseinheit

Die Steuereinheit wird im Container oder als „Stand-Alone"-Einheit neben dem Startschacht aufgestellt. Von hier aus steuert der Maschinenführer den Vortrieb und den Schmierzyklus. Prinzipiell kann der Maschinenführer jedes Ventil im gesamten Vortrieb einzeln anwählen. Der (maximale) Pumpendruck wird direkt an der Pumpe eingestellt.

Im intervallgesteuerten Betrieb erlaubt die Steuereinheit zwei unterschiedliche Vorwahlmöglichkeiten für die Ventileinstellung. Die erste Möglichkeit wird als „Vorwahl Menge" bezeichnet. Hierbei wird eine definierte Bentonitmenge vorgegeben, die durch jedes Ventil geleitet werden soll. Sobald die angegebene Menge erreicht ist, schließt das Ventil und das nächste Ventil wird angesteuert. Die Öffnungszeit des Ventils ergibt sich in diesem Fall aus der Durchflussgeschwindigkeit der Bentonitsuspension, daher wird für diese Steuerungsvariante eine Durchfluss- und Druckmesseinheit benötigt, die direkt an der Steuereinheit angeschlossen wird. Sie hat die Aufgabe, die Durchflussmenge zu erfassen und an die Steuerungseinheit weiterzugeben. Zu diesem Zweck wird häufig ein magnetisch-induktiver Durchflussmesser (MID) eingesetzt. Er beruht darauf, dass das Messgut durch ein Magnetfeld hindurch strömt und dabei eine Spannung induziert, die mittels zweier Elektroden erfasst wird.

Die zweite Möglichkeit der Ventilansteuerung wird als „Vorwahl Zeit" bezeichnet. Sie erlaubt es, die Ventile für einen definierten Zeitraum zu öffnen. Dabei ist es unerheblich, welches Bentonitvolumen in dieser Zeit durch das Ventil fließt; dies kann je nach Ventil unterschiedlich sein.

Eine weitere wichtige Einstellung, die der Maschinenführer von der Steuerungseinheit aus vornimmt, ist die Auswahl von Normal- oder Extrazyklus.

1.1.2 Mischbehälter

Der Mischbehälter kann sowohl separat als auch direkt neben der Steuereinheit aufgestellt werden. Er dient zum Anmischen der Bentonitsuspension (Schmiermittel). Seine Größe hängt von der im Vortriebsverlauf benötigten Menge an Bentonitsuspension ab. Der Mischer ist dem Mischbehälter angeschlossen oder direkt in ihn integriert. Der

ROHRSYSTEME
AUS STEINZEUG
NACHHALTIG.
UMWELTSCHONEND.
SICHER.

STEINZEUG KERAMO

www.steinzeug-keramo.com

momentum MAGAZIN

aktuell · unterhaltsam · anders

www.momentum-magazin.de

Der Unterschied: Die Menschen und ihre Erlebnisse stehen im Vordergrund. Zahlen, Daten & Fakten rücken an den Rand.

Präsentiert von **Ernst & Sohn** A Wiley Brand

Zeitschriften für die Ingenieurpraxis im Bauwesen

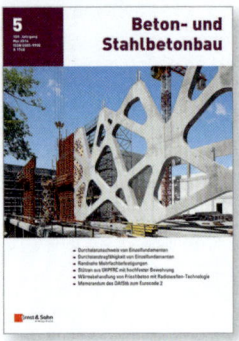   

Alle Zeitschriften auch als **e journal** erhältlich

Probeheft bestellen:
www.ernst-und-sohn.de/Zeitschriften

Das Zeitschriften Online-Abonnement:
www.wileyonlinelibrary.com

Ernst & Sohn
Verlag für Architektur und technische
Wissenschaften GmbH & Co. KG

Kundenservice: Wiley-VCH
Boschstraße 12
D-69469 Weinheim

Tel. +49 (0)6201 606-400
Fax +49 (0)6201 606-184
service@wiley-vch.de

Mischer besteht meist aus einem Scherflügelrad, rotierenden Scherarmen oder einem Venturisystem.

Der Mischbehälter kann zur besseren Steuerung und Überwachung durch elektronische Durchflussmessgeräte und/oder Module zur elektronischen Datenaufzeichnung ergänzt werden.

1.1.3 Vorratsbehälter

Der Vorratsbehälter ähnelt dem Mischbehälter, verfügt häufig über ein Rührwerk oder Umwälztechnik und dient zur Zwischenlagerung des Bentonits. Der Vorratsbehälter sorgt dafür, dass durch Einhalten einer vorgegebenen Quellzeit ein konstanter Bentonitfluss und eine konstante Bentonitqualität gewährleistet werden können.

1.1.4 Hauptpressstation

Die Hauptpressstation ist eine hydraulische Vorschubeinrichtung zur Erzeugung der erforderlichen Vortriebskraft; sie wird im Startschacht installiert. Die Hauptpressstation besteht aus dem Pressenrahmen, dem Vortriebszylinder, einem Druckring und dem Pressenwiderlager.

1.1.5 Vortriebsmaschine

Die Vortriebsmaschine besteht aus Bohr- und Steuerkopf sowie aus Nachläufern bzw. Maschinenrohren.

1.1.6 Schmierring

Der Schmierring liegt am Ende der Maschine oder im Bereich zwischen zwei Maschinenrohren. Hier wird der Bentonit unabhängig von der Anzahl der Zuführungsleitungen über den gesamten Umfang der Maschine verteilt.

1.1.7 Zwischenpressstation (Dehnerstation)

Üblicherweise wird in einen Rohrvortrieb etwa alle 80–90 m eine Zwischenpressstation (Dehner) eingebaut. Dabei wird zwischen dem Vorlauf- und dem Nachlaufrohr des Dehners noch ein in ein Stahlmantelrohr integrierter Vorschubzylinder platziert. Durch den Einsatz von Dehnern wird der Vortrieb in mehrere Abschnitte unterteilt. Die gesamte Vortriebskraft der Hauptpressstation wird somit auf die einzelnen Vortriebsabschnitte verteilt und in ihrer Summe reduziert.

1.1.8 Vortriebsrohr

Das Vortriebsrohr ist ein vorgefertigtes Rohr mit einer druckkraftschlüssigen, zugkraftschlüssigen oder druck- und zugkraftschlüssigen (längskraftschlüssigen) beweglichen oder starren Rohrverbindung innerhalb der Wanddicke und einer glatten, ebenen Außenkontur. Es wird in den Baugrund eingepresst, eingeschoben oder eingezogen.

1.1.9 Schmierstation

Die erste Schmierstation sollte möglichst dicht hinter dem Nachläufer der Vortriebsmaschine eingebaut werden. In der Regel wird jedes dritte oder vierte Rohr als Bentonitrohr verwendet. Bei einer durchschnittlichen Rohrlänge von 3 m ist somit alle 9–12 m eine Bentonitstation installiert.

Gesteuert werden die Schmierstationen von der Steuereinheit. Die Schmierstationen bestehen aus einem Ventilblock mit drei vorgesteuerten Kugelventilen. Angeschlossen ist die Schmierstation über eine 28L-, 2"- oder 3"-Bentonit-Versorgungsleitung. Die Injektionsstutzen sind über einen 22L-Schlauch mit der Schmierstelle verbunden. Über Druckluft wird der Hauptkolben der Ventile geöffnet, sodass die Bentonitsuspension zu der vorgewählten Schmierstelle strömen kann ist (Bild 1-2).

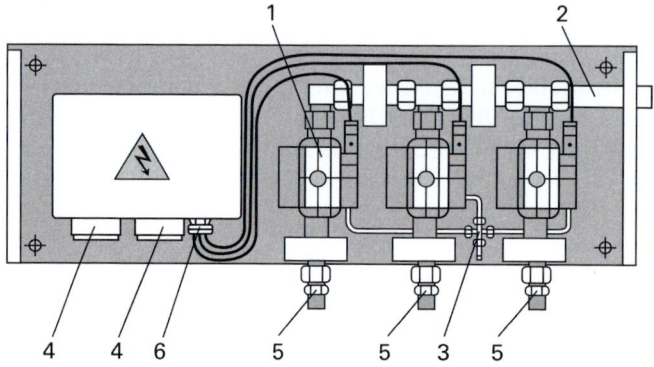

Bild 1-2 Schmierstation System Herrenknecht (Quelle: Herrenknecht AG).
1: druckluftgesteuertes Ventil;
2: Anschluss Tunnelleitung;
3: Anschluss Druckluftleitung;
4: Elektroanschluss;
5: Abgang zu Bentonitdüsen;
6: Steuerkabel Bentonitventil

1.1.10 Injektionsstutzen

An jeder Schmierstation befinden sich drei Injektionsstutzen, die einzeln über Ventile angesteuert werden. Die Injektionsstutzen sollten möglichst gleichmäßig über den Rohrumfang verteilt werden. Sie befinden sich i.d.R. in den Positionen 12, 4 und 8 Uhr (Bild 1-3).

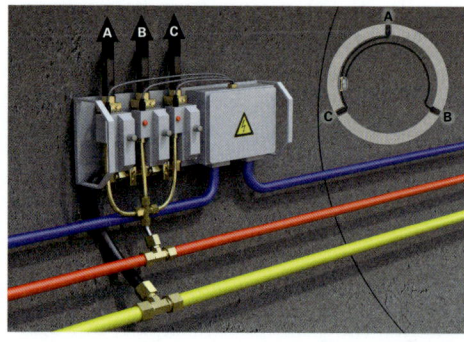

Bild 1-3 Schmierstation im Rohrstrang und Verteilung der Injektionsstutzen über den Querschnitt (Quelle: Herrenknecht AG)

1.1.11 Bentonitpumpe

Die Bentonitpumpe dient zur Regulierung und Aufrechterhaltung des Drucks und des Durchflusses. Damit in der Rohrleitung ein möglichst konstanter Druck herrscht, müssen Druckverluste minimiert werden. Sie hängen von der Art und Länge der Leitung sowie der Viskosität des Bentonits ab. Es kommen unterschiedliche Pumpen zum Einsatz, z.B. Kolbenpumpen oder Schneckenpumpen.

1.1.12 Druckluftzuführung

Die Druckluftzuführung hat einen Innendurchmesser von 13 mm und einen Außendurchmesser von 19 mm. Die Schläuche und Kupplungen können einem Druck von bis zu 10 bar standhalten. Die Druckluftzuführung versorgt die schaltbaren Ventile mit der notwendigen Energie. Zu jeder Bentonitschmierstation führt eine Abzweigung, die über ein T-Stück (Bild 1-4) angeschlossen ist.

Bild 1-4 Abzweigung von der Luftzuführungsleitung in die einzelnen Schmierstationen (Quelle: Herrenknecht AG)

1.1.13 Steuerkabel

Die Steuerkabel verbinden die Steuereinheit mit den einzelnen Schmierstationen. Pro Steuerkabelstrang können bis zu 80 Stationen angesteuert werden

1.1.14 Bentonit- oder Zuführungsleitung

Die Bentonit- bzw. Zuführungsleitung verbindet die Bentonitpumpe mit sämtlichen Bentonitstationen und führt bis zur Maschine. An den einzelnen Schmierstationen gibt es T-Abzweigungen, die über die Schmierstation zu den einzelnen Ventilen und Injektionsstutzen führen. Die Bentonitleitung besteht meist aus 28L-Schlauchleitungen oder 2″-, 3″- oder 5″-Stahlleitungen.

Die Schmierstationen werden über eine 28L-Leitung mit den Abzweigungen (T-Stücken) von der Bentonitleitung verbunden. Zu den einzelnen Injektionsstutzen ist ein 22 L-Schlauch verlegt.

1.2 Ringspaltschmierung beim Rohrvortrieb

Das Schmiermittel wird beim Rohrvortrieb in den Ringspalt injiziert, um die Reibung zwischen dem Vortriebsrohr bzw. Rohrstrang und dem umgebenden Baugrund zu reduzieren. Diese Reibung wird als Mantelreibung bezeichnet; sie kann durch verschiedene Maßnahmen vermindert werden [81]:

- Die radiale Belastung der äußeren Rohrmantelfläche kann durch Aufrechterhaltung des Ringspalts reduziert werden. Dabei wird der anstehende Boden gestützt, sodass der umgebende Baugrund auf einer möglichst geringen Fläche am Vortriebsrohr anliegt.
- Der Reibungsbeiwert μ zwischen Vortriebsrohr und Baugrund kann durch Aufbau einer Gleitmittelschicht reduziert werden.

Die Wahl des Schmiermittels wird durch die Eigenschaften des Baugrunds, d.h. seine Geologie, Hydrogeologie und evtl. vorhandene Kontaminationen, bestimmt. Nachfolgend werden die grundlegenden Eigenschaften von Locker- und Festgesteinen zusammengefasst. Für die Schmierung sind die Parameter Standfestigkeit, Durchlässigkeit und Größe des Porenraums im Lockergestein bzw. Größe der Kluftöffnungsweite im Festgestein von Bedeutung. Die rheologischen Eigenschaften der als Schmiermittel eingesetzten Bentonitsuspension – Fließgrenze, Viskosität und Gelstärke – müssen an diese Randbedingungen angepasst werden. Die Größe der Bentonitpartikel in der Suspension ist eine physikalische Eigenschaft, die die Entstehung des Stützmechanismus im Boden entscheidend bestimmt.

Grundsätzlich hat die Bentonitsuspension im Ringspalt drei Funktionen zu erfüllen:

- Stützen des aufgefahrenen Hohlraums
- Schmieren des Rohrstrangs
- Tragen von Gesteinspartikeln innerhalb der Suspension

Je nach Baugrund treten diese Grundfunktionen kombiniert auf, worauf im Folgenden ausführlich eingegangen wird. Vorab ist es sinnvoll, die Besonderheiten und Randbedingungen der Bentonitschmierung beim Rohrvortrieb festzuhalten:

- Das Schmiermittel wird einmalig in den Ringspalt verpresst und verbleibt dort dauerhaft. Es ist sehr aufwändig bis teilweise unmöglich, die Suspension nachträglich zu verändern oder anzupassen.
- Im Ringspalt treten räumlich stark begrenzte Fließvorgänge auf.
- Da der Vortriebsprozess in der Regel einige Wochen andauert und der Rohrstrang über diesen Zeitraum immer wieder in Bewegung ist, spielen Zeiteffekte hinsichtlich der Veränderlichkeit der Suspensionskonsistenz und möglicherweise der Fließvorgänge in den anstehenden Baugrund eine Rolle.
- Die geologischen Randbedingungen entlang der Vortriebsstrecke sind in aller Regel nicht homogen

1.3 Vorbemerkungen zum Baugrund

In den derzeit gültigen Normen und Regelwerken werden Bodenklassifikationen mit dem Ziel vorgenommen, eine Gruppeneinteilung für Böden aufgrund festgelegter Merkmale und Kriterien für bautechnische Zwecke zu finden. Eine Bodengruppe umfasst somit Bodenarten mit annähernd gleichem stofflichen Aufbau und ähnlichen bautechnischen Eigenschaften, d.h. die Bodenklassifikation bietet rein stoffliche Informationen.

1.3 Vorbemerkungen zum Baugrund

Für die Ermittlung der Eigenschaften von Locker- und Festgestein für den Rohrvortrieb sind neben den klassifizierenden Labor- und Feldversuchen – z.B. Korngrößenverteilung, Plastizitätsgrenzen, Wassergehalt und Dichte – insbesondere Versuche zur Bestimmung der Scherfestigkeit, der Durchlässigkeit und der Steifigkeit, sowie bei quellfähigen Baugründen auch des Quelldruckverhaltens von Bedeutung. Die Versuchsdurchführung ist in den bodenmechanischen Regelwerken DIN 18121–18137 geregelt. DIN 1054 [16] und EN ISO 14688 [25] (ersetzt seit 2002 DIN 4022) geben einen Einblick in die Beschreibung von Festgestein; eine detaillierte Einteilung der Festgesteine wird jedoch nicht vorgenommen, da in bautechnischer Hinsicht in der Regel die Gebirgseigenschaften gegenüber den Gesteinseigenschaften im Vordergrund stehen.

Gemäß DIN 18319 „Rohrvortriebsarbeiten" [34] wird der Baugrund in Boden und Fels unterteilt und gemäß seinen Eigenschaften in verschiedene Klassen eingestuft (Tabellen 1-1 bis 1-3):

- nichtbindige Böden entsprechend ihrer Korngrößenverteilung und Lagerungsdichte
- bindige Böden entsprechend ihrer Konsistenz
- Zusatzklassen zur Beschreibung der Plastizität
- Zusatzklasse für Anteile Steine und Blöcke
- Festgestein entsprechend seinem einaxialen Druckfestigkeit und seinem Trennflächenabstand

Tabelle 1-1 Zusammenfassung der Klassifizierung nichtbindiger Böden (Hauptbestandteile Sand, Kies oder Sand und Kies mit bindigen Anteilen, Korngröße bis 63 mm) nach DIN 18319 [34]

Lagerung	Klasse		
	Feinkorn[a)] ≤15 Massen-%		Feinkorn[a)] >15 Massen-%
	eng gestuft	weit- oder intermittierend gestuft	
locker	LNE 1	LNW 1	LN 1
mitteldicht	LNE 2	LNW 2	LN 2
dicht	LNE 3	LNW 3	LN 3

[a)] Korngröße bis 0,063 mm.

Tabelle 1-2.1 Zusammenfassung der Klassifizierung bindiger Böden (Hauptbestandteile Schluff und Ton, Korngröße bis 63 mm) nach DIN 18319 [34]

Konsistenz	Klasse	
	mineralisch	organogen
breiig bis weich	LBM 1	LBO 1
steif bis halbfest	LBM 2	LBO 2
fest	LBM 3	LBO 3

Tabelle 1-2.2 Zusammenfassung der Klassifizierung bindiger Böden nach DIN 18319 [34]: Zusatzklassen zur Beschreibung der Plastizität

Plastizität	Zusatzklasse
leicht bis mittel	P 1
ausgeprägt	P 2

Tabelle 1-2.3 Zusammenfassung der Klassifizierung bindiger Böden nach DIN 18319 [34]: Zusatzklassen zur Beschreibung des Anteils an Steinen und Blöcken

Korngröße	Zusatzklasse	
	bis 30 % Volumenanteil	über 30 % Volumenanteil
über 63 mm bis 200 mm	S 1	S 2
über 63 mm bis 630 mm	S 3	S 4

Tabelle 1-3 Zusammenfassung der Klassifizierung für Fels nach DIN 18319 [34]

Einaxiale Druckfestigkeit in Vortriebsrichtung [N/mm²]	Klasse	
	Trennflächenabstand ≤ 10 cm	Trennflächenabstand >10 cm
bis 20	FZ 1	FD 1
über 20 bis 50	FZ 2	FD 2
über 50 bis 100	FZ 3	FD 3
über 100 bis 200	FZ 4	FD 4

2 Bentonit und Bentonitsuspensionen

Bentonitsuspensionen bestehen üblicherweise aus Wasser und Bentonit, zusätzlich können Polymere zugemischt sein. Eine Suspension ist eine feine Verteilung von nicht gelösten Stoffen, in diesem Fall den Bentonitpartikeln, in einer Trägerflüssigkeit. Der Massenanteil des Bentonits beträgt je nach verwendetem Produkt zwischen 3 und 10% der Suspensionsmasse.

Nach *Grim* et al. [51] ist Bentonit „… ein überwiegend aus Tonmineralien zusammengesetzter und durch deren physikalischen Eigenschaften geprägter Ton". Bei Tonen handelt es sich um unverfestigte Sedimentgesteine, die aus Mineralpartikeln mit einem Durchmesser von < 20 µm (=0,02 mm) bestehen. Der Hauptbestandteil von hochquellfähigem Bentonit ist das Tonmineral Montmorillonit (60–80 Massen-%). Zusätzlich können Begleitmineralien wie z.B. Quarz, Glimmer, Feldspäte, Illit oder Karbonate enthalten sein. Die Masseanteile der den Bentonit aufbauenden Minerale können dabei erheblich variieren.

Der Anteil an Montmorillonit ist ein erster Hinweis auf die Güte des Bentonits, da die technischen Eigenschaften des Bentonits durch die chemisch-mineralogische Beschaffenheit und die Eigenschaften dieses Tonminerals geprägt sind. Als Bentonite sollten ausschließlich Tone mit einem Anteil von >50 % Montmorillonit bezeichnet werden. Bei Anteilen von <50 % Montmorillonit spricht man eher von tonmineralreichen Tonen.

Bei Bentonitsuspensionen, die als Schmiermittel im Rohrvortrieb eingesetzt werden, sind vor allem ihre Stabilität (Beständigkeit gegen Entmischen im Laufe der Zeit), ihre Fließgrenze τ_F, ihre Viskosität η und ihre Gelstärke von Interesse.

2.1 Zusammensetzung und Struktur

Bei den Tonmineralen handelt es sich um blättchenförmige, silikatische Mineralpartikel mit einer Größe von ≤20 µm (≤0,02 mm; zum Vergleich: ein menschliches Haar hat einen Durchmesser von 70 µm = 0,07 mm). Der Montmorillonit gehört zur Gruppe der Dreischichtminerale. Seine Kristallstruktur besteht aus Schichten von AlO_6-Oktaedern, die jeweils von zwei Schichten von SiO_4-Tetraedern symmetrisch umschlossen werden, sodass Kristall-Lamellen entstehen (Bild 2-1) [54].

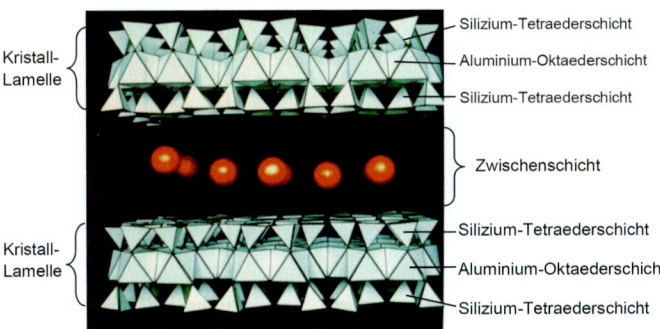

Bild 2-1 Kristallstruktur des Montmorillonits [8].

Im natürlichen Zustand sind auf den Zwischenschichtpositionen Kationen wie Magnesium/Calcium (Mg/Ca^{2+}) oder Natrium (Na^+) gebunden, die die negative Oberflächenladung der Kristall-Lamellen neutralisieren. Je nach Art der Kationenanlagerung unterscheidet man zwischen Natrium- und Calciumbentoniten. Zusätzlich können auch Wassermoleküle im Zwischenschichtraum eingelagert sein. Der Schichtflächenabstand und damit auch die Kräfte, die die Silikatschichten zusammenhalten, hängen stark von der Einlagerung von Wassermolekülen ab. Der Abstand kann sich durch das Einbinden von Schichtwasser vergrößern. Ein einzelner Montmorillonitkristall besteht aus 15 bis 20 Elementarschichten [54].

2.2 Quellverhalten

Eine wesentliche Eigenschaft des Bentonits ist sein Quellverhalten bei Kontakt mit Wasser. Bei der Hydratation werden zwei Hauptarten der Wasseranlagerung unterschieden [8,75]:

- Bei der *innerkristallinen* (oder *intrakristallinen*) Quellung kommt es durch Adsorption von überschüssigem Wasser an den Zwischenschichtkationen und Tonmineraloberflächen zu einer Aufweitung der Elementarschichten. Dieser Vorgang ist reversibel.
- Bei der *osmotischen Quellung* bilden sich durch Konzentrationsunterschiede der Kationen an der Tonmineraloberfläche und in der Porenlösung diffuse Ionenschichten, die wiederum eine elektrostatische Abstoßung der Partikel bewirken.

In Montmorillonitkristallen wird der Quellvorgang in der Regel durch Einlagerung von Wassermolekülen zwischen die Elementarschichten bewirkt (innerkristalline Quellung). Dabei vergrößert sich der Abstand der Schichten; unter geeigneten Bedingungen kann es sogar zu einer vollständigen Auflösung des Kristallverbunds kommen.

Natrium- und Calciumbentonit unterscheiden sich hinsichtlich ihres Quellverhaltens aufgrund der unterschiedlichen Natur der Zwischenschichtkationen stark [8]. Natriumionen (Na^+) neigen im adsorbierten Zustand stärker als Calciumionen (Ca^{2+}) zur Hydratation und ermöglichen so eine größere Wasseraufnahme und Quellung. Natriumbentonit hat aus diesem Grund ein Wasseraufnahmevermögen im Bereich von 600–700%, Calciumbentonit lediglich von 200–300 % [50].

Natriumionen sind zudem größer als Calcium- bzw. Magnesiumionen (Mg^{2+}) und haben daher eine geringere Bindekraft. Durch Wasseraufnahme oder -abgabe verändert sich der Schichtabstand der Kristalle bei Ca- oder Mg-gesättigten Montmorilloniten im Bereich zwischen 10–20 Å; die einzelnen Silikatschichten bleiben dabei auch nach ausreichender Wasserzugabe in Schichtstapeln geordnet. Bei Na-Zwischenschichtkationen hingegen vergrößert sich der Schichtabstand durch Aufquellen auf bis zu 160 Å. Bei weiterer Wasseraufnahme bzw. Aufweitung geht der Zusammenhalt der Schichtpakete verloren und es kommt zu einer vollständigen Auflösung des Kristallverbunds. Der Montmorillonitkristall zerfällt dann in seine einzelnen Elementarschichten [78,55].

ebooks @ Ernst & Sohn

- Over 35.000 ebooks available as PDF, ePUB and mobi
- Fast and efficient search results

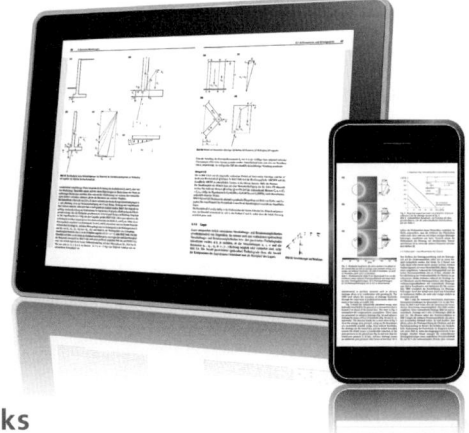

www.ernst-und-sohn.de/ebooks

Recommendations in Geotechnical Engineering

Ed.: Deutsche Gesellschaft für Geotechnik e.V.
Recommendations on Excavations
3. Edition 2013. 324 pages.
€ 79,–*
ISBN 978-3-433-03036-3
Also available as ebook

For the new 3rd edition, all the recommendations have been completely revised and brought into line with the new generation of codes (EC 7 and DIN 1054), which will become valid soon. The book thus supersedes the 2nd edition from 2008.

Ed.: Deutsche Gesellschaft für Geotechnik e.V.
Recommendations on Piling (EA Pfähle)
2013. 496 pages.
€ 109,–*
ISBN 978-3-433-03018-9
Also available as ebook

This handbook provides a complete overview of pile systems and their application and production. It shows their analysis based on the new safety concept providing numerous examples for single piles, pile grids and groups. These recommendations are considered rules of engineering.

Ed.: Deutsche Gesellschaft für Geotechnik e.V.
Recommendations for Design and Analysis of Earth Structures using Geosynthetic Reinforcements – EBGEO
2011. 316 pages.
€ 89,90*
ISBN 978-3-433-02983-1
Also available as ebook

The Recommendations deal with analysis principles and the applications of geosynthetics used for reinforcement purposes in a range of foundation systems, ground improvement measures, highways engineering projects, in slopes and retaining structures, and in landfill engineering.

Ed.: HTG
Recommendations of the Committee for Waterfront Structures Harbours and Waterways EAU 2012
2015. 676 pages.
€ 129,–*
ISBN 978-3-433-03110-0
Also available as ebook

The "EAU 2012" takes into account the new generation of the Eurocodes. The recommendations apply to the planning, design, specification, tender procedure, construction and monitoring, as well as the handover of and cost accounting for port and waterway systems.

Order online:
www.ernst-und-sohn.de

DGGT
Deutsche Gesellschaft für Geotechnik e. V.
German Geotechnical Society

Ernst & Sohn
Verlag für Architektur und technische Wissenschaften GmbH & Co. KG

Customer Service: Wiley-VCH
Boschstraße 12
D-69469 Weinheim

Tel. +49 (0)6201 606-400
Fax +49 (0)6201 606-184
service@wiley-vch.de

* € Prices are valid in Germany, exclusively, and subject to alterations. Prices incl. VAT. excl. shipping. 1036336_dp

2.3 Kartenhausstruktur und Thixotropie

Jede Elementarschicht eines Montmorillonitkristalls besteht aus einer negativ geladenen Oberfläche und positiv geladenen Kanten (Bild 2-2).

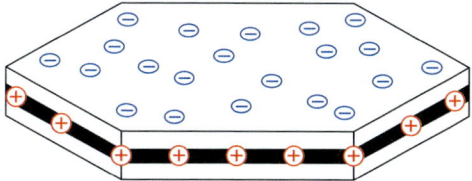

Bild 2-2 Ladungsverteilung der Montmorillonit-Elementarschichten. Die Kanten sind positiv (rot), die Flächen negativ (blau). (Quelle: Lehrstuhl für Tunnelbau, Leitungsbau und Baubetrieb, Ruhr-Universität Bochum)

Durch diese unterschiedlichen Ladungen bilden sich nach Auflösung des Kristallverbunds in Einzel-Lamellen im Wasser besondere Strukturen, in denen immer die Kante eines Kristalls auf der Fläche eines anderen lagert. Dieses im Wasser entstehende großvolumige Gerüst wird als *Kartenhausstruktur* bezeichnet (Bild 2-3) [69].

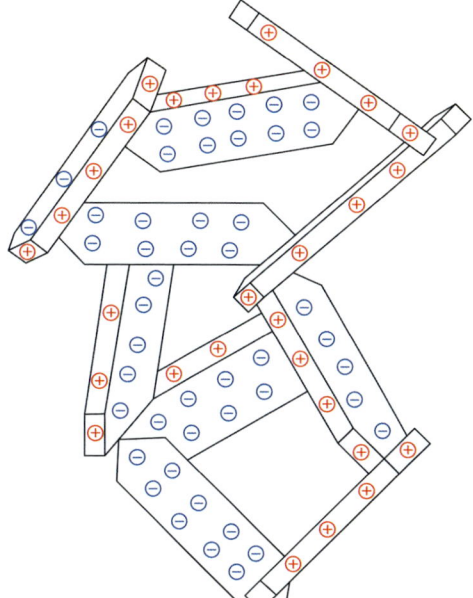

Bild 2-3 Kartenhausstruktur. Positive Kantenladung rot; negative Flächenladung blau. (Quelle: Lehrstuhl für Tunnelbau, Leitungsbau und Baubetrieb, Ruhr-Universität Bochum)

Diese Kartenhausstruktur stellt sich in der Bentonitsuspension im Ruhezustand ein, d.h. die Suspension erstarrt zu einem Hydrogel (Gel). Durch die Einwirkung mechanischer Störungen (z.B. Rühren oder Pumpen) entstehen in der Suspension intensive Bewegungen. Dabei werden die elektrostatischen Verbindungen zwischen den einzelnen Kristallen gelöst, die Kartenhausstruktur zerfällt und die Suspension geht in einen fließfähigen Zustand über (Sol). Diese Sol/Gel-Umwandlung ist in Bentonitsuspensionen vollkommen reversibel und kann beliebig oft wiederholt werden [53,69].

Das beschriebene Verhalten der zeitweiligen Reduzierung der Scherfestigkeit durch Verformungsarbeit und ihres Wiederaufbaus wird als *Thixotropie* bezeichnet [50].

Jessberger [55] definiert die Thixotropie als die isotherme und reversible Änderung der Struktur eines Stoffs. Diese äußert sich in einer Verringerung des Verformungswiderstands bei mechanischer Beanspruchung und in einer zeitabhängigen Rückkehr in einen Zustand größeren Verformungswiderstands, sobald die mechanische Beanspruchung beendet ist.

2.4 Fließgrenze, Viskosität und Gelstärke

Aufgrund der Kartenhausstruktur besitzen Bentonitsuspensionen eine *Fließgrenze*. Die Fließgrenze τ_F eines Stoffs bezeichnet die kleinste Schubspannung, oberhalb derer er sich rheologisch wie eine Flüssigkeit verhält [18].

Die Kartenhausstruktur widersteht den einwirkenden Scherkräften solange, bis der kritische Wert der Fließgrenze τ_F überschritten wird. Erst dann wird die Gerüststruktur aufgerissen und das System beginnt zu fließen [54, 92]. Dementsprechend definiert die DIN 4127 [23] die Fließgrenze τ_F als die Scherspannung τ, ab der Fließen eintritt (Bruchscherspannung). Sie ist bei thixotropen Flüssigkeiten wie Bentonitsuspensionen abhängig von der Temperatur und der Zeit der thixotropen Verfestigung.

Als *thixotrope Verfestigung* wird das Ansteigen der Fließgrenze τ_F mit zunehmender Ruhezeit bezeichnet. Die Fließgrenze τ_F besitzt direkt nach Abschluss einer Fließbewegung ($t = 0$) ihren Minimalwert dyn τ_F (dynamische Fließgrenze) und nähert sich mit andauernder Ruhephase asymptotisch ihrem Maximalwert stat τ_F (statische Fließgrenze). Die zeitliche Entwicklung der thixotropen Verfestigung ist exemplarisch in Bild 2-4 dargestellt. Der Verlauf und die Grenzwerte der Verfestigungskurven sind temperaturabhängig [23, 92].

Die Fließgrenze beschreibt die Fähigkeit einer Suspension, sich im anstehenden Boden zu setzen. Die Suspension dringt in den Boden ein, wobei ihre Fließgeschwindigkeit abnimmt, bis die Scherspannungen nicht mehr ausreichen, um das Fließen der Suspension weiter aufrechtzuerhalten; der Eindringvorgang stagniert. Die Fließgrenze hängt dabei von den Anfangsbedingungen ab und nimmt mit der Dauer der Ruhezeit zu (thixotrope Verfestigung).

Die Fließgrenze steht im direkten Zusammenhang mit physikalisch-chemischen Reaktionen der aktiven Inhaltsstoffe (Bentonitpartikel) der Suspension. Eine steigende Dichte und Viskosität durch die Zugabe von inerten Feststoffen führt nicht unbedingt zu einer höheren Fließgrenze; diese kann im Gegenteil sogar herabgesetzt werden. Die Vortriebspraxis zeigt, dass eine Kombination von aktiven und inerten Partikeln in der Suspension zu einer erhöhten Viskosität mit zunehmender Dichte führen kann, aber nicht muss.

2.4 Fließgrenze, Viskosität und Gelstärke

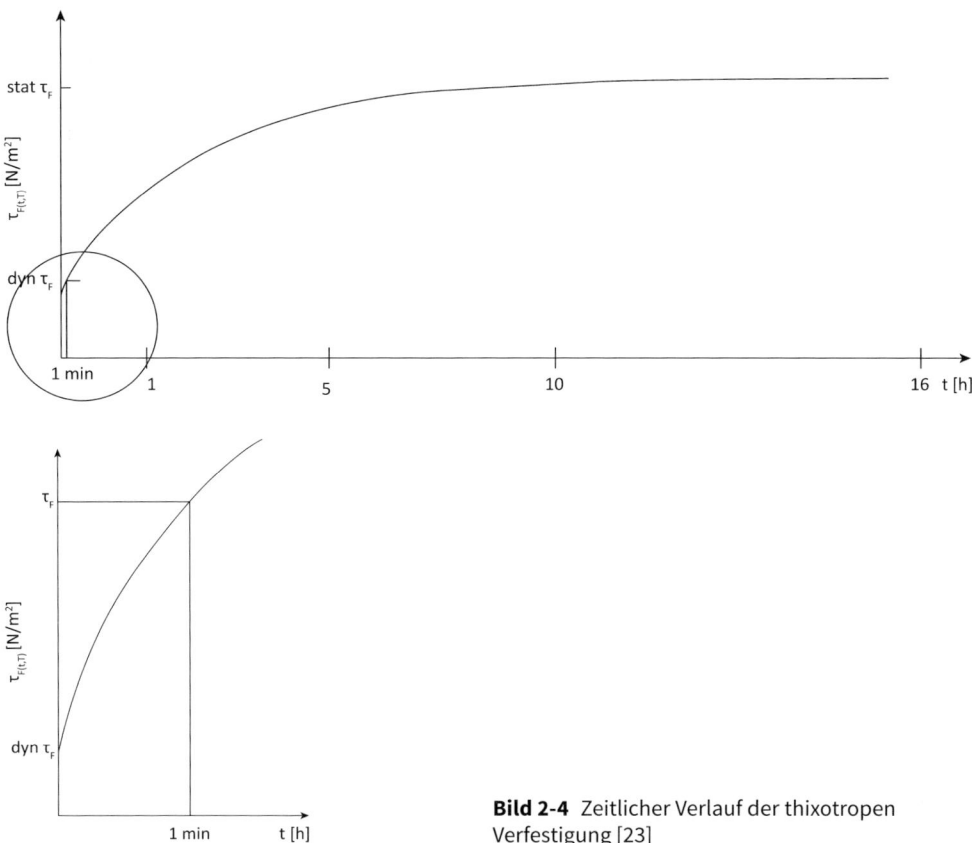

Bild 2-4 Zeitlicher Verlauf der thixotropen Verfestigung [23]

Die statische Fließgrenze stat τ_F – als Fließgrenze im Zustand der Ruhe – bestimmt die Eigenschaften einer Bentonitsuspension im Hinblick auf ihre Funktion als Stützmittel; für große offene Strukturen im Baugrund sind möglichst hohe Werte der Fließgrenze erwünscht. Die dynamische Fließgrenze dyn τ_F – als Fließgrenze im Zustand der Bewegung – bestimmt die Eigenschaften einer Bentonitsuspension im Hinblick auf ihre Funktion als Schmiermittel im Ringspalt. Hierfür werden möglichst niedrige Werte der Fließgrenze angestrebt (vgl. die Abschnitte 7.5.1 bis 7.5.3).

Die Fließgrenze τ_F einer Bentonitsuspension hängt von mehreren Faktoren ab. Hierzu zählen die Bentonitsorte und -konzentration, die Art der Aufbereitung, die Dispergier- und Quellzeit, sowie die Temperatur.

Die *Viskosität* η ist ein Maß für die Zähigkeit von Flüssigkeiten. Diese Zähigkeit wird durch die innere Reibung verursacht, die benachbarte Flüssigkeitsschichten aufeinander ausüben, weil ihre Moleküle sich gegenseitig anziehen. Je größer die Viskosität einer Flüssigkeit ist, desto stärker ist die Bindung zwischen ihren Molekülen und um so unbeweglicher sind sie – ihre Fließfähigkeit ist herabgesetzt.

Nach DIN 1342-1 [17] wird die Viskosität η als das Verhältnis zwischen Scherspannung τ und Geschwindigkeitsgefälle D definiert:

$$\eta = \frac{\tau}{D} \tag{2.1}$$

mit

η = Viskosität [N s/m²]
τ = Schubspannung [N/m²]
D = Geschwindigkeitsgefälle [s^{-1}]

Die Thixotropie kann gemäß DIN 1342-1 [17] auch über den Begriff der Viskosität definiert werden. Hierbei nimmt die Viskosität infolge andauernder mechanischer Beanspruchung von ihrem Wert im Ruhezustand auf einen Endwert hin ab und nach Beendigung der Beanspruchung wieder zu.

Das Fließverhalten von Flüssigkeiten lässt sich anhand von verschiedenen Fließkurventypen mit unterschiedlichen mathematischen Ansätzen beschreiben. Charakteristische Fließkurven für Newton'sches, Bingham'sches sowie strukturviskoses Fließen sind in Bild 2-5 gezeigt.

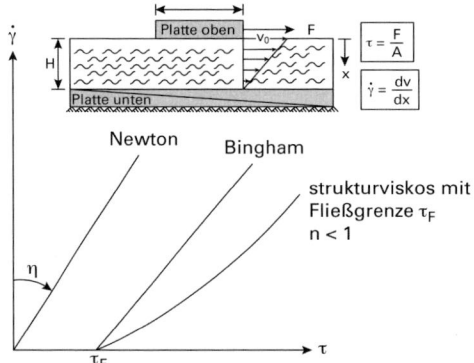

Bild 2-5 Fließkurventypen für Newton'sches Fließen, Bingham'sches Fließen mit Fließgrenze und strukturviskoses Fließen [100]

Newton'sches Fließen tritt bei Tonmineraldispersionen nur für sehr geringe Konzentrationen auf. Zwischen der Scherspannung τ und der Schergeschwindigkeit D besteht ein proportionaler Zusammenhang. Die Fließkurve ist daher eine Grade durch den Koordinatenursprung mit einer konstanten Viskosität η als Steigung (vgl. Bild 2-5) [54].

Bingham'sches Fließen ist durch das Auftreten einer Fließgrenze τ_F gekennzeichnet. Ein solches System verhält sich bei kleinen Scherspannungen wie ein Feststoff, Fließen tritt erst nach Überschreiten der Fließgrenze τ_F ein. Auch in diesem Fall ist das Fließverhalten linear und die Viskosität konstant (vgl. Bild 2-5) [18,100]. Eine solche Fließkurve kann vereinfacht durch das Bingham'sche Fließgesetz beschrieben werden:

$$\tau = \tau_F + \eta \cdot D \tag{2.2}$$

Bei nicht rein viskosen Flüssigkeiten hängt die Viskosität vom Schergefälle und/oder der Dauer der Scherbeanspruchung ab und ist demzufolge keine Konstante. Ein Beispiel hierfür sind *strukturviskose Flüssigkeiten*, die bei einem steigenden Schergefälle

2.4 Fließgrenze, Viskosität und Gelstärke

eine Viskositätsabnahme zeigen (auch als *shear thinning* oder *pseudoplastisches Verhalten* bezeichnet). Hierbei ist das Verhältnis zwischen Scherspannung τ und Schergeschwindigkeit D nicht konstant, sodass die Viskosität η nur als Funktion des Geschwindigkeitsgefälles D angegeben werden kann. Sie wird dann z.B. punktuell über die Steigung der Fließkurve bestimmt. Diese Viskosität wird als *differenzielle Viskosität* η' bezeichnet. Wenn die Viskosität η mit steigendem Schergefälle D abnimmt, d.h. mit steigender Scherbeanspruchung ein Abbau struktureller Verknüpfungen erfolgt, spricht man auch von *strukturviskosem Verhalten* (vgl. Bild 2-5) [54].

Bentonitsuspensionen sind weder Newton'sche noch Bingham'sche Flüssigkeiten, sondern zeigen thixotropes Verhalten [55,82,94] und besitzen eine dynamische und eine statische Fließgrenze. Durch eine mechanische Scherverformung wie z.B. Rühren und Pumpen der sich in Ruhe befindenden Suspension wird diese bei einer gleichzeitigen Abnahme der Fließgrenze von ihrem Maximalwert (statische Fließgrenze stat τ_F) auf ihren Minimalwert (dynamische Fließgrenze dyn τ_F) verflüssigt. Wird die Suspension anschließend wieder in Ruhe gelassen, verfestigt sie sich wieder und baut ihre ursprüngliche Fließgrenze innerhalb einer gewissen Zeit wieder auf (Bild 2-6).

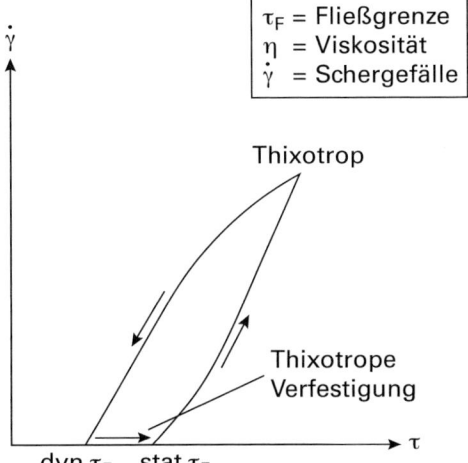

Bild 2-6 Fließkurve einer thixotropen Flüssigkeit (Bentonitsuspension) [100]

In Bild 2-6 sind die wesentlichen Elemente des Fließverhaltens von Bentonitsuspensionen anhand einer typischen Fließkurve dargestellt. Im Vergleich zu Bild 2-5 ist zu erkennen, dass Bentonitsuspensionen keinem Fließkurventyp eindeutig zugeordnet werden können. Nach Erreichen der Fließgrenze nimmt die Viskosität zunächst mit steigender Schergeschwindigkeit ab und kann in diesem Bereich nur punktuell über die Steigung angegeben werden. Sobald die Gerüststruktur bei höheren Geschwindigkeiten vollkommen zerstört ist, verläuft die Kurve linear und die Viskosität ist über diesen Bereich nahezu konstant. Deswegen wird für die Messung der dynamischen Fließgrenze von Bentonitsuspensionen mit dem Rheometer von hohen zur niedrigen Scherraten gemessen (Bild 2-7).

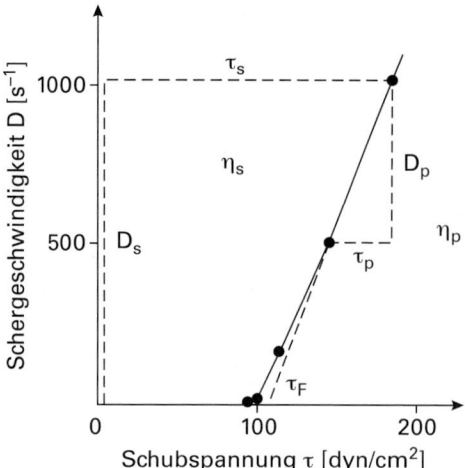

Bild 2-7 Fließkurve einer Bentonitsuspension [69]

Für die Beschreibung des Fließverhaltens von Bentonitsuspensionen wurden die folgenden Vereinbarungen getroffen [69].

Die *scheinbare Viskosität* η_s wird aus der Schubspannung τ bei einer Schergeschwindigkeit von $D = 1000\ \text{s}^{-1}$ berechnet. Hierbei wird vernachlässigt, dass die Suspension eine Fließgrenze τ_F besitzt.

$$\eta_s = \frac{\tau_s}{D_s} \tag{2.3}$$

Die scheinbare Viskosität ist die „reale" Viskosität einer Suspension. Die beobachtete Viskosität hängt von der Fließgeschwindigkeit während des Filtrationsprozesses im Boden ab. Für geringe Geschwindigkeiten ist die Viskosität hoch, für hohe Geschwindigkeiten ist die Viskosität niedrig. Für das Fördersystem sollte die scheinbare Viskosität möglichst gering sein. Bei einem Bingham'schen Fluid nimmt die Viskosität oberhalb der Fließgrenze mit zunehmender Agitation ab. Eine intensive Agitation führt zu einer turbulenten Strömung innerhalb der Förderleitungen.

Zur Bestimmung der *plastischen Viskosität* η_p wird nur der als linear betrachtete Teil der Fließkurve zwischen $D = 500\ \text{s}^{-1}$ und $D = 1000\ \text{s}^{-1}$ ausgewertet (vgl. Bild 2-7).

$$\eta_p = \frac{\tau_p}{D_p} \tag{2.4}$$

Die plastische Viskosität entspricht dem linearen Anteil der Fließkurve einer thixotropen Suspension. Dabei scheint die plastische Viskosität konstant zu sein. Ihr Wert ist für die Bestimmung der Druckverluste in den Förderleitungen während des Fördervorgangs von Bedeutung. Sie wird im Wesentlichen durch den Feststoffanteil und die Natur des Feststoffs bestimmt.

Die Viskosität einer Suspension ist immer auch mit der Gelstärke verknüpft. Eine hohe Viskosität erfordert immer auch eine hohe Pumpleistung im Schmiersystem.

Die *Gelstärke* beschreibt die Fähigkeit einer Suspension, eine Gelstruktur aufzubauen. Sie ist ein Maß für die Thixotropie unter statischen Bedingungen. Die Gelstärke ist als die Scherspannung definiert, die erforderlich ist, um die Gelstruktur unter statischen Bedingungen (d.h. in Ruhe) zu zerstören. Dieser Wechsel vom Gel im Ruhezustand zum Sol im Bewegungszustand wird z.B. mit einem Rotationsviskosimeter bei niedrigen Scherraten nach 10 s und 10 min im Ruhezustand gemessen.

Diese so genannte „0–10 min Gelstärke" ist für Anwendungen bei der Ortsbruststützung von großer Bedeutung. In der Praxis wird der Filterkuchen an der Ortsbrust durch die Abbauwerkzeuge des Schneidrads zerstört. Nach dem Durchlauf der Abbauwerkzeuge beginnt die Suspension an der Ortsbrust, den Filterkuchen wieder aufzubauen. Dabei benötigt sie Zeit für die thixotrope Verfestigung, um wieder in ihren ursprünglichen Zustand zu gelangen. Diese Zeit sollte natürlich so kurz wie möglich sein, damit der Zustand der Wasserundurchlässigkeit an der Ortsbrust möglichst schnell wieder hergestellt ist. Hierfür ist ein möglichst geringer Wert der 0–10 min Gelstärke hilfreich.

Generell werden unterschiedliche Verläufe der Gelstärke unterschieden. Wie Bild 2-8 zeigt, sollte die zeitliche Variation der spezifischen Gelstärke einer Flüssigkeit für Anwendungen in Schmiersystemen möglichst niedrig und flach verlaufen.

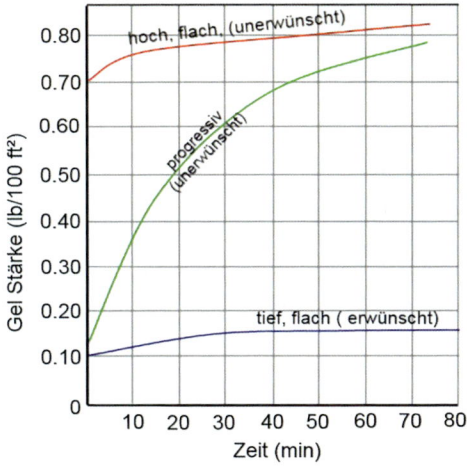

Bild 2-8 Unterschiedliche Typen von Gelstärken [80]

2.5 Stabilität

Die Stabilität einer Suspension beschreibt nach DIN 1342-3 [18] „die Eigenschaft, sich im Laufe der Zeit nicht oder möglichst wenig zu entmischen". Wenn sich die Bestandteile der Suspension von selbst trennen, liegt eine instabile Suspension vor. Stabile Suspensionen entmischen sich dagegen nicht von selbst (Bild 2-9). Die Suspensionsbestandteile können aber mit mechanischen und/oder chemischen Mitteln voneinander getrennt werden.

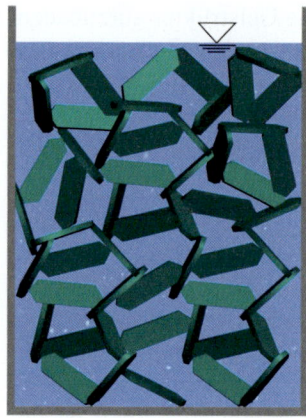

Bild 2-9 Stabile Bentonitsuspension mit gleichmäßig verteilten Feststoffpartikeln im Wasser [97]

Walz und *Pulsfort* [97] unterscheiden drei Arten des Entmischens (Bild 2-10):

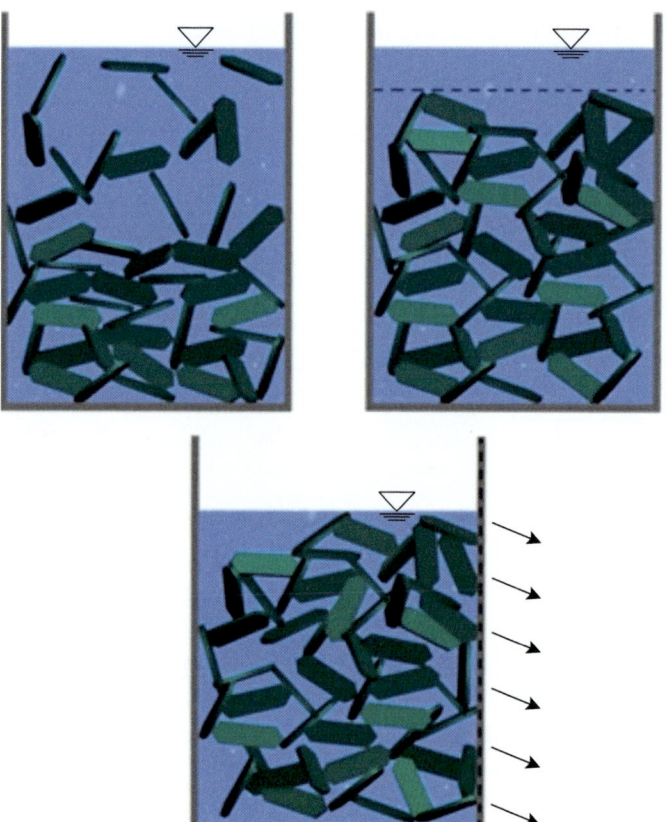

Bild 2-10 Entmischungsarten von Bentonitsuspensionen: Sedimentation (oben links), Konsolidation (oben rechts), Filtration (unten) [97]

1. *Sedimentation* bezeichnet die Ablagerung oder das Absinken von Feststoffen in einer Flüssigkeit unter der Wirkung der Schwerkraft. Als Folge der Sedimentation nimmt die Dichte der Flüssigkeit im oberen Bereich ab und im unteren Bereich zu.
2. *Konsolidation* bezeichnet das Zusammendrücken eines geschütteten oder aufgehäuften Materials (Kartenhaus) unter seinem Eigengewicht oder sonstigen inneren Kräften, wobei Wasser abgeschieden wird.
3. *Filtration* bezeichnet die Trennung von festen und flüssigen Bestandteilen einer Suspension. Bei Bentonitsuspensionen ist es die Wasserabgabe durch eine poröse Fläche oder durch einen porösen Körper (z.B. den als Filter wirkenden Boden) infolge eines auf die Suspension wirkenden Drucks. Die Filtration tritt dann ein, wenn der suspendierte Feststoff entweder nicht in die Poren des Filters eindringen kann oder die Suspension in den Poren des Filters stagniert (vgl. Abschnitt 7.3.1)

Die Filtration steht im direkten Zusammenhang mit der Filterkuchenbildung (vgl. Abschnitt 7.3.1). Vor allem in durchlässigen Böden wie z.B. Sand dient ein möglichst dünner und undurchlässiger Filterkuchen zur Stabilisierung. Ein Filterkuchen kann nur mit einem bestimmten, akzeptablen Maß an Filtration und somit Wasserverlust gebildet werden. Ebenso kann ein geringes Maß an Filtration nur mit einem qualitativ guten, d.h. dünnen und undurchlässigen Filterkuchen erreicht werden.

2.6   Gebräuchliche Bentonitarten

Bei den auf dem Markt befindlichen Bentonitprodukten werden allgemein drei verschiedene Grundtypen unterschieden:

– natürlicher Calcium- oder Natriumbentonit
– aktivierter Natriumbentonit
– polymermodifizierter Bentonit

2.6.1   Natürlicher Bentonit (Ca oder Na)

Das Wasseraufnahmevermögen und die Quellfähigkeit natürlicher Bentonite unterscheiden sich stark und hängen davon ab, welche Kationen zwischen den Elementarschichten eingelagert sind (vgl. Abschnitt 2.2). Bei Calciumbentoniten mit zweiwertigen Ca^{2+}- und/oder Mg^{2+}-Ionen liegt das Wasseraufnahmevermögen beim eineinhalb- bis zweifachen ihres Eigengewichts; bei Natriumbentoniten mit einwertigen Na^+-Ionen im Zwischenschichtraum beim fünf- bis zehnfachen. Die genauen Werte hängen von der Entstehungsgeschichte des Bentonits, seinem Montmorillonitanteil, dem Natriumgehalt und der Art des Ionenaustauschs ab [7].

2.6.2   Aktivierter oder Aktivbentonit

Da natürliche Natriumbentonite seltener vorkommen als Calciumbentonite, sind sie deutlich teurer. Durch Ionenaustausch können Calciumbentonite jedoch in Natriumbentonite überführt werden. Dies kann auf natürlichem Weg durch Zugabe von Soda (Na_2CO_3) oder durch technische Verfahren erfolgen. Der Vorgang (Bild 2-11) wird als *Aktivierung* bezeichnet und die so entstandenen Bentonite werden Aktivbentonite genannt [7].

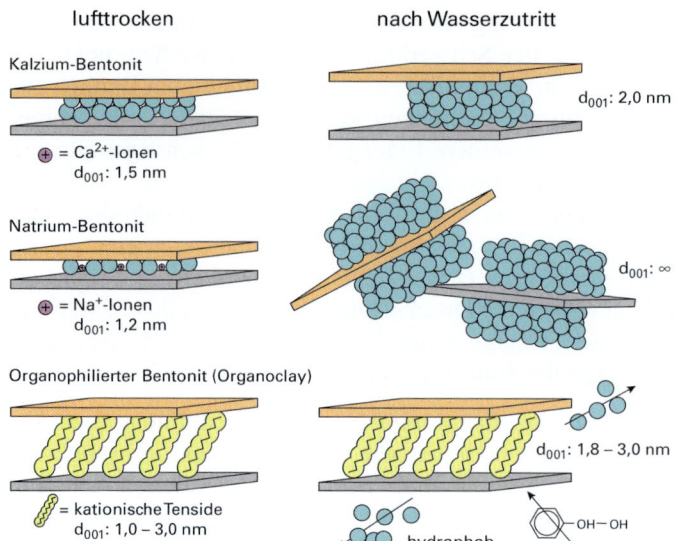

Bild 2-11 Schematische Darstellung der Sodaaktivierung [7]

Aktivbentonite weisen im Gegensatz zum Naturprodukt eine konstante Produktqualität auf. Bei der Aktivierung kann der gewünschte Endzustand gezielt gesteuert werden und somit unterliegen die Aktivbentonite nicht den in der Natur vorkommenden Schwankungen. Hierdurch verbessern sich insbesondere das Quell- und Wasseraufnahmevermögen, aber auch die rheologischen Eigenschaften der Suspension. Durch die Steuerung des Aktivierungsgrads können die Produkteigenschaften gezielt an die Anforderungen der jeweiligen Einsatzbereiche angepasst werden [7].

2.6.3 Bentonit mit Polymerzugabe

Eine weitere Anpassung der natürlichen Bentoniteigenschaften kann durch die Zugabe von Polymeren erfolgen. Die Produkte werden als so genannte „Sackware" fertig angemischt angeboten. Die zugefügten Polymere übernehmen verschieden Funktionen wie z.B. die Verbesserung der Wasserzugänglichkeit und damit die Beschleunigung des Quellvorgangs, den Schutz vor Kontaminanten oder die Veränderung der Rheologie durch Erhöhung von Viskosität oder Fließgrenze.

3 Additive

3.1 Polymere

In der Natur kommen Polymere in nahezu unbegrenzter Menge vor. Zu den natürlichen Polymeren zählen Proteine oder Polysacharide wie Stärke und Cellulose. Synthetisch werden Polymere durch Polymerisation (d.h. Polykondensation oder Polyaddition) erzeugt [11,92,93].

Die chemischen und physikalischen Eigenschaften der Polymere sind im Wesentlichen durch die chemische Struktur der Monomere, den Polymerisationsgrad und die Struktur der Kettenmoleküle bestimmt. Der Polymerisationsgrad berechnet sich aus der Anzahl der Monomere eines Makromoleküls; langkettige Makromoleküle besitzen somit einen höheren Polymerisationsgrad als kurzkettige. Mit steigendem Polymerisationsgrad nimmt das Wasserbindevermögen des Polymers zu.

Polymere werden Bentonitsuspensionen beigemischt, um ihr Fließ-, Eindring- und Stabilitätsverhalten zu verändern. Vor dem Einsatz jeglicher Additive ist die Umweltverträglichkeit und Zulassung mit der zuständigen Behörde abzuklären.

Im Folgenden werden die als Additive eingesetzten Polymere nach ihren Funktionen und ihrem chemischen Aufbau eingeteilt und beschrieben.

3.1.1 Funktionsweisen von Polymeradditiven

Polymere sind chemisch aktiv und lassen sich für die Anwendung in der Ringspaltschmierung beim Rohrvortrieb in fünf funktionelle Gruppen unterteilen [4,44]:

- Viskositätsregulierer (viscosifier)
- Filtratreduzierer (filtrate reducer)
- Toninhibierer (clay stabilizer)
- Verflüssiger (thinner)
- mechanische Stopfmittel (lost circulation material)
- Schmiermittel

Eine eindeutige Abgrenzung der einzelnen Eigenschaften ist nicht in allen Fällen möglich, da diese sich häufig gegenseitig bedingen. So ist zum Beispiel die Viskositätsregulierung mit der Bildung eines Gels verbunden, die aber zumeist auch den Verlust von Filtratwasser in den umliegenden Boden verhindert. Zudem haben viele Polymere je nach Einsatzmenge unterschiedliche Funktionen, da sie je nach Konzentration teilweise flokkulierend oder gelbildend wirken können.

3.1.1.1 Viskositätsregulierer

In herkömmlichen Schmiersuspensionen ist Bentonit selbst der grundliegende Viskositätsregulierer. Andere Viskostitätsregulierer werden Bentonitsuspensionen hinzugefügt, um eine Gelstruktur aufzubauen und so die Viskosität zu erhöhen. Ein Polymergel ist ein in einem flüssigen Medium gequollenes polymeres Netzwerk. Die genauen

Eigenschaften dieses Gels hängen dabei von den Wechselwirkungen zwischen dem Netzwerk und der umliegenden Flüssigkeit ab.

Ein Beispiel hierfür sind Hydrogele, die aus einem hydrophilen (wasserliebenden) Polymer mit Wasser als Quellmedium bestehen. Das polymere Netzwerk und die Wassermoleküle besitzen eine gegenseitige Affinität, durch die das Gel stabilisiert wird. Diese Affinität wird vor allem durch die Hydratationsenergie bewirkt, die die Anlagerung von Wassermolekülen energetisch begünstigt. Ein Beispiel für solche Gelbildner sind natürliche und modifizierte organische Viskositätsregulierer wie z.B. Polysaccharide. Sie bilden durch die Entstehung von Wasserstoffbrücken recht stabile Hydrogele.

Eine andere Art von Gelbildnern sind assoziative Viskositätsregulierer, die nicht aus eigener Kraft ein Netzwerk bilden, sondern durch die Anlagerung von bereits in der Flüssigkeit vorliegenden Teilchen. Diese Stoffe haben sowohl hydrophile als auch hydrophobe Eigenschaften. Hierunter fallen beispielsweise Polyacrylamide und Celluloseether sowie hydrophob modifizierte Polyacrylate.

Viskositätsregulierer können aus

– natürlichen, organischen (kohlenstoffhaltigen) oder anorganischen (nicht kohlenstoffhaltigen) Molekülen,
– modifizierten organischen Makromolekülen oder
– synthetischen Makromolekülen

bestehen.

Natürliche organische Viskositätsregulierer sind beispielsweise Polysaccharide wie Stärke, Xanthan (Xanthangummi) oder Guaran (Guargummi). Natürliche anorganische Viskositätsregulierer sind Silikate wie Bentonit selbst.

Modifizierte Viskositätsregulierer sind natürliche Stoffe, die durch chemische Reaktionen verändert wurden, damit sie andere chemische oder physikalische Eigenschaften erhalten. Hierunter fallen unter anderem verschiedene Cellulosen, die durch eine Polymerreaktion modifiziert wurden, z.B. Methylcellulose (MEC), Hydroxyethylcellulose (HEC) oder Carboxymethylcellulose (CMC).

Synthetische Viskositätsregulierer sind Substanzen wie beispielsweise Polyacrylamid.

3.1.1.2 Filtratreduzierer

Unter Filtratreduzierung von Suspensionen versteht man die Verminderung der in das Gebirge abfiltrierenden Flüssigkeitsmenge [4] – der Filtratverluste – durch die Bildung eines möglichst dünnen, dichten, zähen und elastisch abdichtenden Filterkuchens.

Filtratreduzierer auf der Basis von Polymeren bestehen aus Makromolekülen, die sich infolge einer großen Anzahl von negativen elektrischen Ladungen an ihrer Oberfläche und deren Affinität zu Wasser mit einer fest haftenden dicken Hydrathülle umgeben. Die Makromoleküle werden zunächst intensiv an den Tonpartikeln adsorbiert, sodass sie diese wiederum mit einer fest haftenden, stark wasserhaltigen, dicken Schutzhülle überziehen. Dadurch verkleinern sich die Zwischenräume zwischen den Tonpartikeln bei der Filterkuchenbildung und die Durchlässigkeit des Filterkuchens sowie die

Filtratmenge nehmen ab. Die Durchlässigkeit des Filterkuchens wird darüber hinaus durch den Einbau frei vorliegender Polymerpartikel vermindert, die infolge ihrer Beweglichkeit und Plastizität noch vorhandene Poren verstopfen können [4, 92].

Die grundsätzliche Funktion der Filtratreduzierer ist somit ein mechanisch-physikalisches Verstopfen der Poren des Filterkuchens. Der Filtratverlust nimmt bei konstanten Bedingungen (Druck, Temperatur usw.) exponentiell mit steigender Konzentration ab, d.h. ein Filtrat von Null ist selbst durch extrem hohe Polymerkonzentrationen nicht erreichbar [4, 92].

Zu den Filtratreduzierern zählen beispielsweise Stärke, Carboxymethylcellulose (CMC) oder polyanionische Cellulose (PAC) [4].

Eine niedrige Filtratwasserabgabe bedeutet nicht nur eine geringere Wasserabgabe aus der Bentonitsuspension in die Umgebung. Durch die abdichtende Wirkung des Filterkuchens wird auch der entgegengesetzte Weg erschwert, wodurch weniger Störstoffe in die Bentonitsuspension gelangen können. Hierdurch kann eine höhere Stabilität der Suspension erreicht werden.

3.1.1.3 Toninhibierer

Eine weitere Funktion der Filtratreduzierer Carboxymethylcellulose (CMC) polyanionische Cellulose (PAC) oder Hydroxyethylcellulose (HEC) ist die Toninhibierung in tonhaltigen Gesteinen (Ton, Lehm, Schiefer). Darunter versteht man den Effekt, dass die Tonpartikel an der Bohrlochwand während des Kontakts der Bentonitsuspension mit dem Baugrund durch die Polymere an der Wasseraufnahme gehindert werden. Die Minimierung der Wasseraufnahme der Tonpartikel unterbindet deren Quellung und wirkt so einer drohenden Verringerung des Ringraums entgegen.

Die wohl effektivsten toninhibierenden Polymere sind die PHPA-Polymere (partially hydrolyzed polyacrylamide) aus der Familie der Acrylate und Acrylamide [41].

Da der Erstkontakt mit dem Baugrund durch die Bentonitsuspension an der Ortsbrust erfolgt, muss bei Gesteinen mit quellfähigen Tonmineralen die Toninhibierung bereits in der Bentonitsuspension umgesetzt werden. Wegen der langen Verweildauer und damit der möglichen Reaktionszeit muss die Toninhibierung aber anschließend auch in der Schmiersuspension im Ringraum gesichert werden. Hier sollen auch die an der Bohrlochwand befindlichen quellfähigen Tonminerale an der Wasseraufnahme gehindert werden. Die abgebauten Tonpartikelaggregate sollen zusätzlich möglichst kompakt gebunden bleiben, um eine weitere Auflösung in die Bentonitsuspension zu verhindern.

Die toninhibierenden Polymere dürfen bei der Herstellung der Bentonitsuspension erst nach vollständiger Hydratisierung des Bentonits zugemischt werden, ansonsten besteht die Gefahr, dass der Bentonit selbst an der Wasseraufnahme und Quellung gehindert wird.

3.1.1.4 Verflüssiger

Um hohen Viskositäten und damit einhergehend hohen Fließwiderständen entgegenzuwirken, können Verflüssiger verwendet werden. Verflüssiger wirken der Gelbildung entgegen, ohne dabei die Bentonitsuspension zu verdünnen [4] und verbessern somit die Fließeigenschaften der Suspension. Zusätzlich können diese Zusätze aber auch die Filterkuchenbildung verringern und die Filtration reduzieren, Salzeffekten entgegenwirken und den Einfluss von Wasser auf die Formation minimieren.

In der Regel enthalten Verflüssiger relativ große anionische Einheiten, die an der positiven Seite der Tonpartikel adsorbiert werden und so die Anziehungskräfte zwischen den einzelnen Teilchen verringern, ohne dabei die Hydratation des Tons zu beeinflussen.

Als Verflüssiger werden beispielsweise Tannine, Polyphosphate, Lignite und Lignosulfonate eingesetzt.

3.1.1.5 Stopfmittel

In Baugründen mit großen Porenräumen und/oder großen Klüften kann es zum Verlust des Schmierbentonits kommen.

Je nach der Ursache für den Verlust der Bentonitsuspension gibt es verschiedene wirksame Maßnahmen, um der Reduktion des Stützdrucks durch Abfließen der Suspension in die groben Porenräume oder Öffnungen entgegenzuwirken. Diese Öffnungen müssen mithilfe von Füllstoffen gestopft werden, sodass das Abfließen der Bentonitsuspension in den Baugrund begrenzt wird.

Für diese Stopfwirkung kommt eine Vielzahl von Substanzen in Frage; Beispiele hierfür sind Sägemehl, Papierschnipsel, Bentonitgranulat, Konfetti, Kokosnussfasern oder stark quellende oder vernetzende Polymere. Oftmals werden auch Mischungen aus zwei oder mehr Substanzen eingesetzt, sodass verschiedene Zusammensetzungen für spezifische Anwendungen zur Verfügung stehen.

Allgemein werden die Materialien nach ihrer physischen Beschaffenheit als Flocken, Granulat oder Fasern unterschieden. In manchen Fällen wie z.B. besonders groben Porenräumen kann eine Kombination der Eigenschaften verschiedener Stopfmittel (z.B. Größe, Beschaffenheit und Stärke) zu einer erfolgreichen Abdichtung führen.

3.1.1.6 Schmiermittel

Die eigentliche Schmierwirkung wird normalerweise durch das Stützen des Ringraums bzw. die schmierenden Eigenschaften der Bentonitsuspension erreicht. Sollte dies in kritischen Situationen nicht ausreichen, können der Bentonitsuspension Produkte zugegeben werden, die eine stark schmierende und reibungsreduzierende Wirkung haben. Oft basieren derartige Zusätze auf Wachsen oder Naturölen wie z.B. Rapsöl.

3.2 Arten von Polymeradditiven

3.2.1 Stärke

In Bentonitsuspensionen wird Stärke eingesetzt, um Filtration und damit Wasserverluste zu verhindern. Stärke kann im Salzwassermilieu eingesetzt werden, in denen normaler Bentonit versagt. Es ist zu beachten, dass Stärke als natürlich vorkommendes Polymer durch eine Vielzahl von Mikroorganismen wie z.B. Bakterien [4] abgebaut werden kann. Um dies zu verhindern, kann die Bentonitsuspension entweder auf einen hohen pH-Wert von ≈ 12 eingestellt oder mit Bioziden versetzt werden. Weiterhin kann Stärke auch durch Hitze und Agitation zerstört werden. Wie auch viele andere organische Polymere wird Stärke durch die Anwesenheit von Calcium co-präzipitiert. Stärke ist nichtionisch und zeigt keine Wechselwirkungen mit Elektrolyten. Die physikalischen Eigenschaften einer reinen Stärkesuspension sind in der DIN EN ISO 13500 [24] angegeben (Tabelle 3-1).

Tabelle 3-1 Physikalische Eigenschaften einer Stärkesuspension nach DIN EN ISO 13500 [24]

Eigenschaft	Standard[a]
Anzeige Viskosimeterskala bei 600 min^{-1}	
in 40 g/l Salzwasser	≤ 18
in gesättigtem Salzwasser	≤ 20
Filtratvolumen	
in 40 g/l Salzwasser	≤ 10 ml
in gesättigtem Salzwasser	≤ 10 ml
Residuum größer als 2000 µm	kein Residuum

[a] Alle Angaben beziehen sich auf das API Rotationsviskosimeter nach API RP 13B-1 Abschnitt 4.3 bzw. die API Filterpresse nach API 13B-1 Abschnitt 5.2.1 [2] im Standardversuch (siehe Abschnitt 5.4)

3.2.2 Xanthan

Xanthan (oder Xanthangummi) ist ein Polysaccharid, das von *Xanthomonas campestris* sowie einigen verwandten Arten von Mikroorganismen gebildet wird. Xanthan besteht aus D-Glucose, D-Mannose und D-Galacturonsäure im Molverhältnis 2,8:2:2.

Das Polysaccharid zeichnet sich durch eine gute Löslichkeit in Wasser aus und bildet dabei eine Lösung mit hoher Viskosität, die über pseudoplastische Eigenschaften verfügt. Zudem ist die Viskosität von Xanthan und xanthanhaltigen Gelen weitgehend temperaturunabhängig.

Xanthan kann Gelstärke erzeugen und ist somit das einzige Polymer, das wie Bentonit thixotrop reagiert.

Hauptsächlich dient Xanthan in Suspensionen als suspendierendes Additiv. Für die Wirkung genügen bereits geringe Konzentrationen des Biopolymers. Obwohl es nicht als Filtratreduzierer wirkt, kann es zusammen mit filtratreduzierenden Substanzen wie CMC und Bentoniten eingesetzt werden. Die physikalischen Eigenschaften einer reinen Xanthansuspension sind in der DIN EN ISO 13500 [24] angegeben (Tabelle 3-2).

Tabelle 3-2 Physikalische Eigenschaften einer Xanthansuspension nach DIN EN ISO 13500 [24]

Eigenschaft	Standard
Anteil Stärke, Guarkenmehl oder deren Ersatzstoffe	0 %
Wasseranteil	≤13 %
Siebanalyse	
<425 µm (11/64″)	≥95 %
<75 µm	≤50 %
Viskosität[a]	
Rotationsviskosimeter, 300 min^{-1}	≥11 cP (Skalenwert ≥55)
Rotationsviskosimeter, 6 min^{-1}	≥180 cP (Skalenwert ≥18)
Rotationsviskosimeter, 3 min^{-1}	≥320 cP (Skalenwert ≥16)
Brookfield LV, 1,5 min^{-1}	≥1950 cP

[a] Für Rotationsviskosimeter mit einer f0,2 Drehfeder. R1/B1 Konfiguration: Für 300 min^{-1} gilt cP ist gleich Skalenwert ×0,2; für 6 min^{-1} gilt cP ist gleich Skalenwert ×10,0; für 3 min^{-1} gilt cP ist gleich Skalenwert ×20,0

3.2.3 Guaran

Guaran (oder Guargummi) ist ein natürlicher Viskositätsregulierer auf Polysaccharidbasis. Es wird aus den Samen von *Cyamopsis tetragonoloba* (Guarbohne) gewonnen.

Die Zugabe von Guaran zu Bentonitsuspensionen bewirkt die Bildung einer hochviskosen Lösung. Gleichzeitig wird Guaran auch eingesetzt, um die Filtrationsrate zu reduzieren und die Bohrlochstabilität zu erhöhen.

Das Biopolymer zeigt eine gute Toleranz gegen Salze und kann somit in salzhaltigen Spülungen und Laugen eingesetzt werden. Guaran ist jedoch hitzelabil und degradiert bei Temperaturen oberhalb von 65 °C. Eine Erhöhung der Temperatur führt demnach zu einer Reduzierung der Viskosität. Wie Stärke wird auch Guaran von Mikroorganismen abgebaut, wenn dies nicht durch einen hohen pH-Wert oder ein zugesetztes Biozid verhindert wird.

Geringe Konzentrationen von Guaran bewirken eine Flockung von Bohrklein. Borationen vernetzen das hydratisierte Guaran und führen so bereits bei geringen Polymerkonzentrationen zu extrem viskosen Bentonitsuspensionen.

3.2.4 Modifizierte Cellulosen (PAC, MEC, HEC, CMC)

Modifizierte Cellulosen werden meist als Viskositätsregulierer, Filtratreduzierer und Toninhibierer eingesetzt. Durch Verwendung verschieden hoher Molmassen (Polymerlängen) kann die Viskosität stark erhöht oder aber verringert werden. Die Produkte sind dann meist durch den Zusatz „Lo Vis" oder LV für niedrige Viskosität und „Hi Vis" bzw. „HV" für hohe Viskosität gekennzeichnet.

PAC (polyanionische Cellulose) ist wohl das meistverwendete Polymer aus dieser Gruppe. Neben der Änderung der Viskosität und der Verringerung der Filtration wirkt es leicht toninhibierend.

Die Hydroxyethylcellulose (HEC) ähnelt strukturell der Carboxymethylcellulose (CMC), ist aber nichtionisch und daher besonders effektiv im Einsatz als Viskositätsregulierer und Filtratreduzierer für salzhaltige Lösungen. Die Viskosität von HEC-Lösungen steigt mit der Molmasse des Polymers. Magnesiumoxid stabilisiert die verdickenden Eigenschaften von HEC.

HEC-Lösungen zeigen eine pseudoplastische Rheologie, besitzen aber keine merkliche Gelstärke.

Natrium-CMC ist ein anionisches Polymer, das von den Tonpartikeln adsorbiert wird. Bei niedrigen Konzentrationen wirkt CMC als Filtratreduzierer. CMC-Suspensionen sind scherreduzierend, d.h. sie haben bei niedrigen Scherraten eine hohe Viskosität. Die Viskosität sinkt mit steigender Temperatur.

Mit steigender Salzkonzentration nehmen die filtratreduzierenden und viskositätssteigernden Eigenschaften von CMC ab. Wie bereits bei Stärke beschrieben wird auch CMC in Anwesenheit von Calcium und Magnesium co-präzipitiert.

3.2.5 Polyacrylamid/-acrylat

Polyacrylamid ist ein synthetisches Polymer, das mit unterschiedlichen Molmassen verfügbar ist. Es existieren verschiedene Substitutionsvarianten von Acrylamidpolymeren wie beispielweise Polyacrylamid, Polyvinylalkohol, Polyvinylpyrrolidon oder Polyvinylmethylether.

Die Eigenschaften von synthetischen Polymeren in der Bentonitsuspension wird nicht nur durch ihre chemische Zusammensetzung, ihre Struktur und ihre Molmasse bestimmt, sondern auch durch die Zusammensetzung und Temperatur des Systems, zu dem sie zugesetzt werden. So kann dasselbe Polymer einerseits als Flockungsmittel wirken, wenn es in niedriger Konzentration enthalten ist, andererseits aber den Filtrationsverlust reduzieren, wenn es in größerer Menge eingesetzt wird [4].

Diese große Variabilität beim Einsatz synthetischer Polymere bedingt allerdings eine umfangreiche Testphase zur Untersuchung ihrer Wirkung auf die Bentonitsuspension. Natrium-Polyacrylate können zum Beispiel als Filtratreduzierer eingesetzt werden, diese Eigenschaft wird aber auch immer durch ihre Sensitivität gegenüber Calciumionen begrenzt. Polyacrylamide verändern auch die Viskosität der Suspension und haben zusätzlich eine schmierende Wirkung.

Die so genannten PHPA (partially hydrolyzed polyacrylamides) sind lineare Copolymere von Acrylaten und Acrylamiden. Sie zeigen eine starke toninhibierende Wirkung. Weitere Eigenschaften sind eine Viskositätserhöhung sowie die Filtratationskontrolle. Bei Überdosierung tritt in der Bohrspülung häufig eine Flockung der Bentonitpartikel auf.

3.3 Übersicht über Polymeradditive und ihre Funktionen

Tabelle 3-3 zeigt eine Übersicht über die wichtigsten Eigenschaften der am häufigsten eingesetzten Zusätze für die Ringraumschmierung.

Als Primärfunktion wird die Zielfunktion bezeichnet, derentwegen das Polymer eingesetzt wird; oft entspricht dies gleichzeitig der stärksten Wirkung des jeweiligen Polymers.

Die Sekundärfunktion ist die (meist ungewollte) Nebenfunktion des Polymers; gleichzeitig ist dies auch oft seine schwächere Wirkung. Die Sekundärfunktion muss beim Einsatz der Polymere berücksichtigt werden, um unerwünschte Effekte zu vermeiden.

Tabelle 3-3 Primär- und Sekundärfunktionen von Polymeren sowie deren Salz- und Bakterienresistenz

Produkt	Viskositätsveränderung	Filtratreduzierung	Toninhibierung	Gelstärke	Salzresistenz	Bakterielle Zersetzung
Bentonit	primär	sekundär	sekundär	primär	–	–
Stärke	sekundär	primär	–	–	ja	ja
Xanthan	sekundär	sekundär	–	primär	ja	ja
Guaran	primär	–	–	sekundär	ja	ja
PAC	sekundär	primär	sekundär	–	–	–
CMC	sekundär	primär	sekundär	–	–	–
HEC	primär	primär	sekundär	pseudo plastisch	ja	–
Polyacrylamid	primär	sekundär	–	–	gering	–
PHPA	sekundär	sekundär	primär	–	–	–

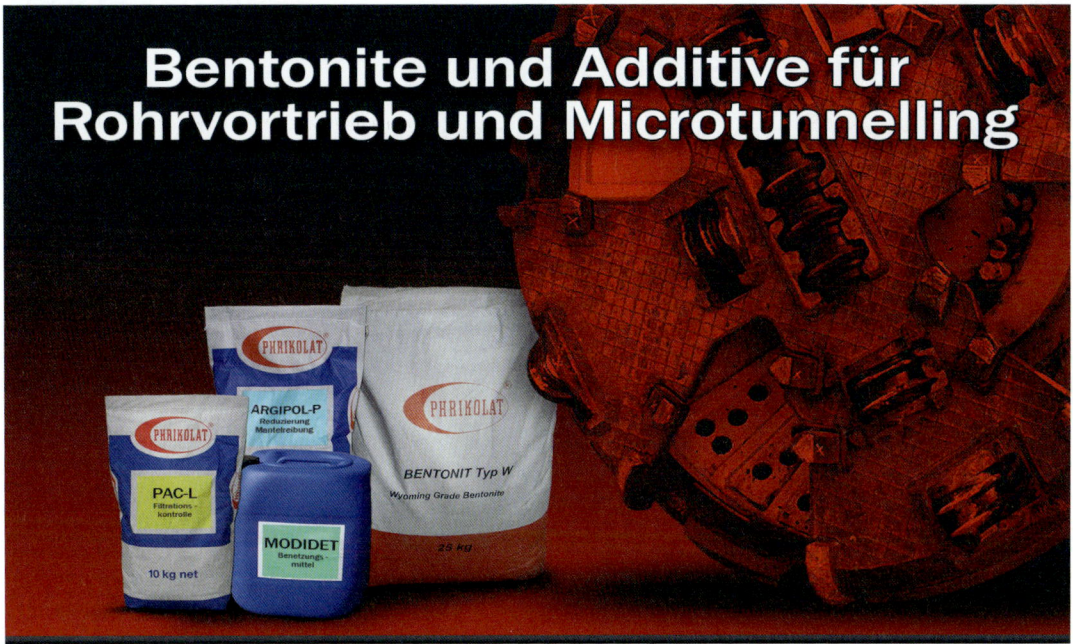

Eine Abhandlung der wichtigsten Werkstoffe

Dieses Buch behandelt die wichtigsten Werkstoffe des Konstruktiven Ingenieurbaus. Es ist dabei aber keine Enzyklopädie der Baustoffe, es ist vielmehr eine systematische Abhandlung mit Betonung auf den Grundlagen des Stoffverhaltens, um somit das Verständnis für die Abhängigkeiten der Werkstoffkonstanten, die eigentlich keine Konstanten sind, zu fördern.

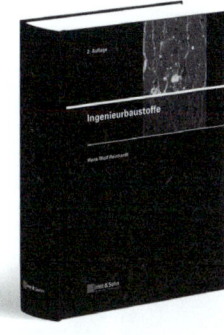

Hans-Wolf Reinhardt
Ingenieurbaustoffe
2., vollst. überarb. Auflage
2010. 382 S.
€ 64,–
ISBN 978-3-433-02920-6
Auch als 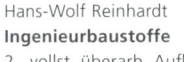 erhältlich

Online Bestellung:
www.ernst-und-sohn.de

Ernst & Sohn
Verlag für Architektur und technische
Wissenschaften GmbH & Co. KG

Kundenservice: Wiley-VCH
Boschstraße 7
D-69469 Weinheim

Tel. +49 (0)6201 606-400
Fax +49 (0)6201 606-184
service@wiley-vch.de

* Der €-Preis gilt ausschließlich für Deutschland. Inkl. MwSt. zzgl. Versandkosten. Irrtum und Änderungen vorbehalten. 1017106_dp

Schwingungsprobleme – Kenngrößen und Beispiele

Obwohl Schwingungsprobleme in der Praxis zunehmend auftreten, werden sie von Tragwerksplanern gern umgangen. Statische Ersatzlasten, Stoßfaktoren oder Schwingbeiwerte werden angewendet, ohne sich der Anwendungsgrenzen bewusst zu sein.

Das Buch weckt das Grundverständnis für die den Theorien zugrunde liegenden Modellvorstellungen und die Begrifflichkeiten der Dynamik. Die wichtigsten Kenngrößen werden beschrieben und mit Beispielen verdeutlicht. Darauf baut der anwendungsbezogene Teil mit den Problemen der Baudynamik – Stoßvorgänge, freie und erzwungene Schwingungen etc. anhand von Beispielen auf.

Helmut Kramer
Angewandte Baudynamik
Grundlagen und Praxisbeispiele
2. Auflage –
April 2013. 344 Seiten
€ 55,–*
ISBN 978-3-433-03028-8
Auch als ebook erhältlich

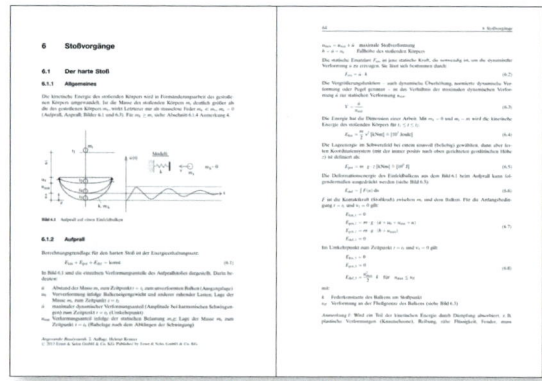

Das könnte sie auch interessieren:

- Baustatik
- Bautechnik
- Geotechnik Bodenmech

Online Bestellung:
www.ernst-und-sohn.de

Ernst & Sohn
Verlag für Architektur und technische
Wissenschaften GmbH & Co. KG

Kundenservice: Wiley-VCH
Boschstraße 12
D-69469 Weinheim

Tel. +49 (0)6201 606-400
Fax +49 (0)6201 606-184
service@wiley-vch.de

4 Fachgerechte Herstellung von Bentonitsuspensionen

4.1 Anmischen

Die Herstellung von Bentonitsuspensionen besteht aus drei Vorgängen:

- Suspendieren
- Dispergieren
- Quellen

Beim Suspendieren werden die Bentonitteilchen im Wasser aufgeschlämmt. Die Aggregation der Elementarkristalle (15–20 Schichten) wird dabei nicht zerstört. Beim Dispergieren werden die Aggregate in die Einzelschichten zerlegt. Zu diesem Zweck muss eine große mechanische Energie (Scherenergie) eingetragen werden. Diese wird durch hochtourige Rührer oder spezielle Dispergiersysteme realisiert. Die Vorgänge des Suspendierens und Dispergierens lassen sich nicht exakt voneinander trennen und erfolgen in der Regel in demselben Gerät. Der letzte Herstellungsschritt ist das Quellen. Dies ist ein zeitlicher Vorgang, bei dem Wasser in die Bentonitkristalle aufgenommen und eingelagert wird.

Bei Aktivbentoniten werden die rheologischen Eigenschaften einer Bentonitsuspension nach einer Quellzeit von ca. 4–6 h erreicht. Die erforderliche Quellzeit hängt von der Bentonitart sowie der Intensität und Dauer des Dispergierens ab. Natürliche Bentonite benötigen eine längere Quellzeit als polymermodifizierte Bentonite. Wenn beim Dispergieren eine hohe Scherenergie aufgewendet wird, kann das Aufblättern der Primärkristalle weitgehend schon in diesem Stadium erfolgen; die zur Erreichung des optimalen Endzustands der Suspension erforderliche Quellzeit kann dadurch gegebenenfalls verkürzt werden.

Es gelten die beiden Grundregeln:

- **Je besser die Dispergierung, desto kürzer die Quellzeit**
- **Es gibt kein Dispergiersystem, das die Quellzeit komplett ersetzen kann**

Die Dispergierzeit beträgt bei angemessenem Dispergierwerkzeug etwa 10 min. Die Bentonitsuspension gilt als ausgequollen, wenn sich die Fließgrenze in einem Zeitraum von 6 h um maximal 10 % verändert [23].

Neben der Art und Weise des Anmischens hat die auch Temperatur des Anmachwassers einen großen Einfluss auf die Bentonitsuspension. Dispergieren und Quellen werden durch die Verwendung von warmem Wasser unterstützt. Nach *Möbius* [69] ist eine Temperatur um 60 °C vorteilhaft. Auf der Baustelle ist eine derart hohe Temperatur in der Regel nur mit einigem Aufwand erreichbar. Zumindest sollte die Dispergierzeit bei besonders niedrigen Temperaturen des Anmachwassers (<10 °C) jedoch entsprechend verlängert werden.

Die Suspensionseigenschaften werden grundsätzlich negativ beeinflusst, wenn das Anmachwasser Elektrolyte oder organische Stoffe enthält oder sehr hart ist. Hier gilt es, die Wasserqualität vorab zu prüfen, um negative Auswirkungen auf die rheologischen Eigenschaften der Bentonitsuspension zu vermeiden.

4.1.1 Vorgehensweise beim Herstellen der Suspension

Grundsätzlich wird neben dem Mischtank zum Anmischen ein Vorratstank benötigt, aus dem die Suspension abgepumpt und verpresst werden kann. Dieser muss ausreichend groß sein, sodass die empfohlenen Quellzeiten auch bei großem Suspensionsbedarf, z.B. bei schnellem Vortriebsfortschritt, eingehalten werden können.

4.1.1.1 Prüfen des Anmachwassers

Das Anmachwasser ist vor dem Anmischen zu testen:
- pH-Wert mit Teststreifen bestimmen
- Wasserhärte mit Härtemessstreifen bestimmen
- Leitfähigkeit mit Messgerät messen
- wenn Verdacht auf Salz besteht: Salzgehalt bestimmen

4.1.1.2 Grenzwerte für das Anmachwasser

Anmachwasser, bei dem die in Tabelle 4-1 genannten Grenzwerte überschritten sind, sollte nicht ohne vorherige Behandlung verwendet werden. Die Folgen können ansonsten beispielsweise eine schlechte Quellung des Bentonits bis hin zur Ausflockung sein. Ist es nicht möglich, die Grenzwerte z.B. durch eine Behandlung mit Sodaasche zu erreichen, sollte eine andere Wasserquelle verwendet werden.

Tabelle 4-1 Grenzwerte und anzustrebende Werte für das Anmachwasser

Parameter	Arbeitsbereich	Optimalwert
Gesamthärte	<14 °dH bzw. 250 ppm	<6 °dH bzw. 100 ppm
gelöste Ca^{2+}- und Mg^{2+}-Ionen	<100 mg/l	<50 mg/l
pH	7–12	8,5–9,5
Chlorid	<1000 mg/l	<300 mg/l
elektrische Leitfähigkeit	<600 µS/cm	<300 µS/cm
Chlor	<100 mg/l	

4.1.1.3 Vorbehandlung des Anmachwassers mit Sodaasche

Sodaasche reduziert die Calciumhärte. Je nach Bedarf können ca. 1,2 bis 2,4 kg Sodaasche pro Kubikmeter Wasser zugemischt werden. Auf eine ausreichende Reaktionszeit, die je nach Temperatur stark variieren kann, muss geachtet werden.

Begleitend erfolgt eine Anhebung des pH-Werts auf 8,5–9,5.

Die folgende Gleichung zeigt die Reaktion von Sodaasche (Na_2CO_3) mit dem harten Wasser, die zur Ausfällung von Kalkstein führt; zurück bleiben Na^+-Ionen im Wasser:

$$Na_2CO_3 \text{ (s)} + Ca(HCO_3)_2 \text{ (aq)} \rightarrow CaCO_3 \downarrow \text{ (s)} + 2\ NaHCO_3 \text{ (aq)}$$

Die Sodaasche ist langsam und vorsichtig zu dosieren, da bereits eine geringe Zugabe den pH-Wert beeinflusst.

4.1.1.4 Reihenfolge beim Mischen

Um ein gutes Suspensionsergebnis zu erreichen, muss die Mischreihenfolge (vgl. auch Tabelle 4-2) unbedingt eingehalten werden. Sie hilft auch, ungewünschte Wechselwirkungen zu vermeiden, wie z.B. beim Einbringen von Toninhibierern vor der Zugabe des Bentonits. Die empfohlene Reihenfolge ist:

1. Wasser
2. Sodaasche (Reaktionszeit beachten!)
3. Bentonit (Misch- und Quellzeit beachten!)
4. pulverförmige Polymere (Misch- und Quellzeit beachten!)
5. flüssige Polymere (Misch- und Quellzeit beachten!)
6. Oberflächenbildner

Für Bentonit und die Polymere ist langsames und kontinuierliches Zufügen wichtig! Niemals große Mengen auf einmal in das Anmachwasser schütten. Bei zu schneller Zugabe können sich Verklumpungen bilden, die je nach Mischertyp nicht mehr richtig aufgeschlossen werden können. Meist sinken diese Verklumpungen dann ungenutzt auf den Tankboden.

4.1.1.5 Anmischen von Wasser und Bentonit

Zum Anmischen der Bentonitsuspension geht man wie folgt vor:

1. die benötigte Menge des Anmachwassers ermitteln
2. die benötigte Menge des Bentonits berechnen und dosieren
3. Suspendieren und Dispergieren
4. Umpumpen in Vorratsbehälter zum Quellen

Das Dispergieren wird in einer Mischanlage durchgeführt, die eine große Scherenergie in die Suspension einträgt. Die große Scherenergie führt dazu, dass die Einzelkristalle des Bentonits durch hohe Scherkräfte voneinander getrennt werden. Durch das Dispergieren des Bentonits sollen gleichbleibende rheologische Eigenschaften im kompletten Anmischvolumen erreicht werden; durch sehr gutes Dispergieren kann ggf. auch Bentonit eingespart werden.

Ein Mischen durch Rühren ohne nennenswerten Eintrag von Scherenergie mit oder ohne Umpumpen führt zu Klumpenbildung. Auf diese Weise wird keine gute Suspension erreicht. Es kommt zu wechselnden und mangelhaften Fließeigenschaften und meist ist ein erhöhter Einsatz an Bentonit erforderlich.

Eine ausreichende Mischzeit von mindestens 10–30 min ist nötig, damit die Einzelkristalle getrennt und Wassermoleküle eingelagert werden können und allgemein eine gute Dispergierung erreicht werden kann.

Die Vorteile guten Dispergierens sind zusammengefasst:

- gute rheologische Eigenschaften der Bentonitsuspension (stabile Suspension)
- keine Reste von ungequollenem Bentonit (der ansonsten im Ringspalt quellen und unerwünschte Nebeneffekte bewirken kann)
- ggf. Verkürzung der Quellzeit bei optimalen Suspensionseigenschaften
- Einsparung von Bentonit (bei natürlichen Bentoniten kann der Mehrverbrauch an Bentonit bei mangelhafter Dispergierung oder zu geringer Quellzeit nach praktischen Erfahrungen bis zu 50 % betragen).

4.1.1.6 Zugabe von Polymeradditiven zur Bentonitsuspension

Die Bentonitsuspension wird zunächst hergestellt wie zuvor beschrieben. Anschließend wird die benötigte Menge an Polymer berechnet und dosiert. Bei Polymeren, die toninhibierend wirken, muss der Quellvorgang der Bentonitsuspension abgeschlossen sein, bevor die Polymere zugegeben werden.

Auch die Polymere benötigen eine ausreichende Misch- und Quellzeit. Pulverförmige Polymere erfordern eine geringere Scherenergie beim Mischvorgang, dafür aber eine längere Quellzeit. Flüssige Polymere erfordern eine größere Scherenergie, aber eine kürzere Quellzeit.

4.1.1.7 Quellvorgang

Beim Quellen werden Wassermoleküle in die Bentonitteilchen eingelagert. Mit zunehmender Quellung nehmen Viskosität und Fließgrenze zu. Der Bentonit gilt als ausgequollen, wenn sich die rheologischen Werte nicht mehr signifikant ändern.

Zunächst sind die Angaben des Herstellers zu beachten, da die benötigte Quellzeit stark vom verwendeten Bentonit bzw. Polymer abhängt. Bei gleichen Bentoniten hängt die benötigte Quellzeit weiterhin vom Grad der Dispergierung ab – gut gemischte Bentonitsuspensionen benötigen weniger Quellzeit, um die erwünschten Werte zu erreichen.

Als Richtwert für einen natriumaktivierten Bentonit kann eine Quellzeit von etwa 4–6 h angesetzt werden. Natürliche Bentonite quellen noch bis 24 h nach dem Anmischen. Polymermodifizierte Bentonite sind teilweise schon nach 1 h ausgequollen.

Für einen optimalen Baustelleneinsatz sollte ein Pilottest mit dem zu verwendenden Bentonit gemacht werden, um die Konzentration und Quellzeit herauszufinden, mit der die erwünschten rheologischen Eigenschaften erreicht werden. Es ist von großer Bedeutung, stets die korrekte Reihenfolge beim Anmischen zu beachten (Tabelle 4-2).

4.2 Mischtechnik

Tabelle 4-2 Merkliste zur Reihenfolge beim Anmischen von Bentonitsuspensionen (Quelle: Herrenknecht AG)

Komponente	Anmerkung	Aktion
1. Anmachwasser		
2. Sodaasche		
		3. Reaktion abwarten
4. Bentonit	langsam zufügen[a]	
		5. Quellung abwarten
6. trockene Polymere	noch langsamer zufügen[a]	
7. flüssige Polymere		
		8. Reaktion abwarten
9. Oberflächenbildner oder Stopfmittel (lost circulation material)		
		10. Verwendung der Suspension

[a] Siehe Abschnitt 4.1.1.4

4.2 Mischtechnik

Für die Herstellung von Bentonitsuspensionen ist eine hochwertige und effektive Geräteausstattung unerlässlich. Der Mischer muss eine große Scherenergie erzeugen können, damit die Bentonitplättchen möglichst gut dispergiert werden. Häufig werden Mischer mit Mischpumpe (Bild 4-1) oder Mischer mit Wasserstrahlpumpe eingesetzt.

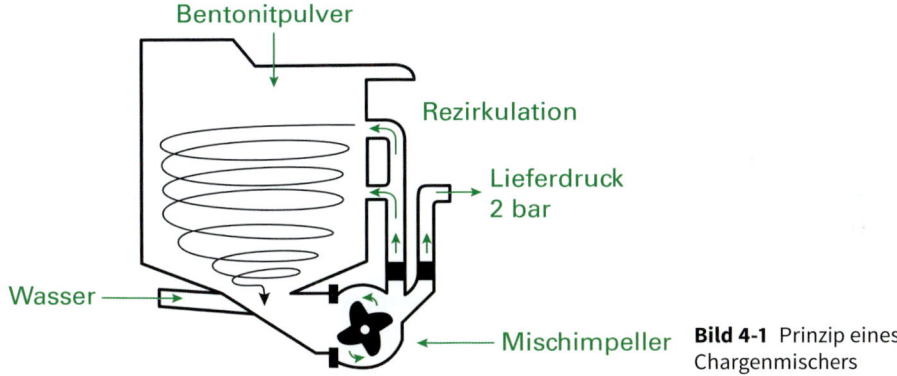

Bild 4-1 Prinzip eines Chargenmischers

Bei einem Mischer mit Mischpumpe wird die Scherenergie mithilfe eines speziellen Pumpenlaufrads erzeugt; die Rotationsgeschwindigkeit ist hier sehr hoch. Das gesamte Volumen des Mischsystems wird rezirkuliert, sodass es das Laufrad mehrmals durchläuft.

Bei einem Mischsystem mit Wasserstrahlpumpe (Bild 4-2) wird das Bentonitpulver zunächst durch den von der Strahlpumpe erzeugten Unterdruck über einen Trichter in das Wasser eingebracht. Die zur Dispergierung notwendige große Scherenergie wird durch Kavitation hinter der Strahlpumpe (bei geschlossenem Trichter) erzeugt. Das gesamte Volumen wird mehrfach durch den geschlossenen Kreislauf Mischtank–Kreiselpumpe–Wasserstrahlpumpe geführt. Wegen der in der Regel großen Volumina der Mischtanks wird die Suspension jedoch nicht so häufig rezirkuliert wie bei einem Mischer mit Mischpumpe.

Bild 4-2 Beispiel eines Mischsystem mit Wasserstrahlpumpe (Quelle: Herrenknecht AG)

Das Einbringen von Bentonitpulver in einen Tank und Umrühren mit Paddeln, langsamen Rührwerken oder Ähnlichem ist kein Bentonitmischen im eigentlichen Sinn. Hier fehlt die notwendige Scherenergie. Auf diese Weise kann keine dispergierte Bentonitsuspension hergestellt und die gewünschten rheologischen Eigenschaften können nicht erreicht werden.

4.3   Mischanweisungen

Um mit den genannten Mischertypen sehr gute Ergebnisse zu erreichen, sollten die folgenden Anweisungen befolgt werden.

4.3.1   Mischanweisung für Mischer mit Mischpumpe

Beispiel: Mischervolumen 250 l, Mischpumpe mit 1400 l/min.

– Mischtank mit Wasser füllen; Volumen bestimmen
– Qualität des Wassers prüfen
– ggf. Sodaasche zugeben und Mischer 5–10 min laufen lassen
– Bentonitmenge berechnen und langsam zugeben
– Bentonit mindestens 10, besser 20 min mischen lassen

- rheologische Parameter (z.B. Viskosität) prüfen
- bei Bedarf Polymere zugeben und ca. 10 min mischen
- Umpumpen in Vorratstank

4.3.2 Mischanweisung für Mischer mit Wasserstrahlpumpe

Beispiel: Mischvolumen 20 m³, Volumenstrom bei Wasserstrahlpumpe 180 m³/h.

- Mischtank mit Wasser füllen; Volumen bestimmen
- Qualität des Wassers prüfen
- ggf. Sodaasche zugeben und Mischer 5–10 min laufen lassen
- Bentonitmenge berechnen und langsam über Trichter zugeben (ca. 10 min)
- bei geschlossenem Trichter Bentonit mindestens 20, besser 40 min mischen lassen
- rheologische Parameter (z.B. Viskosität) prüfen
- bei Bedarf Polymere zugeben und ca. 20 min mischen
- Umpumpen in Vorratstank

4.4 Quelltanks

Quelltanks sind notwendig, um dem Bentonit ausreichend Zeit zum Quellen zu geben. Die Größe des Quelltanks richtet sich nach dem benötigten Bentonitvolumen und der spezifischen Quellzeit des Bentonits.

Wenn der Quelltank zu klein ausgelegt ist, kann keine ausreichende Quellzeit gewährleistet werden. Dadurch werden häufig die gewünschten rheologischen Eigenschaften nicht erreicht oder es muss mehr Bentonitpulver verwendet werden als eigentlich notwendig. Die Folge ist oft, das unzureichend gequollene Bentonitsuspension verpumpt wird, die nachträglich noch andicken kann.

Die benötigte Größe des Quelltanks ergibt sich aus einer einfachen Formel:

Quelltankgröße = Volumenstrom Verpresspumpe · Quellzeit Bentonit

Dabei muss jedoch berücksichtigt werden, dass eigentlich zwei Quelltanks notwendig sind – während im einen Tank die Bentonitsuspension noch quillt, wird die schon fertige Suspension aus dem anderen Tank verpresst.

Bei einschichtigen Vortrieben kann die Pause zwischen den Schichten optimal als Quellzeit genutzt werden. Vor Schichtende sollten in diesem Fall alle Vorratstanks aufgefüllt werden.

Als Quelltank eignen sich verschiedene Behältnisse wie z.B. Plastiktanks, Absetzbecken, Wellblechtanks, wasserdichte Container, Silos oder Spülgruben. Optimal sind oben offene, zugängliche Container mit Rührwerken (Bild 4-3), um die Suspension nach dem Mischen noch leicht in Bewegung halten zu können. Wichtig ist, dass sowohl ein Zulauf als auch ein Ablauf angeschlossen werden können.

Bild 4-3 Quelltank mit zwei Rührwerken (Quelle: Herrenknecht AG)

5 Eigenschaften der Suspension und verwendete Messverfahren

5.1 Viskosität: Marsh-Trichter

Die Marsh-Zeiten t_M und t_{M1500} werden nach DIN 4126/4127 mithilfe eines Marsh-Trichters (Bild 5-1) gemessen. Dazu wird ein genormter Trichter verwendet, der in der DIN 4126 [21] beschrieben ist. Die Auslaufzeit ist eine Funktion der dynamischen Fließgrenze dyn τ_F, der differenziellen Viskosität η' und der Suspensionsdichte ρ_F.

Der Marsh-Trichter ist auf der Baustelle einfach zu handhaben und ermöglicht eine schnelle Feststellung einer Veränderung der Suspensionseigenschaften relativ zu einem Ausgangswert.

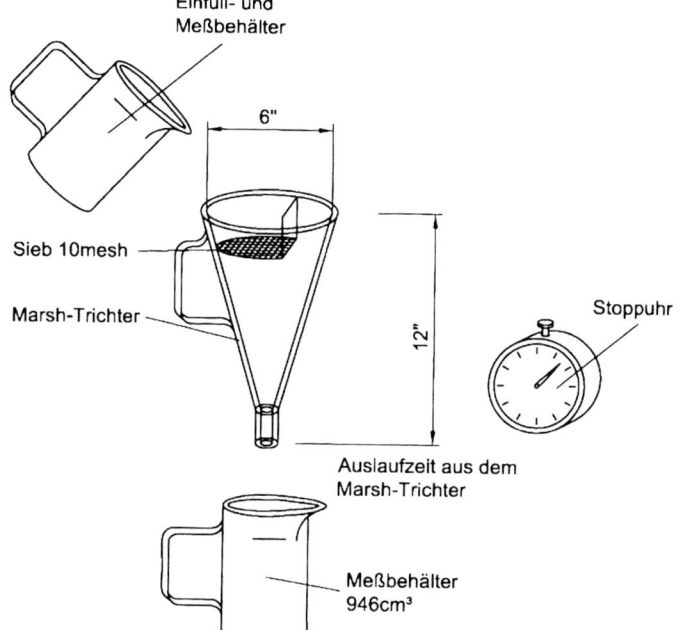

Bild 5-1 Viskositätsmessung mit einem Marsh-Trichter [94]

Seine Grenzen erreicht der Marsh-Trichter bei viskosen Suspensionen mit dyn $\tau_F \approx 44$ N/m², da die Auslaufzeiten dann unpraktikabel lang werden. Ab dyn $\tau_F = 57{,}5$ N/m² fließt die Suspension nicht mehr aus dem Marsh-Trichter ab [94].

Die Funktionstüchtigkeit eines Marsh-Trichters lässt sich durch Bestimmung der Auslaufzeit von Wasser überprüfen. Die Auslaufzeit von 1,5 l eingefülltem Wasser bis zur 1000-ml-Marke sollte 28 s betragen.

Die nachfolgende Versuchsbeschreibung folgt der DIN 4126 [21].

Vorbereitung

Die Innenfläche des Marsh-Trichters muss regelmäßig auf Ablagerungen geprüft und gegebenenfalls gereinigt werden. Die Maße des Auslaufrohrs müssen regelmäßig geprüft werden; der Auslauf darf nie mit scharfkantigen Geräten gereinigt werden.

Außer dem Marsh-Trichter werden ein Messbecher mit einer Messmarke bei 1000 ml sowie eine Stoppuhr benötigt.

Durchführung

Die Suspension wird zur Zerstörung einer evtl. eingetretenen thixotropen Verfestigung für etwa 1 min mit einem Schneebesen umgerührt oder mindestens dreimal hin und her gegossen.

Zur Messung wird die Auslaufdüse verschlossen und die Suspension innerhalb von 10 s durch das Sieb eingefüllt, bis die Siebunterkante erreicht ist (Gesamtmenge 1500 ml). Anschließend wird der Messbecher untergestellt, die Öffnung freigegeben und gleichzeitig die Stoppuhr gestartet.

Bei Erreichen der 1000-ml-Marke am Messbecher wird die Zeit t_M gestoppt, die Auslaufdüse aber nicht verschlossen, sodass die Suspension weiter fließen kann. Nach Auslaufen der gesamten Suspension (1500 ml) aus dem Trichter wird die Zeit t_{M1500} gestoppt.

Sollte der kontinuierliche Ausfluss während des Versuchs abreißen und die Flüssigkeit nur noch tropfenweise aus dem Trichter austreten, so ist die Stoppuhr zu diesem Zeitpunkt zu stoppen. Die gestoppte Zeit (z. B. 83 s) ist dann mit dem >-Zeichen zu versehen, und zusätzlich ist in Klammern das bis zu diesem Zeitpunkt ausgelaufene Flüssigkeitsvolumen anzugeben, z. B „>83 (1360 cm³)".

Auswertung

Die Marsh-Zeiten t_M und t_{M1500} werden auf 0,5 s genau gemessen und auf volle Sekunden auf- bzw. abgerundet angegeben.

Die so genannte Marsh-Viskosität entspricht der Auslaufzeit bis zum Erreichen der 1000-ml-Marke (947-ml-Marke nach API) und wird in Marsh-Sekunden (s) angegeben.

Aus der Restauslaufzeit können die dynamische Fließgrenze dyn τ_F und die differenzielle Viskosität η' gemäß Bild 5-2 bestimmt werden [21].

5.1 Viskosität: Marsh-Trichter

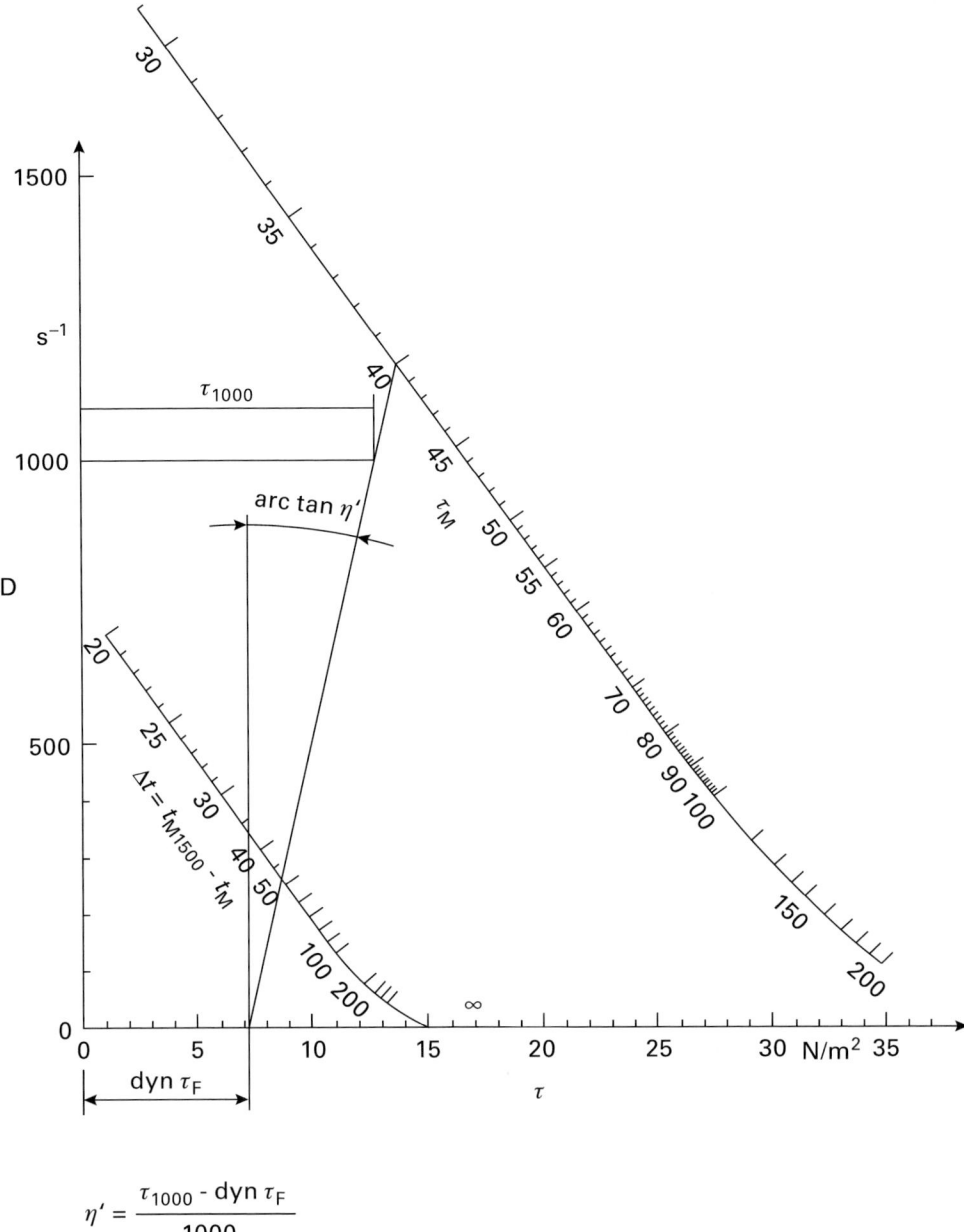

$$\eta' = \frac{\tau_{1000} - \mathrm{dyn}\,\tau_F}{1000}$$

Bild 5-2 Bestimmung der dynamischen Fließgrenze dyn τ_F und der differenziellen Viskosität η' mit dem Marsh-Trichter nach DIN 4126 [21]

5.2 Fließgrenze: Kugelharfe

Die Ermittlung der statischen Fließgrenze stat τ_F erfolgt nach dem in DIN 4126 festgeschriebenen Verfahren nach *von Soos* mit einer Kugelharfe.

An einer Scheibe hängen zehn Kugeln (Bild 5-3) an Nylonfäden. Die Kugeln haben unterschiedliche Durchmesser und bestehen entweder aus Glas oder Stahl. Jede dieser Kugeln entspricht (abhängig von ihrer Wichte und der Dichte der Suspension) einer Fließgrenze.

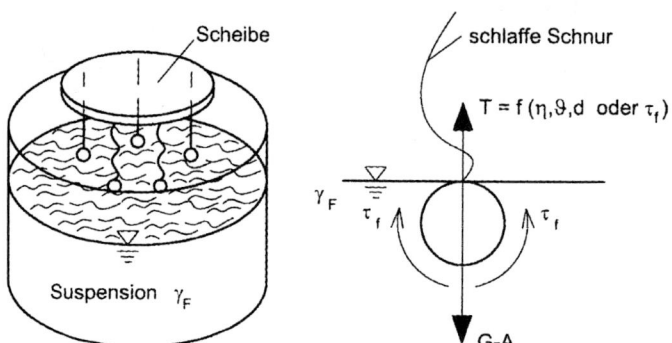

Bild 5-3 Bestimmung der statischen Fließgrenze mit der Kugelharfe [94]

Die Kugeln sind nach steigender zugeordneter Fließgrenze an der Scheibe angebracht und jeweils mit einer Ziffer gekennzeichnet. Die Scheibe ist an einer Vorrichtung befestigt, welche ein lotrechtes Absenken der Scheibe mit den Kugeln auf die Oberfläche der Suspension ermöglicht. Wenn die Scheibe auf die Suspension abgesenkt wird, schwimmen alle Kugeln auf der Oberfläche, die einer kleineren Fließgrenze entsprechen als die Suspension tatsächlich besitzt. Alle Kugeln, die einer größeren Fließgrenze entsprechen, gehen dagegen in der Suspension unter [21]. Beim Einsinken wirken dem Eigengewicht der Kugeln die Auftriebskraft und die Fließgrenze der Suspension entgegen [94].

Die in die Suspension eingetauchten Kugeln sind an den gespannten, die schwimmenden an den schlaff hängenden Fäden zu erkennen. Da die Kugeln in der Reihenfolge steigender zugeordneter Fließgrenze angeordnet sind, liegt die Fließgrenze der Suspension zwischen den Werten der letzten schwimmenden und der ersten untergegangenen Kugel [21]. Der Messbereich ist nach oben durch den höchsten einer Kugel zugeordneten Wert der Fließgrenze beschränkt [84].

Messprinzip

Den unterschiedlichen Kugeln der Kugelharfe entspricht aufgrund ihrer Form, ihrer Größe und ihres Gewichts eine bestimmte Scherkraft, die sie ausüben, wenn sie in die Suspension eintauchen. Bei gegebener Dichte der Suspension ist dann jeder Kugel eine andere kritische Fließgrenze zugeordnet, bei der sie in der Suspension in Schwebe bleibt. Kugeln, deren zugeordnete Scherkraft kleiner ist als die Fließgrenze der Suspension, schwimmen. Kugeln, deren Scherkraft größer ist, gehen unter. Die Fließgrenze der Suspension liegt also zwischen der zugeordneten Fließgrenze der Kugel

5.2 Fließgrenze: Kugelharfe

mit der größten Scherkraft, die noch schwimmt oder schwebt, und der zugeordneten Fließgrenze der Kugel mit der nächst höheren Scherkraft, die gerade untergeht.

Durchführung
1. Suspension bis zur Marke in den Messbecher füllen
2. Für 1 min mit einem Schneebesen kräftig rühren, damit eventuell vorhandene thixotrope Verfestigungen zerstört werden
3. Kugelharfe dann so langsam lotrecht absenken, dass die Kugeln kurz vor Erreichen von 1 min Ruhezeit der Suspension an der Suspensionsoberfläche stehen und exakt nach 1 min in die Suspension eintauchen
4. Die Nummer der ersten Kugel ablesen, deren Faden gespannt ist
5. Mit der Nummer der Kugel und der vorher ermittelten Dichte der Bentonitsuspension die Fließgrenze aus einer Tabelle entnehmen

Auswertung
Die Fließgrenze wird durch die Kugel mit der kleinsten Nummer angegeben, die an einem gespannten Faden eintaucht. Aus Tabelle 5-1 (für jeden Kugelsatz speziell geeicht) kann aus der Nummer der abgelesenen Kugel und der gemessenen Dichte die zugehörige Fließgrenze abgelesen werden.

Tabelle 5-1 Die Bestimmung der Fließgrenze anhand der Kugelnummer und der Suspensionsdichte (für jeden Kugelsatz gilt eine eigene Liste – hier ein Beispiel für den Kugelsatz Nr. 2454)

Kugel Nr.	Material	Durchmesser [mm]	Masse [g]	Fließgrenze τ_F [N/m²] für Suspensionsdichte ρ_f [g/cm³]									
				1,02	1,05	1,10	1,15	1,20	1,25	1,30	1,35	1,40	1,45
1	Glas	2,9	0,030	5,79	5,66	5,45	5,24	5,03	4,82	4,61	4,40	4,19	3,98
2	Glas	3,9	0,075	7,85	7,68	7,40	7,11	6,83	6,54	6,26	5,97	5,69	5,40
3	Glas	6,1	0,279	12,17	11,90	11,46	11,02	10,58	10,14	9,70	9,26	8,82	8,37
4	Glas	8,1	0,666	16,26	15,91	15,32	14,73	14,14	13,55	12,96	12,37	11,78	11,19
5	Glas	11,2	1,767	22,52	22,03	21,21	20,39	19,58	18,76	17,94	17,13	16,31	15,49
6	Glas	15,2	4,408	30,54	29,87	28,77	27,66	26,55	25,44	24,34	23,23	22,12	21,01
7	Stahl	4,0	0,255	38,41	38,24	37,94	37,65	37,36	37,07	36,78	36,49	36,20	35,90
8	Stahl	5,0	0,508	49,12	48,90	48,54	48,17	47,81	47,44	47,08	46,72	46,36	45,99
9	Stahl	6,0	0,891	59,96	59,70	59,26	58,83	58,39	57,95	57,52	57,08	56,64	56,20
10	Stahl	7,0	1,411	69,74	69,43	68,92	68,92	67,90	67,39	66,37	66,37	65,86	65,35

Zur Reinigung der Kugelharfe werden die in das Wasser getauchten Kugeln durch hin- und herschwenken grob gesäubert, anschließend abgetupft und an der Luft (oder ggf. mithilfe eines Tischventilators) getrocknet.

5.3 Viskosität und Gelstärke: Rotationsviskosimeter

Zur Bestimmung der scheinbaren Viskosität η_s, der plastischen Viskosität η_p, der Bingham'schen Fließgrenze τ_B, der Gelstärke nach 10 s ($t_{10''}$) und 10 min ($t_{10'}$) sowie des Thixotropiewerts wird nach API 13B-1 das Rotationsviskosimeter FANN Model 35SA verwendet.

Die Suspension befindet sich hierbei in einem Ringspalt zwischen zwei rotationssymmetrischen und koaxial angeordneten Zylindern (Bild 5-4). Einer der Zylinder rotiert mit der Winkelgeschwindigkeit Ω, der andere bewegt sich nicht. Aus der Drehzahl und dem Drehmoment kann man dann die Kraft ermitteln, die nötig ist, um den Reibungswiderstand der Suspension im Ringspalt zu überwinden, sodass die Suspension zu fließen beginnt [38].

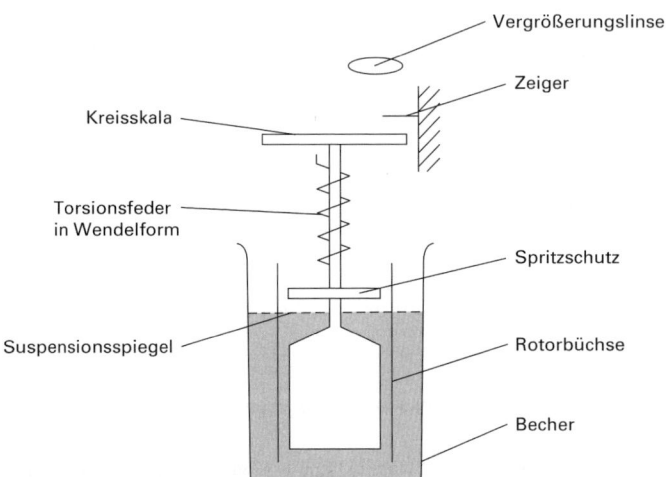

Bild 5-4 Schema eines Rotationsviskosimeters [94]

Im Fall der scheinbaren Viskosität erfolgt die Messung der Schubspannung bei einem Geschwindigkeitsgefälle von 600 s^{-1} (A 600).

Im Fall der plastischen Viskosität erfolgt die Bestimmung der Schubspannungen dagegen bei Geschwindigkeitsgefällen von 600 s^{-1} (A 600) und 300 s^{-1} (A 300), also an zwei Punkten. Zur Auswertung geht man von einem Newton'schen Verhalten aus, also einer Proportionalität zwischen der Schubspannung und dem Geschwindigkeitsgefälle. Somit kann die Viskosität aus der Steigung der Gerade berechnet werden, die durch die beiden gemessenen Punkte im τ/D-Diagramm verläuft. Durch Extrapolation der Punkte auf die Abszisse erhält man die Bingham'sche Fließgrenze. Die plastische Viskosität besitzt aus diesem Grund eine größere praktische Bedeutung als die scheinbare Viskosität. Eine exakte Darstellung der Fließkurven einer Bentonitsuspension ist nur durch mehrere Messungen für unterschiedliche Geschwindigkeitsgefälle zu erhalten.

Für die Bestimmung des Thixotropiewerts werden die Gelstärken nach 10 s, 10 min und selten auch 30 min mit dem Rotationsviskosimeter erfasst.

Durchführung für plastische Viskosität und Bingham'sche Fließgrenze
1. Becher bis zur Markierung mit Bentonitsuspension füllen
2. Messgerät absenken
3. bei 1100 min^{-1} rotieren lassen, Gelstärke wird gebrochen
4. bei 600 min^{-1} rotieren lassen, Anzeigenwert ablesen
5. bei 300 min^{-1} rotieren lassen, Anzeigenwert ablesen

Auswertung für plastische Viskosität und Bingham'sche Fließgrenze
Für die plastische Viskosität η_p gilt [2]

$$\eta_\mathrm{p}\,[\mathrm{cP}] = \frac{\text{Ablesewert bei 600 min}^{-1}}{\text{Ablesewert bei 300 min}^{-1}}$$

Für die Bingham'sche Fließgrenze τ_B gilt [2]

$$\tau_\mathrm{B}\,[\mathrm{lbf}/100\mathrm{ft}^2] = \frac{\text{Ablesewert bei 300 min}^{-1}}{\eta_\mathrm{p}}$$

Für die scheinbare Viskosität η_s gilt [2]

$$\eta_\mathrm{s}\,[\mathrm{cP}] = \frac{\text{Ablesewert bei 600 min}^{-1}}{2}$$

Durchführung für Gelstärke
1. Becher bis zur Markierung mit Bentonitsuspension füllen
2. Messgerät absenken
3. bei 600 min^{-1} rotieren lassen
4. 10 s ruhen lassen
5. sehr langsam drehen ($\approx$3 min^{-1}) und maximalen Anzeigenwert ablesen, bevor Werte wieder abnehmen (10-s-Gelstärke)
6. 10 min ruhen lassen
7. sehr langsam drehen ($\approx$3 min^{-1}) und maximalen Anzeigenwert ablesen, bevor Werte wieder abnehmen (10-min-Gelstärke)

Auswertung für Gelstärke
Die abgelesenen Werte entsprechen direkt der Gelstärke in lbf/100 ft².

Aus der zu verschiedenen Zeitpunkten gemessenen Gelstärke kann bestimmt werden, wie schnell und wie stark sich die thixotropen Eigenschaften aufbauen.

5.4 Filtratwasserabgabe und Filterkuchenbildung: Filterpresse

Die Bestimmung der Filtratwassermenge und der Dicke des Filterkuchens erfolgt nach DIN 4126 [21] bzw. API 13-B1 [2] in einem genormten Filterpressversuch mithilfe einer Filterpresse.

Dazu wird ein genormter Zylinder mit einer vorgegebenen Menge Suspension gefüllt und mit einem Deckel verschlossen, in den das Filterpapier eingelegt wird (Bild 5-5).

In diesem Deckel befindet sich eine kleine Öffnung, durch die das Filtratwasser während des Versuchs nach außen gelangen kann.

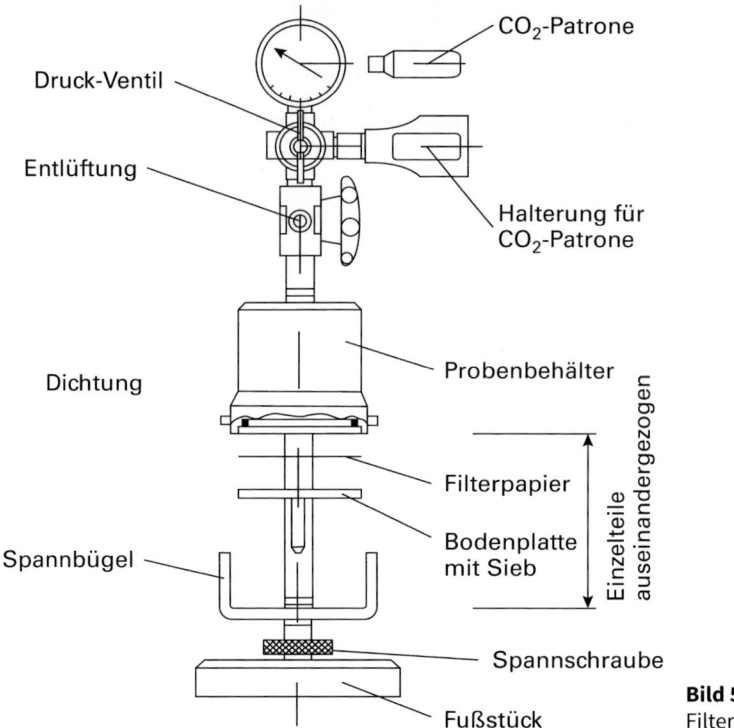

Bild 5-5 Schema einer Filterpresse [94]

Laut Vorschrift wird auf die im Zylinder befindliche Suspension ein Druck von (7,0 ± 0,35) bar (100 psi) ausgeübt. Das durch die kleine Öffnung austretende Wasser wird in einem Messzylinder aufgefangen. Die nach 7,5 min bzw. 30 min angefallene Wassermenge wird als Filtratwasserabgabe f bezeichnet und auf 0,1 ml genau angegeben. Nach dem Öffnen des Zylinders kann die Dicke des Filterkuchens, der sich auf dem Filterpapier gebildet hat, mit einem Lineal gemessen werden.

Durchführung nach API 13 B-1 [2]
1. Probebehälter bis 13 mm unter den Rand füllen und verschließen
2. Messzylinder positionieren
3. Druck (7,0 bar) anlegen
4. nach 30 min (bzw. 7,5 min; siehe Auswertung) Wassermenge ablesen
5. Druck entlasten
6. Filterpapier ausbauen und Dicke des Filterkuchens messen

Auswertung
Der Standardversuch und damit die standardisierten Ergebnisse gehen von der großen Filterpresse (Filterfläche 7,1 sqin) und einer Laufzeit von 30 min aus. Die Versuchsergebnisse aus davon abweichenden Versuchen können wie folgt auf den Standardversuch umgerechnet werden:

- Große Filterpresse (Filterfläche 7,1 sqin), Versuchsdauer 7,5 min
  - Filtratwasserabgabe verdoppeln
  - Filterkuchendicke verdoppeln
- kleine Filterpresse (Filterfläche 3,55 sqin), Versuchsdauer 30 min
  - Filtratwasserabgabe verdoppeln
  - Filterkuchendicke bleibt gleich
- kleine Filterpresse (Filterfläche 3,55 sqin), Versuchsdauer 7,5 min
  - Filtratwasserabgabe vervierfachen
  - Filterkuchendicke verdoppeln

5.5 Dichte

Die Dichte der Suspension kann entweder mithilfe einer Spülungswaage oder mit einem Dichtemessglas (Pyknometer) gemessen werden.

5.5.1 Messung mithilfe einer Spülungswaage

Vorbereitung
Benötigt wird eine Box mit Dichtewaage und einem Waageauflager (Spülungswaage). Die korrekte Funktion des Geräts muss vor der Messung kontrolliert werden (z.B. durch Messung der Dichte von Wasser und Nachjustierung der Waage bei Abweichungen vom korrekten Wert von 1,0 g/cm^3).

Durchführung
1. Die zu untersuchende Suspension gut aufrühren
2. Messbehälter mit Flüssigkeit füllen und vorsichtig mit dem Deckel verschließen; überfließende Flüssigkeit abwischen
3. Waage auf das Waageauflager absetzen und ausbalancieren

Auswertung
Am Schiebegewicht (Reiter) das Ergebnis ablesen und notieren.

5.5.2 Messung mithilfe eines Pyknometers

Vorbereitung
Es wird eine Waage mit einem Messbereich bis 1000 g und einer Auflösung 0,01 g benötigt, ferner ein kalibriertes Messglas mit geschliffenem Deckel (nummeriert). Jedem Messglas liegt ein Anleitungsblatt mit den Daten der Kalibrierung bei; eine Grafik zeigt den Verlauf der Dichte in Abhängigkeit von der Konzentration.

Durchführung
1. Messzylinder luftblasenfrei mit der frischen Suspension füllen.
2. Zylinder senkrecht stellen und Flüssigkeit mit kleinem Überstand aufgießen. Den Zylinder dabei oben mit Küchenrolle o.ä. umwickeln.
3. Deckel plan aufschieben. Der Überstand fließt ab und wird mit dem Papier aufgefangen.

4. Messzylinder trocknen. Dabei darauf achten, dass keine Luft in den Spalt unter den Deckel gelangt.
5. Messbecher mit der Suspension auf 0,01 g genau wiegen.

Auswertung

$$\text{Dichte der Suspension} = \frac{\text{Masse Zylinder gefüllt} - \text{Masse Zylinder leer}}{\text{Volumen des Zylinders}}$$

5.6 Wasserhärte: Messstreifen

Die Wasserhärte kann mithilfe eines Messstreifens ermittelt werden. Je nach Produkt muss der Messstreifen für eine bestimmte Zeit in die zu messende Flüssigkeit gehalten und nach einer Wartezeit abgelesen werden. Abgelesen wird meist eine Farbveränderung des Streifens. Hierin liegt auch der einzige Nachteil der Messstreifen – wenn das zu messende Medium stark getrübt (z.B. Bentonitsuspension) oder verfärbt ist, kann die eindeutige Ablesung der Verfärbung schwierig sein. In solchen Fällen sollte das Eluat aus der Filterpresse gemessen werden.

5.7 pH-Wert

5.7.1 Bestimmung mittels pH-Messstreifen

Der pH einer Suspension lässt sich einfach und sicher mithilfe von pH-Messstreifen bestimmen. Messprinzip und Einschränkungen sind dieselben wie bei der Wasserhärte. Bei unklaren Ergebnissen besteht hier noch die Möglichkeit, ein pH-Meter einzusetzen.

5.7.2 Messung mittels eines pH-Meters

Die Messung des pH-Werts kann auch mit einem digitalen pH-/Voltmeter erfolgen. Der geeichte Messbereich umfasst pH-Werte von 0,0 bis 14,00.

5.8 Leitfähigkeit

Die elektrische Leitfähigkeit einer wässrigen Lösung oder Suspension ist ein Maß für den Gesamtsalzgehalt des Wassers. Bei der Leitfähigkeitsmessung handelt sich um eine Widerstandsmessung. Die spezifische elektrische Leitfähigkeit dient als Indikatorparameter mit einem Wert von 250 µS/cm bei 20 °C. Einige typische spezifische Leitfähigkeiten gibt Tabelle 5-2 an [61].

Tabelle 5-2 Spezifische Leitfähigkeiten

Art des Wassers	Leitfähigkeit [µS/cm]
destilliertes Wasser	≈ 0
Regenwasser	5–100
Grundwasser (Süßwasser)	50–2000
Meerwasser	45000–55000
Sole	>100000

Für die grobe Abschätzung der gesamten gelösten Bestandteile (in mg/l) in Süßwasser genügt es, die gemessene Leitfähigkeit des Wassers in µS/cm mit 0,65 zu multiplizieren.

Die Leitfähigkeit der Suspension wird mit einem elektrischen Leitfähigkeitsmessgerät gemessen. Dazu wird das Gerät bis zur Markierung in die Suspension gehalten und der Messwert an der Anzeige des Gerätes abgelesen.

5.9 Temperatur

Die Temperatur der Suspension wird mit einem elektrischen Digitalthermometer gemessen. Zur Erfassung der Temperatur wird die Elektrode des Messgerätes in die Suspension gehalten und der Wert auf der Anzeige des Geräts abgelesen.

Alleskönner

Herrenknecht AVN-Maschinen: **sichere und robuste Performance** bei Durchmessern zwischen 0,4 und 4 Meter und Strecken bis weit über 1.000 Meter. In allen Baugründen, bei hohen Wasserdrücken und engen Kurvenradien.

Bewährt

Über 1.000 AVN-Maschinen geliefert, Präsenz und Service weltweit. **Seit mehr als 35 Jahren.**

M-1122M, AVND 2000
Portland East Side CSO Project
Auftraggeber:
› Kiewit-Bilfinger Berger (KBB) JV

Pioneering Underground Technologies

www.herrenknecht.com

6 Baugrund und Grundwasser

Die Eigenschaften des Baugrunds und die dadurch vorgegebenen Umgebungsbedingungen haben einen großen Einfluss auf die Anwendung des Schmiermittels. Unterschiedliche Untergründe stellen auch unterschiedliche Anforderungen an die Bentonitsuspension. Um diese Zusammenhänge besser beschreiben zu können, werden im Folgenden zunächst die geologischen Untergrundbedingungen analysiert und klassifiziert.

6.1 Geologie von Festgesteinen

Bei Festgestein handelt es sich um eine natürliche Ansammlung von Mineralien, die konsolidiert, verkittet oder in anderer Form fest verbunden sind und ein Gestein von größerer Festigkeit oder Steifigkeit als Lockergestein bilden [16,34]. Überwiegend liegt es als durch Trennflächen mehr oder weniger zerlegter Gesteinsverband vor. Seine Wasserdurchlässigkeit, sein Spannungs und Verformungsverhalten sowie seine Festigkeitseigenschaften hängen vor allem von der Art, Ausbildung, Weite, räumlichen Stellung, Häufigkeit und Erstreckung der Trennflächen sowie von der Füllung oder dem Belag der Trennflächen ab [19].

Die geometrische und physikalische Beschaffenheit der Trennflächen und ihr Einfluss auf die Eigenschaften des Festgesteins lassen sich im Allgemeinen nur vor Ort ermitteln, da das relevante Gebirgsvolumen oft mehrere Kubikmeter umfasst. Festgesteinsproben aus Kernbohrungen und Schürfen sind in der Regel Gesteinskörper, an denen nur die von den Trennflächen unabhängigen Festgesteinseigenschaften wie z.B. die Festigkeit bestimmt werden können. An Laborproben lassen sich die Oberflächenrauigkeit der Trennflächen oder die Eigenschaften der Kluftfüllungen gesondert bestimmen.

Wichtige Eigenschaften von Festgesteinen und deren Unterscheidungskriterien sind:

- ihre Klassifikation (Magmatit, Metamorphit, Sedimentit)
- ihr Mineralbestand und Mineralgefüge (Struktur: Kornform, Kornanordnung, Kornbindung; Textur: Orientierung der Kristalle)
- ihre einaxiale Gesteinsdruckfestigkeit (UCS) und Zugfestigkeit (BTS)
- ihre Gebirgsfestigkeit
- ihre Gesteinsabrasivität (CAI)
- ihr Trennflächengefüge (Trennflächenabstand, Trennflächenerstreckung, Trennflächenöffnungsweite, Trennflächenfüllung, Trennflächenorientierung, Beschaffenheit der Trennflächen, RQD-Wert, Verkarstung)
- ihr Verwitterungsgrad
- ihre Fluiddurchlässigkeit (siehe Abschnitt 6.4.4)

Für bautechnische Zwecke werden relevante Gebirgseigenschaften wie z.B. die einaxiale Gesteinsdruckfestigkeit oder das Trennflächengefüge nach projektspezifischen Parametern mit diversen Messverfahren ermittelt und ausgewertet.

Für ein besseres Verständnis der geologischen Rahmenbedingungen wird nachfolgend eine kurze Einführung in die Klassifikation von Festgesteinen und den Einfluss von Mineralien auf das Festgestein gegeben. Anschließend wird auf die wesentlichen Kriterien für die Wahl eines geeigneten Schmier- und Stützmittels eingegangen.

6.1.1 Klassifikation von Festgesteinen

Festgesteine werden entsprechend ihrer Genese (Entstehung) in drei Hauptgruppen gegliedert:

- Magmatite
- Metamorphite
- Sedimentite

Magmatite entstehen durch Erstarren und Auskristallisieren von heißen, überwiegend silikatischen Schmelzen aus dem Erdinneren, den so genannten Magmen. Vereinzelt können Magmatite aber auch aus karbonatischen oder sulfidischen Schmelzen erstarren. Typische magmatische Gesteine sind z.B. Basalt, Rhyolith, Granit oder Gabbro.

Metamorphite sind Produkte der Gesteinsmetamorphose, bei der sich beliebige Ausgangsgesteine an veränderte Druck- und/oder Temperaturverhältnisse anpassen und umwandeln. Die ursprüngliche Mineralzusammensetzung und das Mineralgefüge werden durch die Metamorphose meist verändert. Die Verwitterung von Gesteinen zählt nicht zur Gesteinsmetamorphose. Typische metamorphe Gesteine sind z.B. Quarzit, Marmor, Schiefer, oder Gneis.

Sedimentite werden in klastische und (bio-) chemische Ablagerungsgesteine gegliedert. Die klastischen Sedimente entstehen durch die Verwitterung und Erosion von Gesteinen. Die Verwitterungsprodukte dieser Gesteine werden anschließend transportiert, abgelagert und zu klastischen Sedimenten verfestigt. Bei den chemischen bzw. biochemischen Sedimenten handelt es sich hauptsächlich um aus anorganischen und organischen Lösungen ausgefällte Ablagerungsgesteine. Typische klastische Sedimente sind z.B. Sandstein, Konglomerate oder Brekzien. Typische (bio-) chemische Sedimente sind Kalkstein oder Evaporit.

6.1.2 Mineralbestand und Mineralgefüge

Die physikalischen und chemischen Eigenschaften eines Gesteins werden hauptsächlich von seiner Mineralzusammensetzung, seinem Zustand und seinem Mineralgefüge beeinflusst. Die Mineralzusammensetzung resultiert aus der Entstehungsgeschichte des Gesteins und seinem Bildungsmilieu. Der Zustand wird durch die Verwitterung und Stabilität der Minerale am Ablagerungsort beeinflusst. Das Mineralgefüge umfasst alle makro- und mikroskopischen Strukturen und Texturen des kristallinen Stoffs, sowohl der Minerale selbst auch als ihrer Anordnung und der Größe des Porenraums.

6.1.3 Einaxiale Gesteinsdruckfestigkeit

Die einaxiale Gesteinsdruckfestigkeit (uniaxial compressive strength, UCS) wird durch einaxiale Druckversuche bestimmt. Sie wird im Idealfall an rissfreien, zylindrischen Gesteinsproben mit planparallelen Grundflächen ermittel. Dabei sollte stets dokumentiert werden, ob es sich um bergfeuchtes oder trockenes Material handelt, da der Wassergehalt Auswirkungen auf die Festigkeit hat. Darüber hinaus sollte die Orientierung möglicher Schichtflächen, Schieferungsflächen sowie sonstiger Trennflächen innerhalb der Probe relativ zur Belastungsrichtung angegeben werden. Dies ist nötig, da an diesen Flächen Scherbewegungen auftreten können und sich die Gesteinsdruckfestigkeit dadurch scheinbar verringern kann (Bild 6-1).

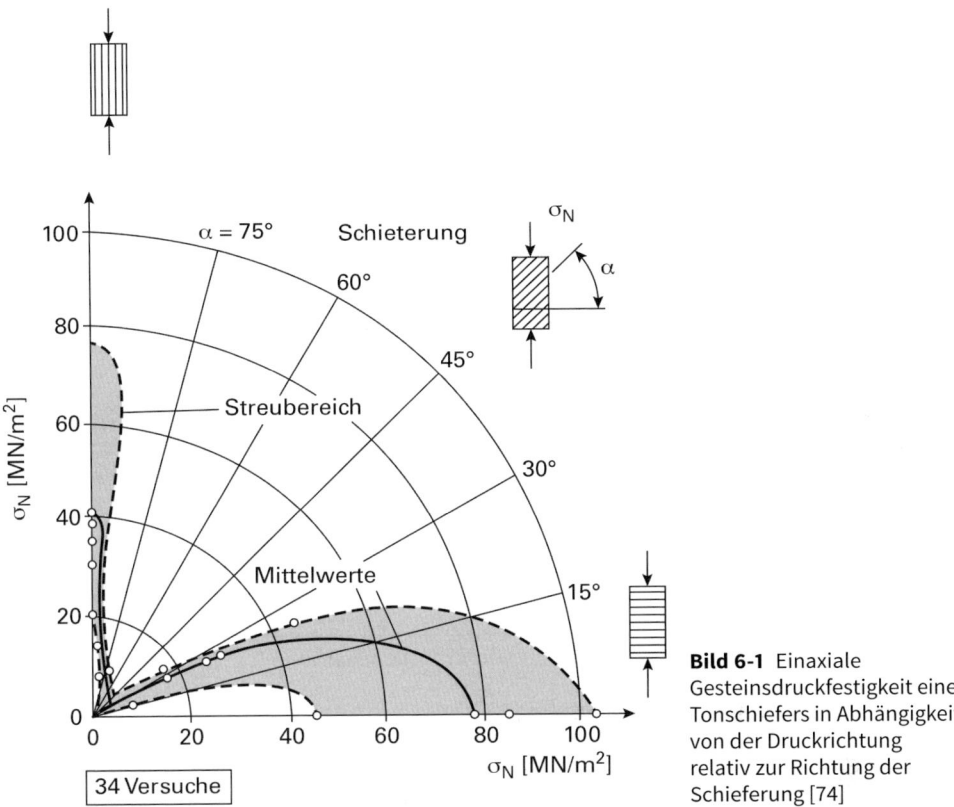

Bild 6-1 Einaxiale Gesteinsdruckfestigkeit eines Tonschiefers in Abhängigkeit von der Druckrichtung relativ zur Richtung der Schieferung [74]

Klassifiziert werden die Gesteinsdruckfestigkeiten nach der DIN 1054 [16] und der DIN 14689-1 [27] sowie den IAEG- [66] und ISRM-Empfehlungen [95], die in Tabelle 6-1 zusammengefasst sind.

Tabelle 6-1 Die Klassifikation von Festgesteinen nach ihrer einaxialen Druckfestigkeit [74]

UCS [MPa] und Beschreibung			Gesteine
DIN 1054 [16]	IAEG [66]	ISRM (1978/1981) [95] und DIN EN ISO 14689-1 [27]	
	>230 = extrem fest	>250 = extrem hoch	Basalt, Diabas, Quarzit, feinkörniger Granit, Gneis, quarzitische Sandsteine, Kalksteine
	120–230 = sehr fest	100–250 = sehr hoch	
>50 = hart	50–120 = fest	50–100 = hoch	Gneis, Kalksteine, Tonschiefer, Sandsteine, Granit, Dolomit
12,5–50 = mäßig hart	15–50 = mäßig (fest)	25–50 = mäßig hoch	Sandstein, Tonschiefer, Tonstein, Kalkmergelstein
5–12,5 = mäßig mürbe	1,5–15 = gering (fest)	5–25 = gering	Salzgestein, Kreide
1,25–5 = mürbe		1–5 = sehr gering	verwitterte Gesteine
<1,25 = sehr mürbe		<1 = extrem gering	stark verwitterte und entfestigte Gesteine

Durch Hammerschläge kann die Gesteinsdruckfestigkeit näherungsweise abgeschätzt werden (Tabelle 6-2). Weitere Verfahren zur Bestimmung der einaxialen Gesteinsdruckfestigkeit sind Punktlastversuche und Untersuchungen mit dem Schmidt'schen Betonprüfhammer.

Tabelle 6-2 Ermittlung der Gesteinsfestigkeit durch Hammerschläge [40]

Beschreibung der Festigkeit	UCS [MPa]
sehr fest; zerbricht nur bei einer Vielzahl von kräftigen Hammerschlägen, dabei sehr heller Klang	>100
fest; zerbricht erst bei mehr als einem kräftigen Hammerschlag, dabei heller Klang	50–100
mittelfest; zerbricht bei einzelnem, kräftigen Hammerschlag, kann mit dem Taschenmesser nicht mehr geritzt werden.	25–50
mäßig fest; flache Einkerbung beim Schlag mit Hammerspitze, kann mit Taschenmesser geritzt oder mit Schwierigkeiten eingeschnitten werden; beim Schlag dumpfer Klang	5–25
wenig fest; zerbröckelt bereits bei leichtem Hammerschlag, kann mit Taschenmesser eingeschnitten werden	1–5
entfestigt; mit dem Fingernagel ritzbar	<1

6.1.4 Zugfestigkeit

Die Zugfestigkeit von Gesteinen kann durch indirekte und direkte Zugfestigkeitsprüfung sowie mittels eines Biegezugversuchs ermittelt werden. In der Regel wird die indirekte Methode in Form von Spaltzugversuchen (Brazilian Test) angewandt. Dabei werden scheibenförmige Prüfkörper (nach ISRM-Empfehlung: 3 cm lang, Durchmesser 5 cm) unter Spannung gespalten (Bild 6-2). Aus der im Moment des Bruchs anliegenden Spannung wird die Zugfestigkeit („Brazilian tensile strength", BTS) abgeleitet.

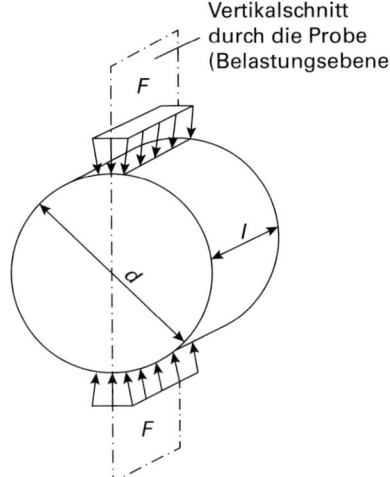

Bild 6-2 Prinzip des Spaltzugversuchs [59]

Bei geschichteten oder geschieferten Gesteinen ist mit einer anisotropen (richtungsabhängigen) Festigkeitsverteilung zu rechnen. In der Regel ist die Zugfestigkeit orthogonal zur Schichtung bzw. Schieferung größer als die Zugfestigkeit parallel zu ihr (Bild 6-3).

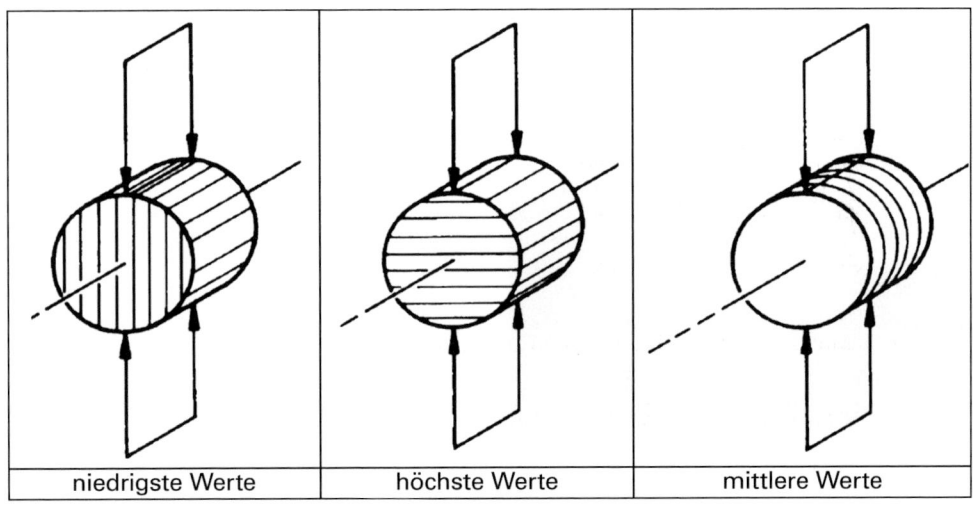

Bild 6-3 Abhängigkeit der Zugfestigkeit von der Orientierung eines anisotropen Prüfkörpers [59]

6.1.5 Gebirgsfestigkeit

Die Gesteinsdruckfestigkeit liefert Hinweise auf die Standfestigkeit und Lösbarkeit des Gebirges, dabei werden jedoch Schwächezonen wie Trennflächen oder Störungen nicht berücksichtigt. Die Gesteinsdruckfestigkeit ist daher stets höher als die tatsächliche Gebirgsfestigkeit, in die festigkeitsmindernde Faktoren wie beispielsweise Trennflächennetze einfließen. Die Gebirgsfestigkeit kann aber anhand einiger Faustregeln aus einaxialen Gesteinsdruckfestigkeiten abgeschätzt werden [76]:

– Für ein massiges, kaum geklüftetes Gebirge beträgt die Gebirgsfestigkeit etwa 90 % der Gesteinsfestigkeit.
– Für ein homogenes, undeutlich geschichtetes, wenig geklüftetes Gebirge beträgt die Gebirgsfestigkeit etwa 40–60 % der Gesteinsfestigkeit.
– Für ein bankiges und geklüftetes Gebirge beträgt die Gebirgsfestigkeit etwa 10–20 % der Gesteinsfestigkeit.

6.1.6 Gesteinsabrasivität

Beim Lösen von Fels werden die Werkzeuge durch die Penetration des Gebirges verschlissen. Ausmaß und Geschwindigkeit des Verschleißes werden maßgeblich von der Abrasivität des zu lösenden Gesteins beeinflusst. In der Regel gilt, dass Festgesteine mit einem großen Anteil an Mineralen mit hohen Ritzhärten (wie Quarz) einen höheren Werkzeugverschleiß verursachen als Gesteine mit eher weicheren Mineralen (wie Glimmer). Um die Abrasivität von Festgesteinen zu beurteilen, wurden der Cerchartest und der daraus resultierende Cerchar-Abrasivitätsindex (CAI) eingeführt. Der Cerchar-Abrasivitätsversuch beruht auf einem Prüfstift, der bei konstanter Auflast in einer Sekunde über 10 mm einer bruchrauen Fläche eines Gesteinsprüfkörpers bewegt wird (Bild 6-4 und 6-5). Aus der hierdurch entstandenen Breite d [mm] der kegelstumpfförmigen Verschleißphase des Prüfstifts errechnet sich der CAI durch Multiplikation mit 10 [56]. Die Klassifizierung des Festgesteins erfolgt nach den in Tabelle 6-3 aufgeführten Einteilungen.

$$\text{CAI } [-] = d \cdot 10 \tag{6.1}$$

Bild 6-4 Durchführung eines Cerchartests: Die Stiftspitze wird über die Gesteinsprobe gezogen [72]

6.1 Geologie von Festgesteinen

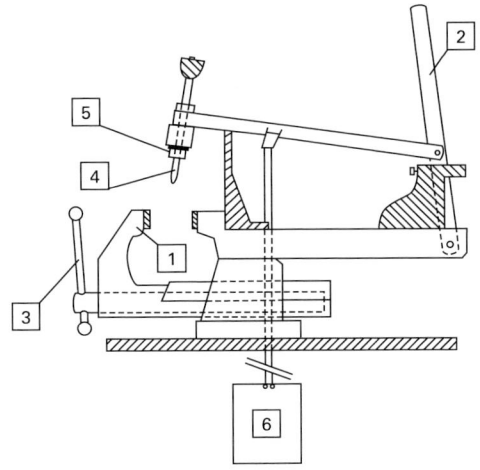

Bild 6-5 Aufbau des Cerchargeräts:
1 + 3 Schraubstock für die Probe, 2 Hebel,
4 Prüfstift, 5 Prüfstiftaufnahme, 6 Gewicht [72]

Tabelle 6-3 Klassifizierung der Abrasivität beim Cerchartest [56]

CAI	Bezeichnung
0,3–0,5	kaum abrasiv
0,5–1,0	schwach abrasiv
1,0–2,0	abrasiv
2,0–4,0	sehr abrasiv
4,0–6,0	extrem abrasiv

6.1.7 Trennflächengefüge

Festgesteine sind in der Regel von Trennflächensystemen durchzogen. Unter Trennflächen versteht man alle Diskontinuitäten, die das Gebirge durchziehen, wie etwa Klüfte, Störungsflächen, Schichtflächen und Schieferungsflächen.

Klüfte sind Bruchflächen im Gestein, die keinen erkennbaren Versatz entlang der Bruchflächen aufweisen. Sie treten häufig in Scharen ähnlicher Orientierung auf. Klüfte entstehen überwiegend durch gerichtete Beanspruchungen des Gebirges, sie können aber auch als Folge von Abkühlung eines Magmatits resultieren (z.B. in Basaltsäulen).

Störungsflächen sind ebenfalls Bruchflächen infolge von gerichteten Beanspruchungen. Sie weisen aber einen deutlich sichtbaren Versatz der Bruchflächen gegeneinander auf.

Schichtflächen sind dagegen keine Bruchflächen, sondern markieren die Grenze zwischen zwei Gesteinsschichten.

Schieferungsflächen sind ebenfalls keine Bruchflächen, sondern entstehen durch kompressive Beanspruchung des Gesteins, bei der sich die Minerale in plattigen Lagen anordnen.

Eine detaillierte Erfassung des Trennflächengefüges ist besonders für die Abschätzung der Gebirgsfestigkeiten und der Fluiddurchlässigkeit von großer Bedeutung. Eine einheitliche Klassifizierung von Trennflächen existiert bis heute nicht; im Folgenden werden die Trennflächen daher durch ihre einzelnen Eigenschaften und Merkmale charakterisiert [40,66,74].

Die nachfolgenden Tabellen fassen die wichtigsten Trennflächeneigenschaften zusammen. In stark inhomogenem Gebirge sollten Abschnitte mit ähnlichen Trennflächencharakteristika zusammengefasst und getrennt von anderen Homogenbereichen betrachtet werden. Der Trennflächenabstand ist die kürzeste Verbindung zwischen zwei annähernd parallelen Trennflächen. Für sich schneidende oder orthogonal zueinander stehende Flächen kann kein Trennflächenabstand angegeben werden.

Tabelle 6-4 zeigt die Benennungen für verschiedene Abstände; man beachte, dass für Schichtung und Klüftung bei gleichen Abständen unterschiedliche Bezeichnungen verwendet werden.

Tabelle 6-4 Die Klassifikation von Festgesteinen nach Trennflächenabständen [40]

Abstand [cm]	Bezeichnung		
	Schichtung	Klüftung	IAEG
>200	massig	kompakt (k)	very widely spaced
60–200	dickbankig	weitständig (ws)	widely spaced
20–60	mittelbankig	mittelständig (ms)	medium spaced
6–20	dünnbankig	engständig (es)	closely spaced
2–6	dickplattig	dichtständig (ds)	very closely spaced
0,6–2	dünnplattig	sehr dichtständig (sds)	...
<0,6	blättrig	Störungszone	...

Die Erstreckung wird in der Regel nur für Klüfte angegeben (Tabelle 6-5), da Schicht- und Störungsflächen stets eine große Erstreckung aufweisen.

Tabelle 6-5 Die Erstreckung von Klüften [40]

Kluftart	Längserstreckung [m]	Fläche [m^2]	Bezeichnung nach ISRM
Kleinkluft	<1	<1	sehr klein (1 m)
Mittelkluft	1–10	1–100	klein (1–3 m) mittel (3–10 m)
Großkluft	>10	>100	groß (10–20 m) sehr groß (>20 m)

Ähnlich wie die Erstreckung wird auch die Öffnungsweite nur für Klüfte angegeben (Tabelle 6-6), da es sich bei den übrigen Trennflächenarten in der Regel um geschlossene Typen handelt.

Tabelle 6-6 Die Klassifikation von Festgesteinen nach Kluftöffnungsweiten

ISRM [40]			IAEG [66]	
Bezeichnung		Öffnungsweite [mm]	Bezeichnung	Öffnungsweite [mm]
Offene Formen	kavernös	>1000		
	extrem weit	100–1000	sehr groß	>200
	sehr weit	10–100	groß	60–200
Klaffende Formen	weit	>10	mittelgroß	20–60
	mittelweit	2,5–10	mittelklein	6–20
	offen	0,5–2,5	klein	2–6
Geschlossene Formen	teilweise offen	0,25–0,5	sehr klein	0–2
	dicht	0,1–0,25	geschlossen	0
	sehr dicht	<0,1		

Die Bestimmung der geometrischen Trennflächenorientierung erfolgt in Form einer Kluftkartierung. Dabei kann auf vielfältige Methoden zurückgegriffen werden, beispielsweise Messungen der einzelnen Trennflächen mit einem Gefügekompass, optischen Bohrlochwand-Scannern, Bohrlochfernsehsonden, oder mittels terrestrischer Stereo-Fotogrammmetrie. Klüfte mit ähnlicher Orientierung und Genese werden normalerweise zu Kluftscharen zusammengefasst. Für die Darstellung der Trennflächenorientierung wird im Allgemeinen die stereografische Projektion (im Schmidt'schen Netz) verwendet. Auch die Darstellung als Kluftrose ist üblich, dieses Verfahren gibt jedoch nur die Richtungshäufigkeiten des Streichens an und nicht das Einfallen der Trennflächen.

Die mechanische Wirksamkeit von Trennflächen wird teilweise von der Rauigkeit und Oberflächenbeschaffenheit der Trennflächenwandungen und der möglichen Trennflächenfüllungen bestimmt. Die Beschreibung der Oberflächenbeschaffenheit wird visuell vorgenommen. Es lassen sich drei Grundklassen stufig, wellig und eben unterscheiden, die in Bild 6-6 dargestellt werden. Diese Klassen werden nach dem Grad ihrer Rauigkeit in drei weitere Unterteilungen gegliedert: rau, glatt und harnischartig. Die Bezeichnung „harnischartig" bezieht sich auf besonders glatte und geradezu polierte Flächen, wie sie sonst bei Harnischen vorkommen.

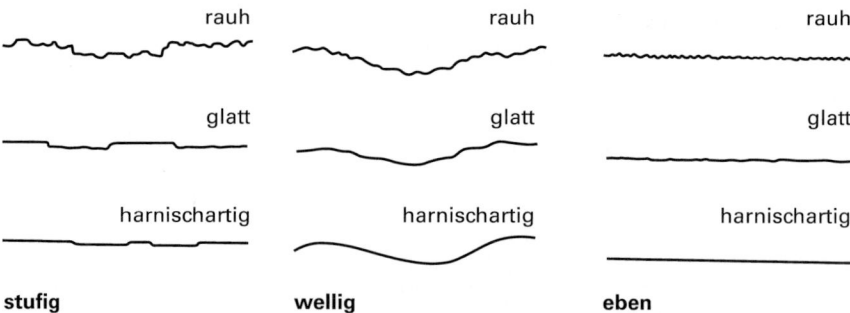

Bild 6-6 Die Gliederung der Oberflächenbeschaffenheit von Trennflächen in die Klassen stufig, wellig und eben gemäß ISRM [40]

Kluftfüllungen sind zudem für die Beurteilung des Trennflächennetzes relevant. Der Einfluss dieser Füllungen kann für die Fluiddurchlässigkeit und Gebirgsfestigkeit von Bedeutung sein. Typische Füllmassen sind z.B. Quarz, Ton, Calcit oder Lehm.

Einen indirekten Hinweis auf den Zerklüftungsgrad eines Gebirges liefert die „Rock Quality Designation" (RQD-Wert, Tabelle 6-7) [15]. Der RQD-Wert ist ein Maß für den Zerbrechungsgrad von Bohrkernen. Er ist definiert als der Quotient aus der Summe der Längen aller Kernstücke mit Einzellängen über 10 cm sind durch die gesamte Kernmarschlänge, multipliziert mit 100 %:

$$\text{RQD} = \frac{\sum \text{Länge der Kernstücke über 10 cm}}{\text{Kernmarschlänge}} \cdot 100\% \qquad (6.2)$$

Tabelle 6-7 Rock Quality Designation (RQD) [15]

RQD [%]	Gebirgsverhältnisse
0–25	sehr ungünstig
25–50	ungünstig
50–75	wenig günstig / mäßig gut
75–100	günstig bis sehr gut

In lösungsfähigen Gesteinsformationen (z.B. Kalken oder Evaporiten) können Trennflächen durch Lösungsvorgänge erweitert werden, daher ist in diesen Gebieten besonders mit möglichen Verkarstungsphänomenen wie Höhlen und Hohlräumen im Untergrund zu rechnen. Derartige Karsthohlräume lassen sich durch geophysikalische Messverfahren wie Reflexionsseismik, Georadar usw. erkunden. Die gewonnenen Daten über mögliche Hohlräume im Baugrund sollten mit Bohraufschlüssen weiter verifiziert werden.

6.1.8 Verwitterungsgrad

Gesteine in der Natur sind den Einflüssen der Verwitterung am stärksten ausgesetzt, wenn sie im Kontakt mit Flüssigkeiten und/oder Gasen stehen; auch Temperaturschwankungen und andere Witterungseffekte können zum Zerfall der Gesteine beitragen. Durch die Verwitterung kann der Gesteinsverband erheblich aufgelockert und geschwächt werden, auch eine Erhöhung der Porosität wird oft beobachtet. Unterschiedliche Gesteinsarten setzen der Verwitterung unterschiedlich viel Widerstand entgegen. Auch die Eindringtiefe der Verwitterung in das Gestein ist für die Beurteilung der Gesteinseigenschaften wichtig, da lokale Inhomogenitäten im Verwitterungsgrad der Gesteine entstehen können. International wird der Verwitterungsgrad des Gebirges in sechs Klassen gegliedert, die in Tabelle 6-8 um eine weitere Abstufung („leicht verwittert") ergänzt aufgeführt werden [15].

Tabelle 6-8 Verwitterungsgrade nach ISRM (1978) [95] und IAEG (1981) [66], ergänzt um eine zusätzliche Verwitterungsklasse [15]

W	Bezeichnung nach IAEG-ISRM	V	Bezeichnung nach Prof. *Georg Spaun*
I	fresh	1	frisch und unverwittert (Fels); keine farblichen, mikro- oder makroskopischen Veränderungen erkennbar
II	slightly	2	angewittert; erste Verfärbungen durch mikroskopische Zersetzung von Mineralen erkennbar; verringerte Druckfestigkeit
…		3	leicht verwittert; deutlich rotbraune Färbung entlang von Klüften, Gestein ist deutlich (bis zu 15 %) entfestigt
III	moderately	4	mittelstark verwittert; starke Verwitterung entlang von Klüften, Reibung entlang dieser Trennflächen deutlich herabgesetzt, weniger als 40–50 % des Gesteins sind zersetzt; alle niedrigeren Verwitterungsstufen treten nebeneinander auf, ein für das Baugeschehen besonders kritischer Zustand
IV	highly	5	stark verwittert; mehr als 40–50 % des Gesteins sind zersetzt, die ursprüngliche Struktur ist aber noch gut erkennbar; Klüfte bestimmen noch das Gesamtverhalten des Gesteins, obwohl die Reibung entlang der Klüfte herabgesetzt ist
V	extremely	6	sehr stark verwittert; Trennflächen sind nun wirkungslos, der ursprüngliche Zusammenhalt des Gesteins ist kaum noch vorhanden, aber die ursprüngliche Gesteinsstruktur ist noch in großen Bereichen erkennbar
VI	residual soil	7	völlig verwittert (Boden); die ursprünglichen Strukturen und die Gesteinszusammensetzung sind restlos zerstört, es ist eine deutliche Volumenänderung feststellbar, aber der Boden wurde nicht wesentlich transportiert

6.1.9 Gebirgsklassifikation

Für ingenieurtechnische Zwecke wird das Gebirge üblicherweise klassifiziert, um die tatsächlichen geologischen Verhältnisse mit genormten Kennwerten zu beschreiben. Es existieren inzwischen mehrere Verfahren der Gebirgsklassifikation. Die international bevorzugten Systeme sind das „Rock Mass Rating" (RMR-System) von *Bieniawski* [10] und die „Rock Mass Quality" (Q-System) von *Barton* et al. [6].

6.1.9.1 Rock Mass Rating (RMR-System)

Das RMR-System ist zur geomechanischen Klassifikation für bautechnische Zwecke gebräuchlich [9,10] und hauptsächlich in amerikanisch geprägten Ländern verbreitet. Es verwendet sechs grundlegende Parameter zur Einordnung eines Festgesteins (Tabelle 6-9), die im Rahmen von geotechnischen Untersuchungen und Erkundungen ermittelt werden müssen:

1. Die einaxiale Druckfestigkeit des Gesteins (UCS)
2. Der RQD-Index
3. Der Kluft- oder Trennflächenabstand
4. Die Beschaffenheit der Kluft oder Trennflächen
5. Die Grundwasserbedingungen
6. Die Orientierung der Kluft- oder Trennflächen

Tabelle 6-9 Parameter, Anwendungsbereiche und Bewertungszahlen des RMR-Systems [1]

Parameter	Wertebereich	Bewertungszahl
Gesteinsfestigkeit σ_c	0 bis >250 MPa	R1: 0 bis 15
RQD-Index	0 bis 100 %	R2: 0 bis 20
Trennflächenabstand	0 bis >2000 mm	R3: 0 bis 20
Trennflächenzustand	„schlecht" bis „gut"	R4: 0 bis 30
Grundwasser	„fließend" bis „trocken"	R5: 0 bis 15
Anpassung an Trennflächen-Orientierung	„sehr ungünstig" bis „sehr günstig"	R6: –12 bis 0

Jeder dieser Parameter wird bestimmt und in eine Bewertungszahl (rating) umgewandelt. Der RMR-Wert wird durch Aufsummieren der Bewertungszahlen ermittelt; anhand dieses Wertes kann das Festgestein in die entsprechende Gebirgsklasse klassifiziert werden. Je nach der ermittelten Gebirgsklasse werden Werte für die Standzeit, die Kohäsion oder den inneren Reibungswinkel für das Festgestein vorgeschlagen. Eine tabellarische Übersicht über das RMR-System nach *Bieniawski* zeigt Tabelle 6-10. Das RMR-System beruht auf empirischen Daten aus Tunneln und Bergwerken; es ist daher zu beachten, dass der Großteil dieser Daten aus Hohlräumen in Tiefenbereichen von etwa 50–500 m gewonnen wurde.

6.1 Geologie von Festgesteinen

Tabelle 6-10.1 Das RMR-Bewertungssystem nach *Bieniawski* [9]

Parameter		Wertebereich						
Festigkeit des intakten Gesteinsmaterials	Point-load strength	>10 MPa	4–10 MPa	2–4 MPa	1–2 MPa	im unteren Wertebereich wird UCS bevorzugt		
	UCS	>250 MPa	100–250 MPa	50–100 MPa	25–50 MPa	5–25 MPa	1–5 MPa	<1 MPa
Bewertungszahl		15	12	7	4	2	1	0
Bohrkernqualität (RQD-Index)		90–100 %	75–90 %	50–75 %	25–50 %	<25 %		
Bewertungszahl		20	17	13	8	3		
Abstand der Diskontinuitäten		>2 m	0,6–2 m	200–600 mm	60–200 mm	<60 mm		
Bewertungszahl		20	15	10	8	5		
Zustand der Diskontinuitäten		sehr raue Oberfläche nicht kontinuierlich keine Separation unverwitterter Felsen	leicht raue Oberfläche Separation <1 mm leicht verwitterter Fels	leicht raue Oberfläche Separation <1 mm stark verwitterter Fels	Harnische oder Besteg <5 mm mächtig oder kontinuierliche Separation 1–5 mm	weicher Besteg >5 mm mächtig oder kontinuierliche Separation >5 mm		
Bewertungszahl		30	25	20	10	0		
Grundwasser	Zuströmung pro 10 m Tunnellänge [l/m]	keine	<10	10–25	25–125	>125		
	Kluftwasserdruck/ größte Hauptspannung σ	0	<0,1	0,1–0,2	0,2–0,5	>0,5		
	allgemeine Bedingungen	komplett trocken	feucht	nass	tropfnass	fließend		
Bewertungszahl		15	10	7	4	0		

Tabelle 6-10.2 Bewertung für die Anpassung an die Orientierung von Diskontinuitäten [9]

Streichen und Einfallen	Bewertungszahl				
	sehr günstig	günstig	ausreichend	ungünstig	sehr ungünstig
Tunnel und Bergwerke	0	−2	−5	−10	−12
Baugrund	0	−2	−7	−15	−25
Steigungen	0	−5	−25	−50	

Tabelle 6-10.3 Richtlinien zur Klassifikation von Diskontinuitätsbedingungen [42]

Parameter	Werte				
Länge der Diskontinuitäten (Durchgängigkeit)	<1 m	1–3 m	3–10 m	10–20 m	>20 m
Bewertungszahl	6	4	2	1	0
Öffnungsweite	keine	<0,1 mm	0,1–1,0 mm	1–5 mm	>5 mm
Bewertungszahl	6	5	4	1	0
Rauigkeit	sehr rau	rau	leicht rau	glatt	harnischartig
Bewertungszahl	6	5	3	1	0
Füllmaterial	kein	harte Füllung <5 mm	harte Füllung >5 mm	weiche Füllung <5 mm	weiche Füllung >5 mm
Bewertungszahl	6	4	2	2	0
Verwitterungszustand	unverwittert	leicht verwittert	moderat verwittert	stark verwittert	zersetzt
Bewertungszahl	6	5	3	1	0

Tabelle 6-10.4 Gesteinsgüteklassen und ihre Bedeutung gemäß summiertem RMR-Wert [9]

Parameter	Werte/Beschreibung				
Bewertung	100 ← 81	80 ← 61	60 ← 41	40 ← 21	<21
Klassifikationsnummer	I	II	III	IV	V
Beschreibung	sehr gutes Gestein	gutes Gestein	ausreichend gutes Gestein	schlechtes Gestein	sehr schlechtes Gestein

Parameter	Werte/Beschreibung				
mittlere Standzeit	15 Monate bis 20 Jahre	10–12 Monate	1 Woche bis 5 Monate	10 Stunden bis 2,5 Monate	30 Minuten bis 1 Monat
Kohäsion der Gesteine [kPa]	>400	300–400	200–300	100–200	<100
Reibungswinkel [°]	>45	35–45	25–35	15–25	<15

Tabelle 6-10.5 Bewertung der Orientierung von Fallen und Streichen von Diskontinuitäten beim Tunnelbau [9]

Orientierung	Richtung	Steigung [°]	Bewertung
Streichen senkrecht zur Tunnelachse	mit Steigung fahren	20–45	günstig
		45–90	sehr günstig
	gegen Steigung fahren	20–45	ungünstig
		45–90	angemessen
Streichen parallel zur Tunnelachse		20–45	angemessen
		45–90	sehr ungünstig
		0–20	angemessen

6.1.9.2 Rock Mass Quality (Q-System)

Ein weiteres Gebirgsklassifikationssystem ist das Q-System („Rock Mass Quality") von *Barton* [6], das vor allem in nordeuropäischen Ländern verwendet wird.

Analog zum RMR-System fließen ebenfalls sechs Gebirgsparameter in die Ermittlung des Q-Werts ein:

– die „Rock Quality Designation" (RQD-Wert)
– die Kennzahl J_n der Kluftscharen
– die Kennzahl J_r für die Kluftrauigkeit
– die Kennzahl J_a für die Beschaffenheit der Kluftflächen bzw. der Kluftfüllung
– der Abminderungsfaktor J_w für Gebirgswasser
– der Abminderungsfaktor SRF für Gebirgsspannung

Drei dieser Bewertungskriterien sind mit beispielhaften Zahlenwerten in Tabelle 6-11 zusammengestellt. Aus diesen Bewertungskriterien lassen sich wiederum drei Kenngrößen ableiten:

Tabelle 6-11 Bewertung der Kenngrößen RQD, J_r und J_w für die Gebirgsqualität [43]

RQD		\multicolumn{2}{c}{Kennzahl J_r für Kluftrauigkeit}	\multicolumn{2}{c}{Abminderung J_w für Gebirgswasser}
<25	sehr schlecht	4	nicht durchstreichende Klüfte	1,0	trocken
50–75	mäßig gut			0,7	mittlerer Zufluss
>90	ausgezeichnet	<1	glatte, ebene Klüfte	<0,2	sehr starker Zufluss

- RQD/J_n => Kenngröße für die Größe der Kluftkörper
- J_r/J_a => Kenngröße für die Scherfestigkeit zwischen den Klüften
- J_w/SRF => Kenngröße für aktive Spannungen im Gebirge

Durch Multiplikation dieser drei Quotienten erhält man den Q-Wert als Maß für die Gebirgsqualität:

$$Q = \frac{RQD}{J_n} \cdot \frac{J_r}{J_a} \cdot \frac{J_w}{SRF} \qquad (6.3)$$

Tabelle 6-12 zeigt Wertebereiche von Q und ihre Bewertung für Zwecke des Tunnelbaus. Der Nutzen des Q-Systems ist vor allem für Hohlräume im Tiefenbereich von etwa 10–500 m belegt.

Tabelle 6-12 Klassifizierung der Gebirgsqualität Q nach *Barton* et al. [6]

Q-Wert	Beurteilung
0,001–0,01	außerordentlich schlecht
0,01–0,1	extrem schlecht
0,1–1	sehr schlecht
1–4	schlecht
4–10	mittelmäßig
10–40	gut
40–100	sehr gut
100–400	extrem gut
400–1000	außerordentlich gut

Für die Wahl und Auslegung eines geeigneten Schmiermittels beim Rohrvortrieb sind vor allem folgende Eigenschaften des Festgesteins entscheidend:

- die Festigkeit und Qualität des Gebirges sowie die daraus resultierende Standfestigkeit
- die hydraulische Leitfähigkeit des Gebirges und somit auch der Porenraum sowie die Öffnungsweiten der Trennflächen

6.2 Geologie von Lockergesteinen

Lockergesteine sind Gemenge von Mineralien und/oder organischen Bestandteilen ohne mineralische Bindung. Eine Zerlegung der mineralischen Anteile nach Korngrößen ist durch Sieben oder Schlämmen möglich. Lockergesteine werden je nach ihren Korngrößenfraktionen in bindige und nichtbindige Lockergesteine unterteilt [16].

Die Klassifizierung von Lockergesteinen sollte anhand eines anerkannten Klassifizierungssystems für Lockergesteine erfolgen und ihre Schichtung sollte durch anerkannte geotechnische Bezeichnungen beschrieben werden. Für den Rohrvortrieb relevante Parameter von Lockergesteinen sind

– die Art der Minerale
– die Korngrößen
– die Kornverteilung
– die Kornrundung
– der Porenraum
– die Lagerungsdichte
– die Scherfestigkeit
– Konsistenzgrenzen
– die Quellfähigkeit

6.2.1 Art der Minerale

Lockergesteine bestehen aus Mineralen und Gesteinsbruchstücken verwitterter Gesteine. Die Minerale sind typisch für die kontinentale Kruste. Der größte Teil der Lockergesteinsminerale sind Silikate in all ihren vielfältigen Erscheinungsformen. Als wichtigste Vertreter dieser Gruppe sind Quarz, Feldspat, Glimmer sowie die Tonminerale zu nennen. Seltener kommen in Lockergesteinen auch Kalke (beispielsweise als Schalenbruchstücke oder Ooide) und andere Minerale vor.

6.2.2 Korngröße und Kornverteilung

Das Hauptkriterium für die Benennung und Beurteilung von Lockergesteinen ist die Korngröße der Sedimentpartikel; ein weiteres davon abgeleitetes Kriterium ist die Kornverteilung. Beide Parameter werden üblicherweise durch Sieb- und Sedimentationsanalysen bestimmt. Dabei werden Lockergesteine mit Korngrößen über 0,063 mm durch die Siebmethode quantifiziert, während bei Korngrößen unter 0,125 mm die Sedimentationsanalyse (auch Schlämmanalyse) eingesetzt wird.

In DIN 18123 sind beide Verfahren ausführlich beschrieben [30]. Aus den Resultaten der Analyse lassen sich die Benennung der jeweiligen Kornfraktionen ableiten (Tabellen 6-13 und 6-14). Die Grenze zwischen Grob- und Feinkornbereich wird als Übergang zwischen nichtbindigem und bindigem Lockergestein aufgefasst. Im nordamerikanischen Raum wird häufig eine von den deutschen Standards abweichende Einteilung der Korngrößenbereiche verwendet (Tabelle 6-15).

Tabelle 6-13 Korngrößenbenennung entsprechend DIN 4022 (1987).
Die Vergleichsgrößen basieren auf empirischen Erfahrungswerten

Beschreibung	Korndurchmesser [mm]	Bezeichnung	Feingliederung	Vergleichsgröße
Grobkornbereich	>63	Steine (Gerölle)	–	größer als Hühnereier
Grobkornbereich	20–63	Kies	grob	kleiner als Hühnereier, aber größer als Haselnüsse
Grobkornbereich	6,3–20	Kies	mittel	kleiner als Haselnüsse, aber größer als Erbsen
Grobkornbereich	2,0–6,3	Kies	fein	kleiner als Erbsen, aber größer als Streichholzkopf
Grobkornbereich	0,63–2,0	Sand	grob	kleiner als Streichholzkopf, aber größer als Grießkorn
Grobkornbereich	0,20–0,63	Sand	mittel	Grießkorngröße
Grobkornbereich	0,06–0,20	Sand	fein	Einzelkörner mit dem bloßem Auge noch erkennbar
Feinkornbereich	0,02–0,06	Schluff (Silt)	grob	Einzelkörner mit bloßem Auge nicht mehr erkennbar
Feinkornbereich	0,006–0,02	Schluff (Silt)	mittel	
Feinkornbereich	0,002–0,006	Schluff (Silt)	fein	
Feinkornbereich	<0,002	Ton	–	

Tabelle 6-14 Korngrößenfraktionen nach DIN EN ISO 14688-1 [25]

Bereich	Benennung	Kurzzeichen	Korngröße [mm]
sehr grobkörniger Boden	großer Block	LBo	>630
sehr grobkörniger Boden	Block	Bo	>200–630
sehr grobkörniger Boden	Stein	Co	>63–200
grobkörniger Boden	Kies	Gr	>2–63
grobkörniger Boden	Grobkies	CGr	>20–63
grobkörniger Boden	Mittelkies	MGr	>6,3–20
grobkörniger Boden	Feinkies	FGr	>2,0–6,3
grobkörniger Boden	Sand	Sa	>0,063–2,0
grobkörniger Boden	Grobsand	CSa	>0,63–2,0
grobkörniger Boden	Mittelsand	MSa	>0,2–0,63
grobkörniger Boden	Feinsand	FSa	>0,063–0,2

6.2 Geologie von Lockergesteinen

Bereich	Benennung	Kurzzeichen	Korngröße [mm]
feinkörniger Boden	Schluff	Si	>0,002–0,063
	Grobschluff	CSi	>0,02–0,063
	Mittelschluff	MSi	>0,0063–0,02
	Feinschluff	FSi	>0,002–0,0063
	Ton	Cl	<0,002

Tabelle 6-15 Im nordamerikanischen Raum übliche Bezeichnungen der Korngrößenfraktionen für Sedimentgesteine und pyroklastische Ablagerungen nach dem Engineering Geology Field Manual [42]

Size [mm (in.)]	USGS particle size (soils only)	Designation			
		Sedimentary (epiclastic) Rounded, subrounded, subangular		Volcanic (pyroclastic)	
		Particle or fragment	Lithified product	Fragment	Lithified product
300 (12)	boulder	boulder	boulder conglomerate	block[a]	volcanic breccia[b]
256 (10)	cobble				
75 (3)	coarse gravel	cobble	cobble conglomerate	bomb	agglomerate
64 (2.5)					
32 (1.3)		pebble	pebble conglomerate	lapilli	lapillituff
20 (0.8)					
4.75 (0.19)	fine gravel				
4 (0.16)	coarse sand	granule	granule conglomerate		
2 (0.08)	medium sand	very coarse sand	sandstone (very coarse, coarse, medium, fine or very fine)	coarse ash	coarse tuff
1 (0.04)					
0.5 (0.02)		coarse sand			
0.42	fine sand	medium sand			
0.25					
0.125		fine sand			
0.074					
0.0625	fine non-plastic silt	very fine sand		fine ash	fine tuff
0.00391		silt	siltstone shale		
	plastic clay	clay	claystone shale		

a) Broken from previous ingenious rock shaped angularly or subangularly. b) Solidified from plastic material while in flight; rounded clasts

Ein international häufig verwendetes System zur Klassifikation von Lockergesteinen ist das Unified Soil Classification System (USCS) [13]. Darin werden die Lockergesteine in 15 Bodenklassen unterteilt, die durch das Zusammensetzen von jeweils zwei Buchstaben gebildet werden. Die Hauptbodenarten werden wie in Tabelle 6-16 dargestellt bezeichnet; vier Zusatzsymbole kennzeichnen ihre wichtigsten Eigenschaften (Tabelle 6-17). Zur detaillierteren Beschreibung von Grenzfällen können Gruppensymbole zusammengesetzt werden, wie z.B. SC-SM für tonigen bis schluffigen Sand.

Tabelle 6-16 Hauptbodenarten und ihre Bezeichnung im USCS [13]

Bodenart	Bezeichnung
Kies	G (gravel)
Sand	S (sand)
Schluff	M (silt)
Ton	C (clay)
organischer Ton oder Schluff	O (organic)
Torf und andere rein organische Böden	Pt (peat)

Tabelle 6-17 Zusatzsymbole zur Kennzeichnung von Gesteinseigenschaften im USCS [13]

Kennzeichnende Eigenschaft	Symbol
gut abgestufter Boden	W (well graded, diversified particle size)
schlecht abgestufter Boden	P (poorly graded, unifom particle size)
hohe Plastizität ($w_L > 50\,\%$)	H (high plasticity)
geringe Plastizität ($w_L < 50\,\%$)	L (low plasticity)

Für den deutschen Raum liefert DIN 18196 [33] ein zur USCS-Kategorisierung analoges System zur Klassifikation von Böden (Tabellen 6-18 und 6-19).

6.2 Geologie von Lockergesteinen

Tabelle 6-18 Klassifikation von Bodenarten nach DIN 18196 [33]

Bodenart	Kurzzeichen
Kies	G
Sand	S
Schluff	U
Ton	T
organische Böden	O
Auffüllung	A
Torf	H
Mudde	F
Kalk	K

Tabelle 6-19 Eigenschaften von Böden nach DIN 18196 [33]

Kennzeichnende Eigenschaft	Kurzzeichen
weit gestufte Korngrößenverteilung	W
eng gestufte Korngrößenverteilung	E
intermittierend gestufte Korngrößenverteilung	I
leicht plastisch	L
mittel plastisch	M
ausgeprägt plastisch	A
nicht bis kaum zersetzter Torf	N
zersetzter Torf	Z

Eine Gesamtschau der Bodenklassifikation nach USCS zeigt Tabelle 6-20; Tabelle 6-21 stellt zum Vergleich die Klassifikation nach DIN 18196 dar.

Tabelle 6-20.1 Bodenklassifikation von Grobböden nach USCS [13]

Erkennungsmerkmal (nur Anteile <76,2 mm)				Gruppensymbol	Typische Bezeichnung
Grobböden; mehr als 50 % des Bodens >0,075 mm	Kiese; mehr als 50 % des Grobanteils >4,75 mm	reine Kiese; weniger als 5 % <0,075 mm	ungleichförmiger Kornaufbau, weit gestuft	GW	weit gestufter Kies und Kies/Sand-Gemisch
			vorherrschen einer Korngröße, eng gestuft	GP	eng gestufter Kies und Kies/Sand-Gemisch
		Kiese mit Feinanteilen; mehr als 12 % <0,075 mm	Feinanteil ist schluffig	GM	schluffige Kiese, eng gestufte Kies/Sand/Schluff-Gemische
			Feinanteil ist tonig	GC	tonige Kiese, eng gestufte Kies/Sand/Ton-Gemische
	Sande mehr als 50 % des Grobanteils <4,75 mm	reine Sande; weniger als 5 % <0,075 mm	ungleichförmiger Kornaufbau, weit gestuft	SW	weit gestufte Sande und Sand/Kies-Gemische
			vorherrschen einer Korngröße, eng gestuft	SP	eng gestufte Sande und Sand/Kies-Gemische
		Sande mit Feinanteilen mehr als 12 % <0,075 mm	Feinanteil ist schluffig	SM	schluffige Sande, eng gestufte Sand/Schluff-Gemische
			Feinanteil ist tonig	SC	tonige Sande, eng gestufte Sand/Ton-Gemische

Tabelle 6-20.2 Bodenklassifikation von Feinböden nach USCS [13]

Erkennungsmerkmal (nur Anteile <76,2 mm)			Gruppensymbol	Typische Bezeichnung
Feinböden; mehr als 50 % des Bodens <0,075 mm	gering plastische Schluffe und Tone; Fließgrenze <50 %	Feinanteil ist Schluff	ML	Schluffe und sehr feine Sande; Gesteinsmehl, schluffige oder tonige Feinsande mit geringer Plastizität
		Feinanteil ist Ton	CL	Tone mit geringer bis mittlerer Plastizität, kiesige oder sandige Tone, schluffige Tone, leicht plastische Tone
			OL	organische Schluffe und organische Schlufftone mit geringer Plastizität
	plastische und hochplastische Schluffe und Tone; Fließgrenze >50 %	Feinanteil ist Schluff	MH	Schluffe und schluffige Böden mit mittlerer bis hoher Plastizität
		Feinanteil ist Ton	CH	Tone mit sehr hoher Plastizität
			CH	organische Tone mit mittlerer bis hoher Plastizität
stark organische Böden		dunkle Farbe, Geruch, schwammiges Anfühlen, faserige Textur	PT	Torf und andere stark organische Böden

Tabelle 6-21.1 Bodenklassifikation für grob- und gemischtkörnige Böden nach DIN 18196 [33]

Hauptgruppe	Definition und Bezeichnung				Erkennungsmerkmale	Beispiele
	Massenanteil Korndurchmesser [%]		Gruppe	Gruppensymbol		
	$\leq 0{,}063$ mm	≤ 2 mm				
grobkörnige Böden	<5	≤60	Kies (Grant)	eng gestufte Kiese	GE	steile Körnungslinie durch Vorherrschen eines Korngrößenbereichs	Fluss- und Strandkies
				weit gestufte Kies/Sand-Gemische	GW	über mehrere Korngrößenbereiche kontinuierlich verlaufende Körnungslinie	Terrassenschotter
				intermittierend gestufte Kies/Sand-Gemische	GI	meist treppenartig verlaufende Körnungslinie durch das Fehlen eines oder mehrerer Korngrößenbereiche	vulkanische Schlacken
		>60	Sand	eng gestufte Sande	SE	steile Körnungslinie durch Vorherrschen eines Korngrößenbereichs	Dünen- und Flugsand, Fließsand, Berliner Sand, Beckensand, Tertiärsand
				weit gestufte Sand/Kies-Gemische	SW	über mehrere Korngrößenbereiche kontinuierlich verlaufende Körnungslinie	Moränensand, Terrassensand
				intermittierend gestufte Sand/Kies-Gemische	SI	meist treppenartig verlaufende Körnungslinie durch das Fehlen eines oder mehrerer Korngrößenbereiche	Granitgrus

Tabelle 6-21.1 (Fortsetzung)

Hauptgruppe	Definition und Bezeichnung			Gruppensymbol	Erkennungsmerkmale	Beispiele
	Massenanteil Korndurchmesser [%]		Gruppe			
	≤0,063 mm	≤2 mm				
gemischtkörnige Böden	5–15	≤60	Kies/Schutt-Gemisch		GU	weit oder intermittierend gestufte Körnungslinie, Feinkornanteil ist schluffig	Moränenkies
	15–40				GU		Verwitterungskies
	5–15		Kies/Ton-Gemisch		GT	weit oder intermittierend gestufte Körnungslinie, Feinkornanteil ist schluffig	Hangschutt
	15–40				GT		Geschiebelehm
	5–15	>60	Sand/Schluff-Gemisch		SU	weit oder intermittierend gestufte Körnungslinie, Feinkornanteil ist schluffig	Tertiärsand
	15–40				SU		Auelehm, Sandlöss
	5–15		Sand/Ton-Gemisch		ST	weit oder intermittierend gestufte Körnungslinie, Feinkornanteil ist schluffig	Terrassensand, Schleichsand
	15–40				ST		Geschiebelehm, Geschiebemergel

Tabelle 6-21.2 Bodenklassifikation für feinkörnige und organogene Böden sowie Böden mit organischen Beimengungen nach DIN 18196 [33]

Hauptgruppe	Definition und Bezeichnung				Erkennungsmerkmale			Beispiel
	Massenanteil Korndurchmesser ≤0,063 mm [%]	Lage zur A.-Linie	Gruppe	Gruppensymbol	Trockenfestigkeit	Reaktion beim Schüttelversuch	Plastizität beim Knetversuch	
feinkörnige Böden	>40	$I_p \leq 4\%$ oder unterhalb der A.-Linie	**Schluff** leicht plastische Schluffe $w_L < 35\%$	UL	niedrig	schnell	keine bis leicht	Löss, Hochflutlehm
			mittelplastische Schluffe $35\% \leq w_L \leq 50\%$	UM	niedrig bis mittel	langsam	leicht bis mittel	Seeton, Beckenschluff
			ausgeprägt plastische Schluffe $w_L > 50\%$	UA	hoch	keine bis langsam	mittel bis ausgeprägt	vulkanische Böden, Bimsböden
		$I_p \geq 7\%$ und unterhalb der A.-Linie	**Ton** leicht plastische Tone $w_L < 35\%$	TL	mittel bis hoch	keine bis langsam	leicht	Geschiebemergel
			mittelplastische Tone $35\% \leq w_L \leq 50\%$	TM	hoch	keine	mittel	Lösslehm, Seeton, Beckenton
			ausgeprägt plastische Tone $w_L > 50\%$	TA	sehr hoch	keine	ausgeprägt	Lauenburger Ton, Tarras

6.2 Geologie von Lockergesteinen

Tabelle 6-21.2 (Fortsetzung)

Hauptgruppe	Definition und Bezeichnung				Erkennungsmerkmale			Beispiel
	Massenanteil Korndurchmesser $\leq 0{,}063$ mm [%]	Lage zur A.-Linie		Gruppe	Gruppensymbol	Trockenfestigkeit	Reaktion beim Schüttelversuch	Plastizität beim Knetversuch	
organogene[a)] und Böden mit organischen Beimengungen	>40	$I_p \geq 7\%$ und unterhalb der A.-Linie	nicht brenn- oder schwelbar	Schluffe mit organischen Beimengungen und organogene[a)] Schluffe $35\% \leq w_L \leq 50\%$	OU	mittel	langsam bis sehr schnell	mittel	Seekreide, Kieselgur, Mutterboden
				Tone mit organischen Beimengungen und organogene[a)] Tone $w_L > 50\%$	OT	hoch	keine	ausgeprägt	Schlick, Klei, tertiäre Kohletone
	≤ 40			grob- bis gemischtkörnige Böden mit Beimengungen humoser Art	OH	Beimengungen pflanzlicher Art, meist dunkle Färbung, Modergeruch, Glühverlust bis etwa 20 % Massenanteil			Mutterboden, Paläoboden
				grob- bis gemischtkörnige Böden mit kalkigen, kieseligen Bildungen	OK	Beimengungen pflanzlicher Art, meist helle Färbung, geringes Gewicht, große Porosität			Kalk-, Tuffsand

Tabelle 6-21.2 (Fortsetzung)

Hauptgruppe	Definition und Bezeichnung				Erkennungsmerkmale			Beispiel
	Massenanteil Korndurchmesser ≤0,063 mm [%]	Lage zur A.-Linie	Gruppe	Gruppensymbol	Trockenfestigkeit	Reaktion beim Schüttelversuch	Plastizität beim Kneteversuch	
organische Böden		brenn- oder schwelbar	nicht bis mäßig zersetzte Torfe (Humus)	HN	an Ort und Stelle aufgewachsene Humusbildung	Zersetzungsgrad 1–5 nach DIN 19682-12; faserig, holzreich, hellbraun bis braun		Niedermoor-, Hochmoor-, Bruchwaldtorf
			zersetzte Torfe	HZ		Zersetzungsgrad 6–10 nach DIN 19682-12; schwarzbraun bis schwarz		
			Mudden (Sammelbegriff für Faulschlamm, Gytja, Dy, Sapropel)	F	unter Wasser abgesetzte (sedimentäre) Schlamme aus Pflanzenresten, Kot und Mikroorganismen, oft von Sand, Ton und Kalk durchsetzt, blauschwarz oder grünlich bis gelbbraun, gelegentlich dunkelgraubraun bis blauschwarz, federnd weichschwammig			Mudde, Faulschlamm
Auffüllung			Auffüllung aus natürlichen Böden, jeweiliges Gruppensymbol in eckigen Klammern	[...]				
			Auffüllung aus Fremdstoffen[b]	A				Müll, Bauschutt

[a] Unter Mitwirkung von Organismen gebildete Böden. [b] Die Klassifizierung ist kein Ersatz für die abfalltechnische Behandlung

Die Kornverteilung wird üblicherweise durch eine Körnungslinie dargestellt, die sich als Summenkurve der einzelnen Korngrößenfraktionen in logarithmischer Darstellung ergibt (Bild 6-7). Aus Form und Lage der Kurve lassen sich wichtige Parameter des Lockergesteins ableiten. So ist die Korngröße d_{10}, bei der die Summenkurve die 10-%-Linie schneidet, ein wichtiger Faktor für die Einschätzung des Fluiddurchlässigkeitsbeiwerts des Sediments.

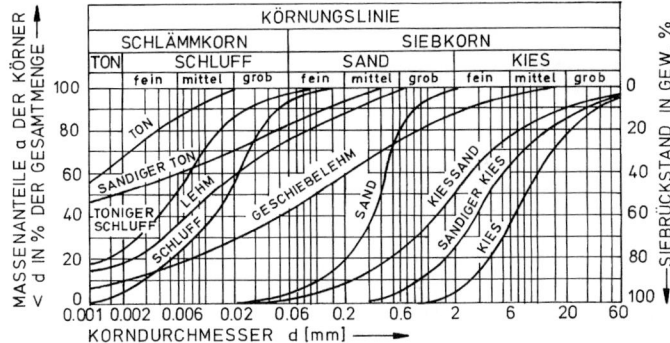

Bild 6-7 Typische Kornverteilungslinien verschiedener Lockerböden [43]

In der Hydrogeologie wird d_{10} oft als d_w (wirksamer Korndurchmesser) bezeichnet. Weitere wichtige Kenngrößen sind die Korngrößen d_{50} und d_{60}, die analog zu d_{10} im Schnittpunkt der Summenkurve mit der entsprechenden 50-%- bzw. 60-%-Linie abgelesen werden können. Die Neigung der Körnungslinie beschreibt den Ungleichförmigkeitsgrad U, der als Quotient von d_{60} und d_{10} definiert ist. Nach DIN 18196 [33] wird das Lockergestein bei $U < 6$ als *gleichkörnig* und bei $U \geq 6$ als *ungleichkörnig* bezeichnet. Analog dazu beschreibt die DIN EN ISO 14688-2 [26] Lockergesteine mit $U < 6$ als *eng gestuft*, diejenigen mit $U = 6-10$ als *mittel gestuft* und diejenigen mit $U > 15$ als *weit gestuft*.

6.2.3 Kornrundung

Lockergesteinspartikel werden auf ihrem Transportweg bis zum Ablagerungsort unterschiedlich stark gerundet. Allgemein lässt sich feststellen, dass ein langer Transportweg auch eine stärkere Rundung zur Folge hat. Außerdem ist der Rundungsgrad von dem Material des Korns abhängig – widerstandsfähige Körner werden schwächer gerundet als instabilere Körner. Der Rundungsgrad ist für die Beurteilung der Scherfestigkeit und somit auch der Gesamtfestigkeit von nichtbindigen Lockergesteinen wichtig. Der Rundungsgrad kann anhand einer Referenzskala im Gelände bestimmt werden (Bild 6-8).

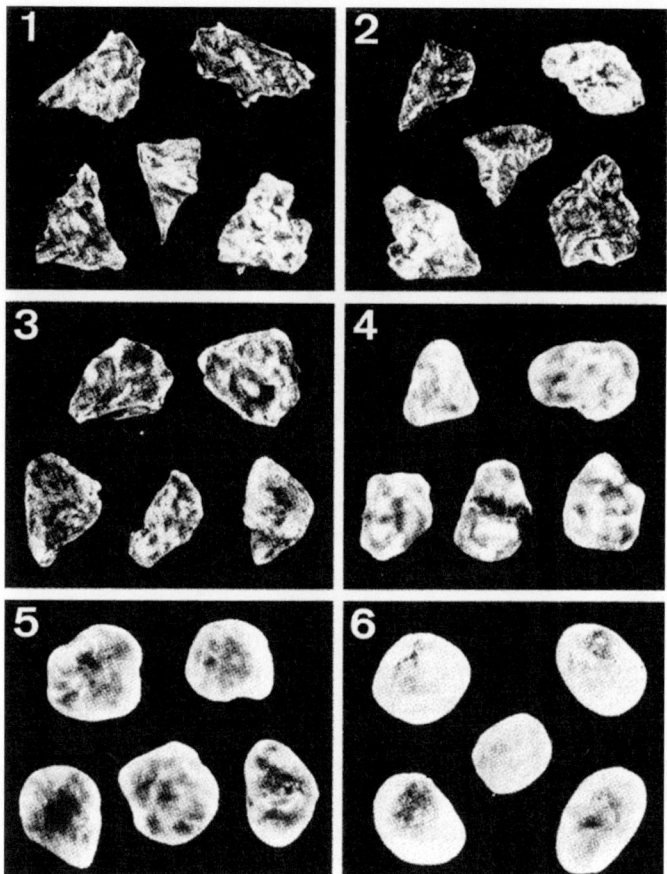

Bild 6-8 Rundungsskala für nichtbindige Lockergesteinskörner.
1: sehr angular, 2: angular, 3: subangular, 4: angerundet, 5: gerundet, 6: gut gerundet [48]

6.2.4 Poren

Poren sind Hohlräume zwischen den Gesteinspartikeln in einem Lockergestein. Die Gesamtheit aller miteinander verbundenen und geschlossenen Poren wird als Porenraum, Porenanteil oder Porosität bezeichnet; das zugehörige Formelzeichen ist n. Eine aus der Porosität abgeleitete Größe ist die Porenzahl bzw. Porenziffer mit dem Formelzeichen e. Bild 6-9 zeigt eine modellhafte Darstellung des Porenraums n und der Porenzahl e.

6.2 Geologie von Lockergesteinen

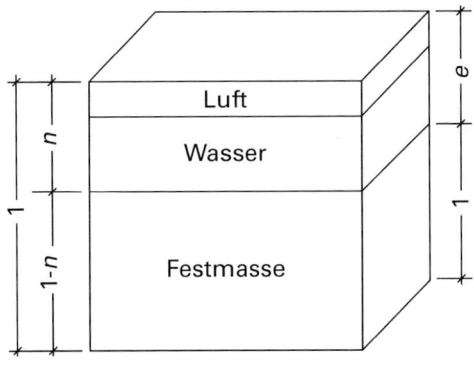

Bild 6-9 Definition von Porenraum n und Porenzahl e [74]

Für den Porenraum n gilt nach [61]

$$n = \frac{V_H}{V} = \frac{V - V_t}{V} = 1 - \frac{V_t}{V} \tag{6.4}$$

Für die Porenzahl e gilt nach [61]

$$e = \frac{V - V_t}{V_t} = \frac{V_H}{V_t} = \frac{n}{1-n} \tag{6.5}$$

wobei V das Gesamtvolumen ist, V_H das Hohlraumvolumen und V_t das Feststoffvolumen (alle in m^3).

Der Porenraum hängt in erster Linie von der Zusammensetzung des Korngemischs ab. Typische Porenräume und Porenzahlen für Lockergesteine sind in Tabelle 6-22 angegeben [74]. Weitere wichtige Faktoren, die die Größe und Form des Porenraums beeinflussen, sind die Lagerungsdichte des Lockergesteins und die Kornrundung. Je dichter die Lagerung, desto geringer ist der Porenraum, und je stärker die Kornrundung ausgeprägt ist, desto kleiner ist der Porenraum.

Tabelle 6-22 Mittlere Porenzahlen und Porenräume für typische Lockergesteine [74]

Lockergestein	e	n
Ton, schluffig	0,82–1,5	0,45–0,65
Schluff, tonig	0,66–1,2	0,40–0,55
Schluff, sandig (Lehm)	0,43–0,66	0,35–0,45
Mittelsand, gleichkörnig	0,43–0,66	0,30–0,38
Sand, kiesig	0,38–0,54	0,28–0,35
Kies, sandig	0,33–0,54	0,25–0,35

6.2.5 Lagerungsdichte

Im natürlichen Zustand lässt sich für Lockergesteine eine *Lagerungsdichte D* und eine *bezogene Lagerungsdichte* I_D ableiten. Die Lagerungsdichte bzw. bezogene Lagerungsdichte gibt an, wie stark ein Lockergestein verdichtet ist, in welchem Maß sich die Bodenpartikel also angeordnet bzw. aneinandergelegt haben (Bild 6-10). Diese dimensionslosen Größen hängen im Wesentlichen vom Porenraum, der Kornform und der Kornverteilung ab.

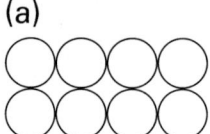
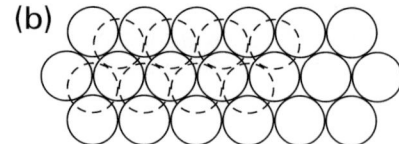

Bild 6-10 Modellhafte Darstellung der lockersten (a) und dichtesten (b) Lagerung von einheitlichen Bodenpartikeln [30]

Für nichtbindige Lockergesteine ist die Lagerungsdichte D

$$D = \frac{n_{max} - n}{n_{max} - n_{min}} \tag{6.6}$$

Hierbei ist n der natürliche, n_{max} der maximal mögliche und n_{min} der minimal mögliche Porenraum.

Für die bezogene Lagerungsdichte I_D gilt

$$I_D = \frac{e_{max} - e}{e_{max} - e_{min}} \tag{6.7}$$

wobei e die natürliche, e_{max} die maximal mögliche und e_{min} die minimal mögliche Porenzahl ist.

Die Lagerungsdichte kann beispielsweise in Feldversuchen durch Ramm- oder Drucksondierungen bestimmt werden. Darüber hinaus lassen die Sondierungsversuche auch Rückschlüsse über den Reibungswinkel des Lockergesteins zu.

Rammsondierungen werden nach den europäischen Normen DIN EN ISO 22476-2 [36] und DIN EN ISO 22476-3 [37] durchgeführt. Bei einer Rammsondierung werden Stahlstäbe durch ein Schlaggewicht mit konstanter Fallhöhe in das Lockergestein eingetrieben. Gewöhnlich werden je nach anstehendem Boden und Projektanforderungen verschiedene Rammsonden wie z.B. DPL 1 (dynamic probing light), DPM 10 (dynamic probing medium), DPH 15 (dynamic probing heavy), DPG 20 (dynamic probing giant) oder SPT-Sonden verwendet.

Bei den DP-Sonden werden die Schläge pro 10 cm Eindringtiefe gezählt, protokolliert und als N_{10} angegeben. Die Zahlenwerte von 10 bis 20 hinter den Sondenbezeichnungen geben die Querschnittsfläche der Sondenspitze in cm^2 an [36].

6.2 Geologie von Lockergesteinen

Bei dem Standard Penetration Test (SPT) handelt es sich um eine Rammsondierung im Bohrloch. Dabei kommt häufig die Standardsonde der American Society for Testing and Materials (ASTM) zum Einsatz. Die Sonde wird beim Feldversuch in die Bohrlochsohle gerammt und die Schlagzahlen werden für jeweils 15 cm Eindringtiefe gemessen. Dabei werden die ersten 15 cm als *Anpassungsrammung* bezeichnet und als N_0 notiert. Das Entnahmegerät muss dann über eine Versuchsstrecke von 30 cm in mindestens zwei Abschnitten von 15 cm eingerammt werden. Die Zahl der benötigten Schläge ist für jedes dieser Intervalle als N_n aufzuzeichnen. Die Gesamtschlagzahl für eine Eindringung von 30 cm nach der Anfangsrammung wird als Eindringwiderstand ($N_{30} = N_n + N_{n+1}$) bezeichnet. Aus dem Wert für N_{30} kann bei Kenntnis der Bodenart auf dessen Lagerungsdichte (Tabelle 6-23) oder Konsistenz (Tabelle 6-24) geschlossen werden [37].

Tabelle 6-23 Auswertung des Standard Penetration Tests für nichtbindige Lockergesteine

Schlagzahl N_{30}	Lagerung	Bezogene Lagerungsdichte I_D [98] [%]	Lagerungsdichte D [83]	Innerer Reibungswinkel [92] [°]
<4	sehr locker	0–15	0–0,15	30
4–10	locker	15–35	0,15–0,30	30
10–30	mitteldicht	35–65	0,30–0,50	30–35
30–50	dicht	65–85	0,50–0,75	35–40
>50	sehr dicht	85–100	>0,75	40–45

Tabelle 6-24 Auswertung des Standard Penetration Tests für bindige Lockergesteine

Schlagzahl N_{30}	Zustand	Undränierte Scherfestigkeit c_u [98] [kPa]
<2	breiig	<20
2–4	sehr weich	20–40
4–8	weich	40–75
8–15	steif	75–150
>15	halbfest	>150

Drucksondierungen (CPT) sind in DIN EN ISO 22476-1 [35] beschrieben. Bei Drucksondierungen wird das Gestänge mit konstanter Geschwindigkeit in den Boden eingedrückt. Dabei wird der Spitzendruck q_c und die lokale Mantelreibung f_s als Funktion der Sondiertiefe gemessen. Über den Spitzenwiderstand kann z.B. auf die Lagerungsdichte geschlossen werden (Tabelle 6-25).

Tabelle 6-25 Auswertung von Drucksondierungen für gleichförmige, erdfeuchte fein- und mittelkörnige Sande [88]

Spitzendruck q_c [MPa]	Lagerung	Bezogene Lagerungsdichte I_D	Winkel φ' des Scherwiderstands [°]
<2,5	sehr locker	<0,15	29–32
2,5–7,5	locker	0,15–0,35	32–35
7,5–15,0	mitteldicht	0,35–0,65	35–37
15,0–25,0	dicht	0,65–0,85	37–40
>25,0	sehr dicht	>0,85	40–42

6.2.6 Scherfestigkeit

Die Scherfestigkeit eines Lockergesteins bezeichnet seinen Widerstand gegen tangentiale Spannungen. Sie ist überschritten, wenn entlang einer oder mehrerer Flächen Verschiebungen stattfinden, die keine weitere Steigerung der Scherspannung erfordern. Die *Scherfestigkeit* τ entlang dieser Fläche setzt sich aus dem Scherfestigkeitsparameter Kohäsion c und der Reibung zusammen, die durch den *inneren Reibungswinkel* φ ausgedrückt wird [74].

Wasser hat einen bedeutenden Einfluss auf die Scherfestigkeitsparameter und somit auch auf die Scherfestigkeit eines Lockergesteins. Man unterscheidet aus diesem Grund zwischen undränierter (wassergesättigter) und dränierter (entwässerter) Scherfestigkeit. Ebenso werden die entsprechenden Scherfestigkeitsparameter unterschieden:

– undränierte Kohäsion c_u
– dränierte Kohäsion c'
– undränierter Reibungswinkel φ_u
– dränierter Reibungswinkel φ'

Typische Werte dieser Parameter für ausgewählte Lockergesteine sind in Tabelle 6-26 und 6-27 dargestellt.

Tabelle 6-26 Tabelle 6-26 Mittlere dränierte Reibungswinkel für nichtbindige Lockergesteine [74]

Lockergestein	φ' [°]
Sand, locker gelagert	30–32,5
Sand, dicht gelagert	32,5–35
Sand und Kies, locker gelagert	30–35
Sand und Kies, dicht gelagert	35–40
Splitt/Schottergemische	35–45

Tabelle 6-27 Durchschnittswerte der Scherfestigkeitsparameter für bindige Lockergesteine [74]

Lockergestein	φ' [°]	c' [kN/m²]	c_u [kN/m²]
schwach bindige Lockergesteine	25–27,5	0–5	0–40
stark bindige Lockergesteine	15–25	10–25	20–100
organische Böden	5–15	0–5	5–20

Bei Sanden und Kiesen hängt der undränierte Reibungswinkel von der Korngrößenverteilung, der Kornform, der Kornrauigkeit sowie vor allen Dingen von der Lagerungsdichte ab. Der Einfluss der Kohäsion ist bei nichtbindigen Lockergesteinen vernachlässigbar.

Bei bindigen Lockergesteinen hängen die Scherfestigkeitsparameter φ', c' und c_u vom Tongehalt und der Art der Tonminerale ab. Hohe Anteile an quellfähigen Tonen verringern die Scherfestigkeit erheblich.

Die Begriffe und grundsätzliche Versuchsbedingungen im Zusammenhang mit der Scherfestigkeit sind in DIN 18137 Teil 1 festgelegt [32].

6.2.7 Konsistenzgrenzen

Bindige Lockergesteine ändern mit dem Wassergehalt auch ihre Konsistenz. Bei hohem Wassergehalt sind sie breiig, gehen aber mit abnehmendem Wassergehalt in eine plastische und schließlich in eine halbfeste bis feste Konsistenz über. Dieser Einfluss des Wassergehalts ist auf die Wirkung der gebundenen Wasserhülle der Bodenkörner zurückzuführen. Während bei niedrigem Wassergehalt freie Oberflächenkräfte die Körner zueinander ziehen, fallen diese Kräfte bei hohen Wassergehalten weg. Die Haftfestigkeit bindiger Lockergesteine nimmt daher mit zunehmendem Wassergehalt ab [74]. Man unterscheidet flüssige, breiige, weiche, steife, halbfeste und feste Konsistenz.

Laborversuche, die in DIN 18122-1 [28] und 18122-2 [29] geregelt sind, legen die Wassergehalte am Übergang von der flüssigen zur breiigen Konsistenz als *Fließgrenze* w_L, am Übergang von der steifen zur halbfesten Konsistenz als *Ausrollgrenze* w_P und am Übergang von der halbfesten zur festen Konsistenz als *Schrumpfgrenze* w_S fest [88]. Die Abgrenzungen dieser Zustandsformen werden als *Attenberg'sche Konsistenzgrenzen* bezeichnet. Die Differenz zwischen Fließgrenze w_L und Ausrollgrenze w_P wird als *Plastizitätszahl* I_P bezeichnet:

$$I_P = w_L - w_P \tag{6.8}$$

Tabelle 6-28 zeigt den Zusammenhang zwischen der Plastizitätszahl und der qualitativ beobachteten Plastizität.

Tabelle 6-28 Die Plastizität von bindigen Lockergesteinen [74]

Plastizitätszahl I_P	Plastizität
0–4	nicht plastisch
4–7	gering plastisch
7–10	ziemlich plastisch
10–20	plastisch
>20	sehr plastisch

Die Kenntnis der Fließ- und Ausrollgrenze ermöglicht zusammen mit dem natürlichen Wassergehalt w eine zahlenmäßige Aussage über die Konsistenz eines bindigen Lockergesteins und liefert damit eine qualitative Beschreibung seiner Festigkeit (Tabelle 6-29). Zur Kennzeichnung dient die dimensionslose Konsistenzzahl I_C [74]:

$$I_C = \frac{w_L - w}{w_L - w_P} = \frac{w_L - w}{I_P} \qquad (6.9)$$

Dabei bezeichnet I_C die Konsistenzzahl, I_P die Plastizitätszahl, w_L die Fließgrenze, w_P die Ausrollgrenze und w den Wassergehalt.

Tabelle 6-29 Die Konsistenz von bindigen Lockergesteinen [88]

Konsistenzzahl I_C	Zustand	Verhalten des Lockergesteins in der Hand
<0,00	flüssig	fließt aus der Hand
0,00–0,50	breiig	quillt beim Pressen in der Faust zwischen den Fingern durch
0,50–0,75	weich	lässt sich leicht kneten
0,75–1,00	steif	schwer knetbar; zu 3 mm dicken Walzen ausrollbar, ohne zu brechen
$1,00 < I_C < \dfrac{w_L - w_S}{w_L - w_P}$	halbfest	bröckelt und reißt beim Versuch, es zu 3 mm dicken Walzen auszurollen, lässt sich aber erneut zu Klumpen formen

6.2.8 Quellfähigkeit

Tone der Smektitgruppe besitzen die Fähigkeit, Wasser in ihre Zwischenlagen aufzunehmen und zu quellen. Zur ingenieurgeologischen Bewertung von Böden nach ihrer Quellfähigkeit wurde die Aktivitätszahl I_A eingeführt (Tabelle 6-30). Sie ist nach DIN 18122-1 [28] folgendermaßen definiert:

$$I_A = \frac{I_P}{m_T / m_D} \tag{6.10}$$

Hierbei ist I_P die Plastizitätszahl, m_T die Trockenmasse der Körner mit Durchmessern kleiner als 0,002 mm und m_D die Trockenmasse der Körner mit Durchmessern größer als 0,4 mm.

Tabelle 6-30 Aktivität von Tonmineralen in Lockergesteinen [88]

Aktivitätszahl I_A	Aktivität des Tons
<0,75	inaktiv (z.B. Kaolin)
0,75–1,25	normal
>1,25	aktiv (z.B. Montmorillonit)

6.3 Standfestigkeit und Standzeit

Die Standfestigkeit als Baugrundeigenschaft gibt an, ob eine freie Fläche oder ein Bohrloch von selbst steht, d.h. standfest ist, oder eine Stützung benötigt. Zu den Parametern, die die Standfestigkeit beeinflussen, zählen im Wesentlichen die Scherfestigkeit und die Steifigkeit des Baugrunds.

In der Literatur gibt es verschiedene Ansätze, Boden- und Felsklassen hinsichtlich ihrer Standfestigkeit einzuteilen, um darauf aufbauend beispielsweise ein geeignetes Ausbruchs- und Sicherungsverfahren zu wählen. Es hat sich herausgestellt, dass es aufgrund der Vielfältigkeit der Einflussparameter kein universell einsetzbares Klassifizierungssystem geben kann. Nachfolgend werden zwei wichtige Klassifizierungssysteme vorgestellt.

6.3.1 Beurteilung der Standfestigkeit nach dem Ortsbrustverhalten

Der Vorschlag von *Spang* [90] enthält eine Klassifizierung für Locker- und Festgesteine nach ihrem Ortsbrustverhalten. In Tabelle 6-31 werden (entgegen dem Original) die im USCS gebräuchlichen Parameter für die Bodengruppen verwendet.

Tabelle 6-31 Klassifizierung der Standfestigkeit nach dem Ortsbrustverhalten unter Verwendung des USCS in Anlehnung an [90]

Klasse	Bezeichnung des Gebirges	Bodengruppe USCS/Fels	Randbedingungen
O1	standfest/nachbrüchig	GC, SC, CL, CH, OH, ML, MH, GM, SM	$I_C \geq 0{,}75$
		GM, GC, SP, SM, SC, CL, CH	$I_C \geq 0{,}75$, klüftig oder krümelig
		Fels, standsicher, fest bis aufgelockert	$\eta \geq 1{,}2$
O2	rollig	GW, GP, SW, SP	
		Fels, nicht standsicher	$\eta < 1{,}2$
O3	fließend	GE, GM, SP, SM, ML, MH	unter Grundwasserspiegel
		GC, SC, CL, CH, OL, OH	$I_C < 0{,}5$
O4	zähfließend	GC, SC, CL, CH, OH	$0{,}5 < I_c < 0{,}75$
O5	blähend/quellend	CL, CH, OH Anhydrit	$I_C > 0{,}75$, vorbelastet, oder $I_A > 1{,}25$

Die bei der in Tabelle 6-31 dargestellten Klassifizierung verwendeten Begriffe werden wie folgt definiert [90]:

- *Standfestes Gebirge*: Eine vertikale Ortsbrust zeigt im Vortrieb keine nennenswerte Verformung; sie erfordert im laufenden Vortrieb keine Sicherung oder zusätzliche Maßnahmen.
- *Nachbrüchiges Gebirge*: Aus der vertikalen Ortsbrust fallen Bodenstücke heraus, die bei Stillständen innerhalb weniger Stunden oder Tage zu erheblichen Auflockerungen der Ortsbrust, zu Nachfall und zur Ausbildung eines Erdkeils mit natürlicher Böschung am Fuß führen. Diese Nachbrüche sind durch zügigen Vortrieb und Vermeidung von Stillständen bzw. durch Verbau der Ortsbrust bei Stillständen beherrschbar.
- *Rolliges Gebirge*: Die Ortsbrust böscht sich während des Vortriebs entweder sofort oder innerhalb weniger Minuten entsprechend dem natürlichen Böschungswinkel (entspricht dem Reibungswinkel des Materials) ab. Die Ortsbrust muss deshalb im natürlichen Böschungswinkel hergestellt und bearbeitet werden. Wegen der beim Lösen des Bodens örtlich auftretenden Böschungsbrüche muss zumindest in der Firste die Schildschneide 1,5 bis 2 DN/AD voreilen, um Einbrüche zu vermeiden (Verwendung eines Haubenschilds). Bei größeren Schilddurchmessern oder zu hohen Eindringwiderständen wird eine Unterteilung durch Bühnen notwendig. Das Maß des Voreilens kann dann entsprechend reduziert werden.
- *Fließendes bzw. zum Auslaufen neigendes Gebirge*: Diese Bodenart verhält sich wie eine dickflüssige Suspension, die sich beim Anschnitt unter einem sehr flachen Böschungswinkel in den Vortrieb ergießt. Das Gebirge muss, wenn es nicht ent-

wässerbar ist, durch eine flächenhafte Stützung der Ortsbrust (Druckluftstützung, Flüssigkeitsstützung, Erddruckstützung) gesichert werden. Bei Entwässerung oder unter Druckluft geht das fließende Gebirge je nach Gebirgsart in rolliges bzw. in nachbrüchiges Gebirge über.

- *Zähfließendes (plastisch reagierendes) Gebirge*: Dieses zeigt beim Anschnitt starke plastische Verformungen infolge Überschreitung der Materialfestigkeit. Diese nehmen mit zunehmender Überlagerung zu. Dabei ergeben sich eine erheblich erhöhte Abfördermenge und gegebenenfalls entsprechende Senkungen an der Geländeoberfläche. Durch Voreilen der Schildschneide mit mindestens dem 1,5-fachen von DN/AD (Verwendung eines Haubenschilds) und entsprechend forciertem Vortrieb können die betreffenden Gebirgsreaktionen gegebenenfalls beherrscht werden. Bei Stillständen ist die Ortsbrust mit einem schweren Verbau z.B. aus Brustplatten zu sichern.
- *Blähendes oder quellendes Gebirge*: Es zeichnet sich durch eine deutliche Volumenzunahme mit entsprechenden Druckerscheinungen aus. Diese Phänomene wirken sich jedoch mehr auf die Bemessung der Vortriebsrohre (extreme Erhöhung der Mantelreibung und somit der erforderlichen Vortriebskraft) als auf die Vortriebsarbeiten selbst aus.

6.3.2 Beurteilung der Standzeit mithilfe des RMR- und Q-Systems

Die Standzeiten für Hohlräume im Festgestein lassen sich auch auf der Grundlage des RMR- bzw. des Q-Systems ermitteln. Nach [77] besteht ein empirischer Zusammenhang zwischen der Gebirgsklassifikation (RMR- bzw. Q-System), der Hohlraumgröße und der daraus resultierenden Standzeit. Dieser Zusammenhang ist in Bild 6-11 grafisch dargestellt.

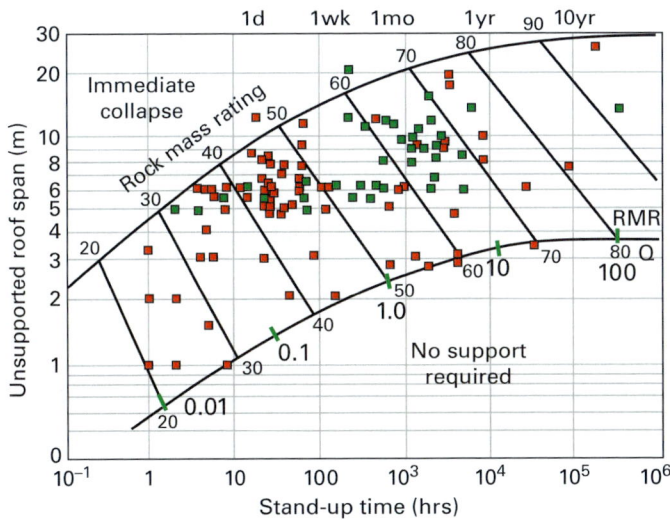

Bild 6-11 Standzeit als Funktion des RMR- und des Q-Werts sowie der Größe des Hohlraums. Rote Datenpunkte repräsentieren Tunnel, grüne Punkte Bergwerke [77]

6.4 Hydrogeologie

Die Hydrogeologie befasst sich mit dem im Untergrund befindlichen Wasser sowie den damit verbundenen Auswirkungen und Einflüssen. Der Einfluss von Grundwasser im Untergrund darf nicht unterschätzt werden und kann bei Erdarbeiten zu erheblichen Problemen führen. So kann Wasser beispielsweise in bestimmten Fällen Lockergesteine praktisch zum Fließen bringen und dadurch zu einem erheblichen Mehraufwand im Hinblick auf Sicherungsmaßnahmen führen.

Bei Bauvorhaben im Untergrund müssen die Grundwasserverhältnisse daher genau bekannt sein oder untersucht werden, um mögliche Risiken zu minimieren. Aufschluss über die Wasserverhältnisse im Untergrund geben Grundwassermessstellen oder Grundwasserpegelmessungen in Bohrlöchern. Unterschiedliche Grundwasserstockwerke müssen in nebeneinander liegenden getrennten Messstellen erfasst werden. Außer den jeweiligen Wasserständen ist bei der Aufnahme auch auf langzeitige oder saisonale Hoch- und Niedrigwasserstände zu achten, d.h. auf den Schwankungsbereich des Grundwassers (Verteilung der Bodenverfärbungen, Oxidationsflecken und -streifen sowie Konkretionen im Grundwasserschwankungsbereich; reine Reduktionsfarben im permanenten Grundwasserbereich) [74].

Des Weiteren sollten einfache chemische Analysen des Grundwassers erfolgen, um mögliche unerwünschte Wechselwirkungen des Wassers mit der Bentonitsuspension zu verhindern. Typischerweise müssen der Salzgehalt, der pH-Wert, der Chlorgehalt und die Wasserhärte (aufgrund von Fe-, Ca- und Mg-Ionen) ermittelt werden. Ferner sollte das Grundwasser auf mögliche Kontaminationen (beispielsweise mit Huminsäuren) geprüft werden.

Beim Rohrvortrieb im wassergefüllten Gesteinsschichten muss die Bentonitsuspension so gewählt werden, dass sie das Wasser am Eindringen in den Ringspalt hindert.

6.4.1 Hydrogeologische Grundbegriffe

Wasser kann durch korrespondierende Hohlräume (Porenräume, Trennflächenöffnungen und Karstsysteme) im Gestein geleitet werden. Solche Gesteinskörper werden *Grundwasserleiter* (oder *Aquifer*) genannt (Bild 6-12). Gesteinsschichten, die Wasser nur sehr schlecht leiten, werden als *Grundwasserhemmer*, Schichten, die kein Wasser leiten, als *Grundwassernichtleiter* bezeichnet. Liegt die Grundwasseroberfläche innerhalb eines Grundwasserleiters, so spricht man von einem *freien Grundwasser*. Wird der Grundwasserleiter durch einen Grundwassernichtleiter oder Grundwasserhemmer abgedeckt und fällt die Grundwasseroberfläche nicht mit der Druckfläche zusammen, so spricht man von einem *gespannten Grundwasser*. Liegt die Grundwasserdruckfläche höher als die Geländeoberfläche, so ist die Grundwasserdruckfläche artesisch gespannt und das Wasser kann an der Oberfläche austreten [52].

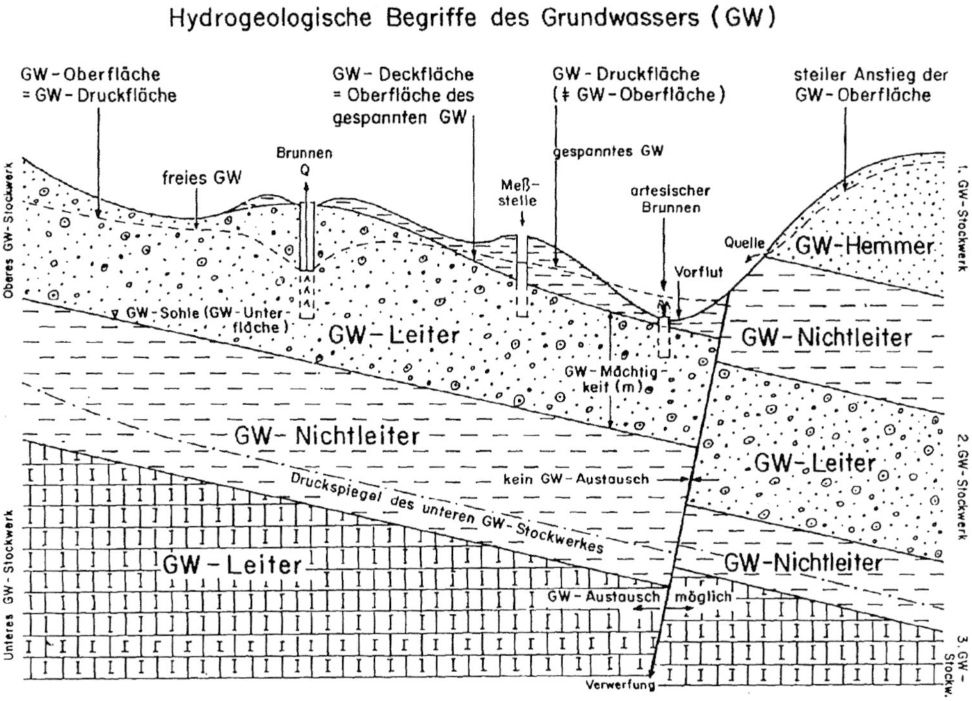

Hydrogeologische Begriffe des Grundwassers (GW)

Bild 6-12 Hydrogeologische Begriffe [52]

6.4.2 Durchlässigkeit

Grundwasserbewegungen sind nur möglich, wenn zusammenhängende Hohlräume im Baugrund vorhanden sind, die aus Poren, Trennflächen und Lösungshohlräumen im Gesteinskörper bestehen können (Bild 6-13). Dementsprechend werden drei Arten unterschieden:

- Porenhohlräume im Lockergestein
- Klufthohlräume im Festgestein
- Karsthohlräume im Festgestein

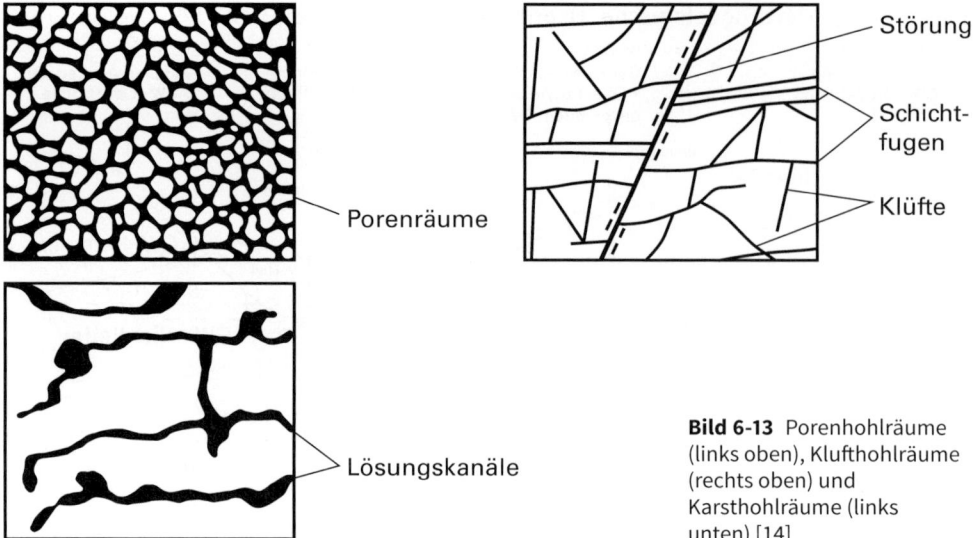

Bild 6-13 Porenhohlräume (links oben), Klufthohlräume (rechts oben) und Karsthohlräume (links unten) [14]

Als Poren werden die Hohlräume bezeichnet, die sich im Lockergestein, wie z.B. Sand oder Kies, zwischen den einzelnen Gesteinspartikeln befinden und sich mehr oder weniger eng berühren. Die Gesamtheit aller Hohlräume wird, wie in Abschnitt 6.2.4 beschrieben, als Porenraum n oder Porenzahl e bezeichnet [52,88].

In Festgesteinen bilden Trennfugen die hydraulisch wirksamen Hohlräume. In der Hydrogeologie werden alle Fugen und Spalten als Klüfte bezeichnet. Die räumliche Erstreckung und die Kluftöffnungsweite sind je nach dem Grad der tektonischen Beanspruchung sehr verschieden. Meist erstrecken sich diese über einige Zentimeter bis zu mehreren Metern und werden dann von anderen Klüften abgelöst. Die Gesamtheit aller Hohlräume im Festgestein wird als Kluftvolumen oder Kluftraumvolumen bezeichnet.

Karsthohlräume sind Sonderformen der Klufthohlräume. Sie entstehen durch Klüfte in wasserlöslichen Gesteinen, die in geologischen Zeiträumen durch die gesteinslösende Wirkung von zirkulierendem Grundwasser erweitert wurden. Karsthohlräume haben eine wechselnde Gestalt und sind teilweise in so genannten Karstsystemen verbunden, treten auch als Einzelgebilde auf. Die hydraulischen Systeme in Karstgesteinen sind unübersichtlich, wenn die verschiedenen hydraulischen Systeme nicht bekannt sind [52].

Die hydraulische Leitfähigkeit (Durchlässigkeit) eines Gesteins hängt von seinem nutzbarem Porenvolumen und der Konnektivität der Poren ab, unabhängig davon, ob es sich um ein Gestein mit hohem Porenanteil (z.B. Lockergesteine wie Sand und Kies) oder um ein geklüftetes Festgestein handelt. Die Strömungsart hängt im Gegensatz zum nutzbaren Porenvolumen ganz entscheidend von der Art des Gesteins ab. So fließen die Wasserpartikel in Lockergesteinen bzw. in Gesteinen mit hohem Porenanteil als quasihomogenen Medien annähernd verwirbelungsfrei auf parallelen Bahnen. Diese Art der Strömung wird *laminare Strömung* genannt; derartige Strömungsvorgänge kommen nur in Locker- bzw. Porengesteinen vor.

In geklüfteten Gesteinen sind die Voraussetzungen für laminares Fließen aufgrund wechselnder Kluftöffnungsweiten und Klufthäufigkcitsverteilungen nicht gegeben. Die Anisotropie des Kluftnetzes führt dazu, dass sich Strömungsgeschwindigkeiten ändern und *turbulente Strömungen* resultieren.

Da Dichte und Viskosität bei Grundwasser in etwa konstant sind, werden die strömungsmechanischen Verhältnisse in Grundwasserleitern weitgehend von der Strömungsgeschwindigkeit des fließenden Wassers und der Geometrie des durchflossenen Mediums bestimmt [52]. In geklüfteten Grundwasserleitern ist laminares Fließen nur dort möglich, wo die Klüftung so intensiv ist, dass das Medium als annähernd homogen bezeichnet werden kann und im Hohlraumaufbau einem Porengrundwasserleiter gleicht.

Die hydraulische Leitfähigkeit von Festgesteinen hängt maßgeblich von der Art des Gesteins ab. Während kristalline und vulkanische Gesteine als quasi undurchlässig gelten, deren hydraulische Leitfähigkeit allein von der Klüftung bestimmt wird, resultiert diese in sedimentären Gesteinen aus der Summe von Kluft- und Porendurchlässigkeit. Daher wird hier zwischen Gesteins- und Kluftdurchlässigkeit unterschieden; beide zusammen ergeben die Gebirgsdurchlässigkeit [52]. Dabei besteht kein eindeutiger Zusammenhang zwischen Porosität und Durchlässigkeit. Zwar bedingt eine große Durchlässigkeit immer eine große Porosität, umgekehrt lässt eine große Porosität aber nicht immer auf eine große Durchlässigkeit schließen.

In tektonisch beanspruchten Gebieten kann man davon ausgehen, dass die Kluftverteilung zumindest in dem Maß regelmäßig ist, dass laminare Strömungsvorgänge möglich sind. Es ist wichtig festzuhalten, dass Kluftgesteine hinsichtlich ihrer Durchlässigkeit anisotrop sind. Als Folge einer tektonischen Beanspruchung besitzen sie fast immer mehrere statistisch verteilte Trennflächengefüge mit unterschiedlicher räumlicher Anordnung und unterschiedlichen Trennflächenmerkmalen. Zur qualitativen und quantitativen Erfassung der hydraulischen Parameter von Kluftgesteinen sind Trennflächenmerkmale wie Kluftöffnungsweiten und Kluftrauigkeit von Bedeutung.

In Lockergesteinen können wie in Festgesteinen nicht alle Hohlräume (d.h. Poren oder Klüfte) vom Grundwasser durchflossen werden, da die Wasserteilchen hydrostatisch an den Poren bzw. Kluftwandungen gebunden werden. Die maximale Schichtdicke des elektrostatisch gebundenen Haftwassers beträgt im Allgemeinen 4 µm (4×10^{-3} mm). Man kann daher davon ausgehen, dass Poren oder Klüfte mit Öffnungen von weniger als dem Doppelten der Haftwasserdicke (8 µm = 8×10^{-3} mm = 0,008 mm) nicht mehr von Grundwasser durchflossen werden können [52].

Das hydraulische Vermögen, Grundwasser zu leiten, ist eine messbare Eigenschaft und wird auch als *Durchlässigkeit* bezeichnet. Der Begriff „Durchlässigkeit" ist nach DIN 4049-3 [20] gleichwertig mit der „hydraulischen Leitfähigkeit". Die Durchlässigkeit eines Gesteins wird als *Durchlässigkeitsbeiwert* bezeichnet und mit dem Zeichen k_f (in m/s) angegeben. Der k_f-Wert berücksichtigt den Widerstand eines von einem Fluid durchflossenen Gesteins und hängt von den Eigenschaften des Fluids (Dichte, Viskosität) sowie des Grundwasserleiters (Poren, Klüftung) ab [52]. Dieser wird nach dem *Fließgesetz von Darcy* bestimmt. Es besagt, dass die durch eine bestimmte Fläche F

(in m²) hindurchfließende Fluidmenge Q (in m³/s) direkt proportional zu dem Druckhöhenunterschied h (in m) und dem gesteinsspezifischen Durchlässigkeitsbeiwert k_f (in m/s) sowie umgekehrt proportional zur Fließlänge l (in m) ist (Gleichung 6.10 und Bild 6-14). Das dimensionslose Verhältnis h/l wird als hydraulischer Gradient oder Gefälle J bezeichnet.

$$k_f = \frac{Q}{F(h/l)} = \frac{Q}{F \cdot J} \qquad (6.11)$$

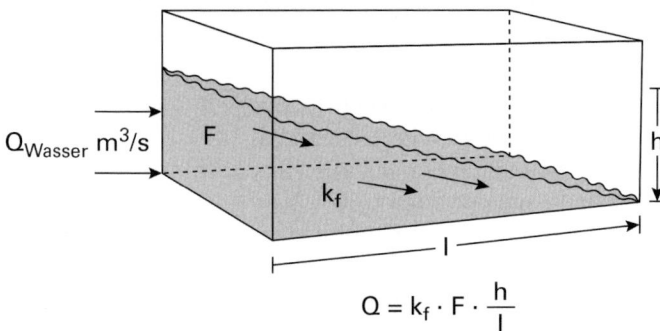

Bild 6-14 Das Fließgesetz von Darcy [52]

Der Quotient aus der durch eine Fläche fließenden Fluidmenge und der Fläche wird als *Filtergeschwindigkeit* v_f (in m/s) bezeichnet:

$$v_F = \frac{Q}{F} = k_f \frac{h}{l} = k_F \cdot J \qquad (6.12)$$

Typische Größenordnungen der Durchlässigkeitsbeiwerte k_f für Lockergesteine sind in Tabelle 6-32 aufgeführt.

Tabelle 6-32 Durchlässigkeitsbeiwerte für typische Lockergesteine [52]

Lockergestein	k_f [m/s]
reiner Kies	10^{-1}–10^{-2}
grobkörniger Sand	$\approx 10^{-3}$
mittelkörniger Sand	10^{-3}–10^{-4}
feinkörniger Sand	10^{-4}–10^{-5}
schluffiger Sand	10^{-5}–10^{-7}
toniger Schluff	10^{-6}–10^{-9}
Ton	$<10^{-9}$

6.4 Hydrogeologie

Die Bestimmung des Wasserdurchlässigkeitsbeiwertes ist grundsätzlich in DIN 18130 [31] geregelt, in der der Baugrund hinsichtlich seiner Durchlässigkeit klassifiziert wird (Tabelle 6-33).

Tabelle 6-33 Klassifizierung der Durchlässigkeit von Baugrund [85]

k_f [m/s]	Klasse
$>10^{-2}$	sehr stark durchlässig
10^{-2}–10^{-4}	stark durchlässig
10^{-4}–10^{-6}	durchlässig
10^{-6}–10^{-8}	schwach durchlässig
$<10^{-8}$	sehr schwach durchlässig

6.4.3 Bestimmung der Durchlässigkeit im Lockergestein

Wenn über den Durchlässigkeitsbeiwert keine Informationen aus Labor und Feldversuchen vorliegen, kann er behelfsweise mithilfe der Korngrößenanalyse aus repräsentativen Korngemischen abgeschätzt werden [67]. Hierzu existieren unterschiedliche Ansätze, die nachfolgend vorgestellt werden. Dabei ist anzumerken, dass es sich hierbei immer nur um Schätzwerte für den Durchlässigkeitsbeiwert handelt; für die Anwendung der Berechnungsansätze sind die jeweils gültigen Einsatzbereiche zu berücksichtigen.

Slichter schlägt folgende Gleichung für k_f (in m/s) vor [86]:

$$k_f = \frac{771}{\chi} d_w^2 \qquad (6.13)$$

Hier ist d_w der wirksame Korndurchmesser (in mm) und der Wert von $771/\chi$ wird wie in aus dem Porenvolumen n abgeleitet:

n	$771/\chi$
0,26	9,14
0,28	11,7
0,30	14,7
0,32	18,2
0,34	22,2
0,36	26,8
0,38	32,0
0,40	38,0
0,42	44,6
0,44	52,1

Ein anderer Ansatz stammt von *Kozeny*, der die folgende Gleichung für k_f (in m/s) vorschlägt [86]:

$$k_f = \frac{\gamma \cdot c}{36\eta} \cdot \frac{n^3}{(1-n)^2} d_w^2 \qquad (6.14)$$

Hierbei ist d_w der wirksame Korndurchmesser (in cm), n das Porenvolumen (dimensionslos), η die Viskosität (in Pa s), die Wichte (in N/m³) und der Formbeiwert c ergibt sich aus der Natur des Lockergesteins:

	Formbeiwert c
sehr scharfkantiger Sand	75
Marchfeldsand	180
stark abgerundeter Sand	280
Glaskugeln	400

Ein weiterer Ansatz stammt von *Hazen*, der die folgende Gleichung für k_f (in m/s) vorschlägt [52]:

$$k_f = C \cdot d_w^2 = \frac{0{,}7 + 0{,}03t}{86{,}4} d_w^2 \qquad (6.15)$$

Hier ist d_w wieder der wirksame Korndurchmesser (in mm), C ein Proportionalitätsfaktor und t die Wassertemperatur (in °C). Diese Gleichung ist für einen Ungleichförmigkeitsgrad U ($U = d_{60}/d_{10}$ = Korngröße bei 60 % bzw. 10 % Siebdurchgang in der Körnungslinie) kleiner als etwa 5 anwendbar.

Eine Abwandlung dieser Gleichung für k_f wurde von *Beyer* vorgeschlagen, der verschiedene Werte des Proportionalitätsfaktors C je nach Ungleichförmigkeitsgrad U ansetzt [88]:

U	C
1,0–1,9	100×10^{-4}
2,0–2,9	100×10^{-4}
3,0–4,9	90×10^{-4}
5,0–9,9	800×10^{-4}
10,0–19,9	70×10^{-4}
≥20	60×10^{-4}

Einen anderen Ansatz wählt *Seelheim*, der k_f (in m/s) aus dem Korndurchmesser d_{50} (in mm) für 50 % Siebdurchgang in der Körnungslinie ableitet [52]:

$$k_f = 0{,}00357 d_{50}^2 \qquad (6.16)$$

6.4 Hydrogeologie

Auch diese Gleichung gilt wieder für Ungleichförmigkeitsgrade $U < 5$.

Von Soos verwendet für die Berechnung von k_f (in m/s) drei von der Lagerungsdichte abhängige Konstanten A, B und C sowie den Ungleichförmigkeitsgrad U und den wirksamen Korndurchmesser d_{10} (in cm) [88]:

$$k_f = \left(\frac{A}{U+B} + C\right) d_{10}^2 \tag{6.17}$$

Die Konstanten A, B und C hängen von der Lagerungsdichte ab:

Lagerungsdichte	A	B	C
locker	3,49	4,40	0,80
mitteldicht	2,68	3,40	0,55
dicht	2,34	3,40	0,39

Dieser Ansatz kann für 0,06 mm $< d_{10} <$ 0,6 mm und $1 < U < 20$ verwendet werden.

Langguth und *Voigt* [61] geben den Durchlässigkeitsbeiwert k_f in Abhängigkeit vom wirksamen Korndurchmesser d_{10} für unterschiedliche Ungleichförmigkeitsgrade U an (Bild 6-15).

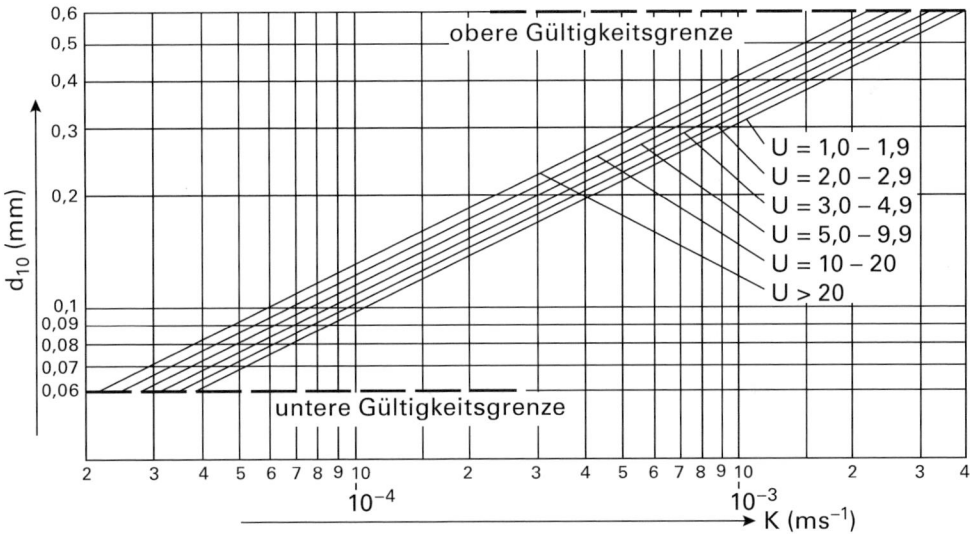

Bild 6-15 Durchlässigkeitsbeiwert k_f in Abhängigkeit vom wirksamen Durchmesser d_{10} und dem Ungleichförmigkeitsgrad U [61]

Im Allgemeinen wird die Größe d_{10} in der Hydrogeologie mit d_w gleichgesetzt und als wirksamer Korndurchmesser bezeichnet. Hieraus wird deutlich, dass der Korngrößenanteil bis 10 % des Gesamtgemenges ein wesentlicher Faktor für die Durchlässigkeit von Lockergestein ist [52].

Auf der Grundlage von Untersuchungen in quartären und tertiären Sanden und Kiesen Norddeutschlands fand *Beyer* einen Zusammenhang zwischen d_{10} und d_w in Abhängigkeit von der Ungleichförmigkeit U des Lockergesteins [61]. Diese Beziehung weicht von der üblicherweise vorgenommenen Gleichsetzung von d_{10} und d_w ab (Tabelle 6-34).

Tabelle 6-34 Zusammenhang zwischen wirksamer Korngröße d_w und d_{10} in Abhängigkeit von der Ungleichförmigkeit U für 0,06 mm $\leq d_{10} \leq$ 0,6 mm und $1 \leq U \leq 20$ [61]

$U = d_{60}/d_{10}$	d_w/d_{10}	
	Bereich	Mittelwert
1,0–1,9	1,0–1,6	1,4
2,0–2,9	1,6–1,9	1,8
3,0–4,9	1,9–2,2	2,1
5,0–9,9	2,2–2,5	2,3
>10,0	>2,5	>2,5

Die mit den vorgestellten Berechnungsmethoden berechneten Werte des Durchlässigkeitsbeiwerts können von den tatsächlichen Werten abweichen, da nicht alle relevanten geologische Faktoren berücksichtigt werden. *Pekdeger* und *Schulz* stellten in Vergleichsuntersuchungen in Sandgruben der Geest in Schleswig-Holstein fest, dass die Methode von *Beyer* für Sande die kleinsten Streubreiten der Ergebnisse und die besten Annäherungen an den Mittelwert erbrachte [71].

Eine weitere Methode zur Bestimmung des Durchlässigkeitsbeiwerts sind hydrogeologische Feldversuche, insbesondere diverse Pumpversuche. Sie sind mit einem erheblichen Mehraufwand verbunden, liefern aber verlässlichere Resultate.

6.4.4 Bestimmung der Durchlässigkeit im Festgestein

In Festgesteinen ist die Durchlässigkeit infolge der Klüftung richtungsabhängig und ihre quantitative Bestimmung ist äußerst schwierig. In stark zerklüftetem Gebirge ist die Durchlässigkeit häufig besonders groß. Durch Verfüllung der Kluftsysteme (z.B. mit Ton) kann jedoch auch ein stark geklüftetes Gebirge wie ein Grundwasserstauer wirken. Durch die Komplexität dieses Gesamtsystems kann dieses Buch nur einen kleinen Einblick in die hydrogeologischen Verfahren bei zerklüfteten Gebirgen vermitteln.

Die gesamte Gebirgsdurchlässigkeit setzt sich aus der Gesteinsdurchlässigkeit und der Trennfugendurchlässigkeit zusammen. Die Gesteinsdurchlässigkeit ist meist sehr klein und kann vernachlässigt werden; Ausnahmen können z.B. porige Sandsteine sein. Zur rechnerischen Bestimmung von Trennfugendurchlässigkeiten hat sich für praktische Zwecke das so genannte kontinuierliche Verfahren durchgesetzt [60], das von einer quasihomogenen Durchlässigkeit ausgeht. Hierbei wird für einen Homo-

6.4 Hydrogeologie

genbereich im geklüfteten Festgestein die Durchlässigkeit der Einzelklüfte zu einem Durchlässigkeitswert des Kontinuums zusammengefasst. Diese Methode wurde von *Snow* entwickelt [89]; ihr liegt die Vorstellung zugrunde, dass das Gestein aus einer beliebigen Anzahl von Kluftscharen besteht, für die die Mittelwerte der Raumstellung, Öffnungsweite, Rauigkeit und Kluftabstand bekannt sind. Hierbei muss zwischen der Kluftdurchlässigkeit und der Durchlässigkeit des geklüfteten Systems unterschieden werden.

Für die Durchlässigkeit einer Kluft folgt aus dem Poiseuille'schen Fließgesetz [60]:

$$k_k = \rho \frac{g \cdot e^2}{12\eta} \tag{6.18}$$

Dabei ist ρ die Dichte des Wassers (in g/cm³), g die Erdbeschleunigung (in cm/s²), η die dynamische Viskosität (in g m^{-1} s^{-1}) und e die Kluftöffnungsweite (in cm).

Die Durchlässigkeit eines kluftigen Kontinuums ergibt sich aus der Multiplikation der Kluftdurchlässigkeit mit dem Kluftabstand d [16]:

$$k_f = \rho \frac{g}{\eta} \cdot \frac{e^3}{12d} \tag{6.19}$$

Hier ist k_f der Durchlässigkeitsbeiwert (in m/s) und d der Kluftabstand (in cm).

Durch Zusammenfassung von Dichte (ρ_{Wasser} = 1 g/cm³ bei 10 °C und 1 bar), Erdbeschleunigung (g = 981 cm/s²), dynamischer Viskosität (η_{Wasser} = 1,3 g m^{-1} s^{-1} bei 10 °C und 1 bar) und des Faktors 12 im zweiten Term in Gleichung (6.19) ergibt sich für die Durchlässigkeit eines geklüfteten Systems:

$$k_f = 63 \frac{e^3}{d} \tag{6.20}$$

Da sich die Kluftöffnungsweite in der dritten Potenz auf die Durchlässigkeit auswirkt, beeinflusst sie das Ergebnis maßgeblich. Darin liegt eine große Unsicherheit bei der Betrachtung von Strömungsvorgängen in Kluftgesteinen, da die Kluftweite oft nicht direkt bestimmbar ist und zumeist aus Feldversuchen abgeleitet wird [39].

Der in der Gleichung angegebene Durchlässigkeitsbeiwert basiert auf der vereinfachenden Annahme, dass die einzelnen Klüfte durchgehend eine konstante Öffnungsweite und Raumlage haben [60]; man geht demnach von einer parallelen Kluftschar aus. Tabelle 6-35 zeigt experimentell gefundene Zusammenhänge zwischen Gebirgsdurchlässigkeit und Trennflächenöffnungsweiten.

Tabelle 6-35 Tabelle 6-35 Gebirgsdurchlässigkeit k_T mit einer Trennflächenschar mit definierter Klufterstreckung und einem mittleren Kluftabstand von 1 m im Vergleich mit der mittleren Durchlässigkeit von Lockergesteinen („2a" steht hier für die Kluftöffnungsweite) [74]

$2a$	k_T [m/s]	$\triangleq k$ (Boden)
0,1 mm	$0,6 \cdot 10^{-6}$	Schluff
0,1 mm	$0,3 \cdot 10^{-6}$	Schluff
0,2 mm	$0,5 \cdot 10^{-5}$	
0,2 mm	$0,2 \cdot 10^{-5}$	
0,4 mm	$0,4 \cdot 10^{-4}$	Sand
0,4 mm	$0,2 \cdot 10^{-4}$	Sand
0,7 mm	$0,2 \cdot 10^{-3}$	
0,7 mm	$0,1 \cdot 10^{-3}$	
1,0 mm	$0,6 \cdot 10^{-3}$	Kies
1,0 mm	$0,3 \cdot 10^{-3}$	Kies

Nach *Dörhöfer* und *Maier* lässt sich aus der Kluftöffnungsweite e und dem Kluftabstand d die nutzbare Porosität n_e ermitteln [39]:

$$n_e = \frac{e}{d} \cdot 100\% \qquad (6.21)$$

Bild 6-16 zeigt für verschiedene Festgesteine eine Einordnung hinsichtlich ihrer Gebirgsdurchlässigkeit (Gesteins- und Kluftdurchlässigkeit) [87]; Tabelle 6-36 zeigt die zugehörigen Durchlässigkeitsbeiwerte (Gesteinsdurchlässigkeiten) [87]. Tabelle 6-37 zeigt weiterhin Durchlässigkeitsbeiwerte in Abhängigkeit von der Kluftspaltweite (Kluftdurchlässigkeit) [87].

6.4 Hydrogeologie

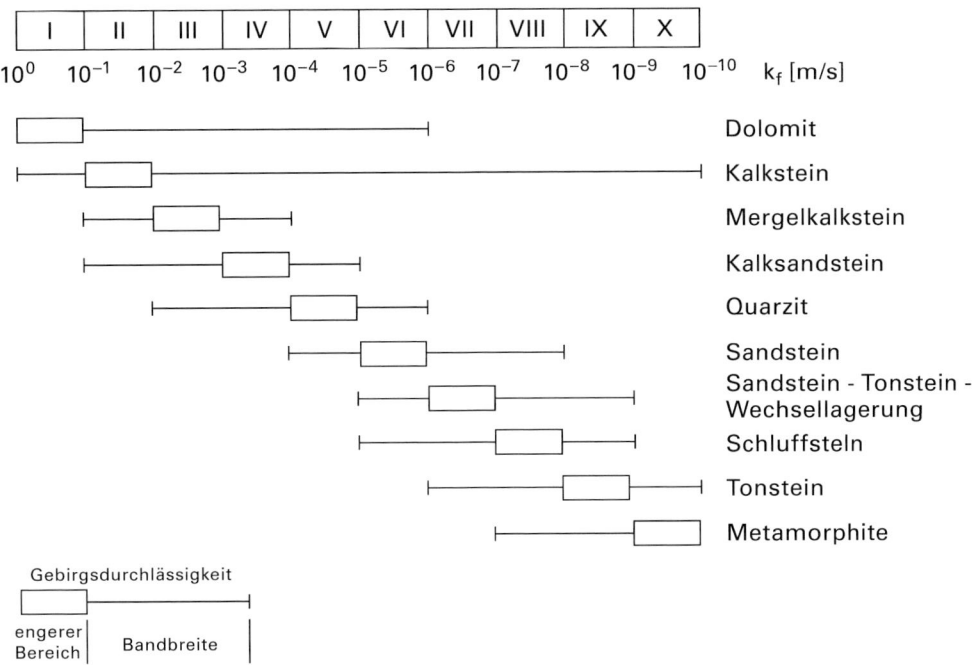

Bild 6-16 Hydraulische Leitfähigkeit von Festgesteinen (Gebirgsdurchlässigkeit) [87]

Tabelle 6-36 Beispiele für Gesteinsdurchlässigkeiten [87]

Gesteinsart	Durchlässigkeitsbeiwert k_f [m/s]
Kalkstein	$(0{,}36\text{–}23) \cdot 10^{-15}$
Sandstein (Karbon)	$(0{,}29\text{–}6) \cdot 10^{-13}$
Sandstein (Devon)	$(0{,}21\text{–}2) \cdot 10^{-13}$
Mischgesteine (sandig-kalkig)	$(0{,}33\text{–}33) \cdot 10^{-14}$
Mischgesteine (tonig-sandig)	$(0{,}85\text{–}130) \cdot 10^{-15}$
Mischgesteine (kalkig-tonig)	$(0{,}27\text{–}80) \cdot 10^{-14}$
Granit	$(0{,}50\text{–}2) \cdot 10^{-12}$
Schiefer	$(0{,}70\text{–}1{,}6) \cdot 10^{-12}$
Kalkstein	$(0{,}70\text{–}120) \cdot 10^{-12}$
Dolomit	$(0{,}50\text{–}1{,}2) \cdot 10^{-10}$

Tabelle 6-37 Beispiele für Durchlässigkeitsbeiwerte einer Felskluft bei unterschiedlichen Öffnungsweiten der Kluft (pro lfm) [87]

Kluftspaltweite $2a$ [mm]	Durchlässigkeitsbeiwert k_f [m/s]
0,1	$0,7 \cdot 10^{-6}$
0,2	$0,6 \cdot 10^{-5}$
0,4	$0,5 \cdot 10^{-4}$
0,7	$2,5 \cdot 10^{-4}$
1,0	$0,7 \cdot 10^{-3}$
2,0	$0,6 \cdot 10^{-2}$
4,0	$0,5 \cdot 10^{-1}$
6,0	$1,6 \cdot 10^{-1}$

Generell sind diese indirekten Bestimmungsmethoden auf der Basis der Kluftsysteme nicht so präzise wie Feldversuche. Pump- und Wasserdruckversuche sollten also als Alternative in Betracht gezogen werden, um gesicherte Aussagen über die Durchlässigkeit in zerklüfteten Festgesteinen treffen zu können.

6.5 Auswirkung verschiedener Gesteinseigenschaften auf die Anwendung von Bentonit

Eine Reihe von Untergrundbedingungen haben einen direkten Einfluss auf Art und Menge der zu verwendeten Bentonitsuspension (Tabelle 6-38); die zu Grunde liegenden Zusammenhänge sind im Einzelnen ab Abschnitt 7.3 beschrieben.

Tabelle 6-38 Eigenschaften des Untergrunds und ihr Einfluss auf die Wahl der Bentonitsuspension

Untergrundbedingung	Auswirkung auf ...
Festgestein	
Gebirgsklassifikation	Funktion des Bentonits
Kluftöffnungsweite	maßgebliche Eigenschaft der Suspension
Durchlässigkeitsbeiwert k_f	Verpressmengenzuschläge
Lockergestein	
Konsistenz und Lagerungsdichte	Funktion des Bentonits
wirksamer Korndurchmesser	maßgebliche Eigenschaft der Suspension
Durchlässigkeitsbeiwert k_f	Verpressmengenzuschläge
Quellfähigkeit	Einsatz von Zusatzmitteln
Chemie von Wasser und Untergrund	Einsatz von Zusatzmitteln

6.6 Kontaminationen in Baugrund, Grund- und/oder Anmachwasser

Der Begriff Kontamination wird in diesem Zusammenhang als eine durch störende Inhaltsstoffe hervorgerufene unerwünschte Verunreinigung des Anmachwassers, Grundwassers oder Baugrunds definiert. Der Begriff „störend" bezieht sich auf die Inhaltsstoffe, die die Qualität einer Bentonitsuspension herabsetzen oder die Suspension sogar vollkommen zerstören. Bezogen auf die einzelnen Eigenschaften der Bentonitsuspension bedeutet es generell den Verlust der Stabilität und des Wasserbindevermögens sowie der Thixotropie, Fließgrenze, Viskosität und Gelstärke.

In diesem Zusammenhang werden folgende Inhaltsstoffe oder Eigenschaften als Störstoffe identifiziert:

– zu niedriger oder zu hoher pH-Wert des Anmachwassers
– Salz- bzw. Salzwasser im Anmach- und/oder Grundwasser
– zu große Härte des Anmachwassers (Calcium oder Magnesium)
– Chlor im Anmach- und/oder Grundwasser
– zu große Eisenhärte des Anmachwassers
– Huminsäuren in Braunkohle, Torf oder Moor
– Zement bzw. Beton

6.6.1 pH-Wert

Der pH-Wert ist ein Maß für die Anzahl von Wasserstoffionen in einem Liter Flüssigkeit [41] und beschreibt die Stärke der sauren bzw. alkalischen (basischen) Wirkung einer wässrigen Lösung. Sein Wertebereich wird abgeleitet von der Dissoziationskonstante des Wasser wie folgt eingeteilt:

– pH = 1–6: saure Lösung
– pH = 7: neutrale Lösung
– pH = 8–14: alkalische Lösung

Werden Säuren in Wasser gelöst, geben diese durch Dissoziation Wasserstoffionen an das Wasser ab und reduzieren den pH-Wert. Werden dagegen Basen gelöst, geben diese entweder Hydroxylionen ab (z.B. NaOH), die Wasserstoffionen aus der Dissoziation des Wassers binden und neutralisieren, oder sie binden selbst Wasserstoffionen (z.B. Ammoniak → Ammoniumion); sie erhöhen so den pH-Wert. Der pH-Wert ist somit ein Maß für die Menge an Säuren und Basen in einer Lösung.

Grundsätzlich ist ein neutraler oder alkalischer (basischer) pH-Wert für das Anmachwasser einer Bentonitsuspension günstig. Der pH-Wert der „fertigen" Bentonitsuspension kann zwischen 7 und 12 liegen [41]. Der pH für das Anmachwasser sollte mindestens 7 betragen, als optimal wird ein Wert zwischen 8,5 und 9,5 beschrieben. Nach *Lummus* und *Azar* bewirken Werte in diesem Bereich eine minimale Viskosität; größere pH-Werte ab 9,5 bis 11,5 führen zu einer stark steigenden Viskosität [63].

Ein niedriger pH-Wert unter 7 kann durch die Zugabe von Natriumcarbonat (Na_2CO_3, Soda) angehoben werden. Ein zu hoher pH-Wert kann mithilfe von Natriumhydrogencarbonat ($NaHCO_3$, Natron) abgesenkt werden.

6.6.2 Salzwasser

Salzwasser bzw. das im Wasser enthaltene Natriumchlorid (Kochsalz) hat zum Einen negative Auswirkungen auf die Filterkuchenbildung und zum Anderen besteht die Gefahr, dass die in der Suspension enthaltenen Tonpartikel ausflocken und zusätzlich bei steigenden Konzentrationen das an den Zwischenschichtkationen und Tonmineraloberflächen gebundene Wasser freigesetzt wird.

Diesen negativen Auswirkungen auf die Eigenschaften einer Bentonitsuspension kann nur durch die Zugabe geeigneter Polymere begegnet werden.

Grundsätzlich sollte nach Möglichkeit kein salzhaltiges Wasser als Anmachwasser verwendet werden. Ist dies aufgrund äußerer Umstände nicht zu vermeiden, muss anhand von Einzelfalltests die beste Lösung zur Wasserbehandlung untersucht und getestet werden.

Zur Regeneration der Bentonitsuspension können Na-haltige Verbindungen wie Na_2CO_3 (Soda) zugegeben werden.

6.6.3 Wasserhärte aufgrund von Calcium- oder Magnesiumionen

Die Wasserhärte beschreibt die Äquivalentkonzentration der im Wasser gelösten Ionen der Erdalkalimetalle. Zu den Härtebildnern zählen im Wesentlichen Calcium (Ca) und Magnesium (Mg) sowie in Spuren Strontium und Barium. Die gelösten Härtebildner können unlösliche Verbindungen bilden (vor allem Kalk). Im Allgemeinen gehen 70–85 % der beobachteten Härte auf Ca^{2+}-Ionen und 30–15 % auf Mg^{2+}-Ionen zurück. Sowohl Ca^{2+}- als auch Mg^{2+}-Ionen reagieren mit härtebindenden Stoffen (Komplexbildnern, Zeolithen usw.).

Calcium und Magnesium sind divalente Kationen, die das Quellen von Bentonitpartikeln und die Hydratation von Polymeren verzögern können; außerdem können sie eine Ausflockung herbeiführen. Ein Anmachwasser mit einer Härte unter 6 °dH bzw. 100 ppm Ca^{2+}/Mg^{2+} gilt als optimal. Ab einer Härte von 14 °dH bzw. 250 ppm Ca^{2+}/Mg^{2+} sollte das Wasser nicht mehr ohne Behandlung als Anmachwasser verwendet werden. Tabelle 6-39 zeigt die Umrechnung zwischen verschiedenen geläufigen Härtegraden und Konzentrationsmaßen.

Tabelle 6-39 Umrechnung zwischen verschiedenen Härtegraden und Konzentrationen

Einheit		°dH	°e	°fH	ppm	mval/l	mmol/l
Deutsche Grad	1 °dH =	1	1,253	1,78	17,8	0,357	0,1783
Englische Grad	1 °e =	0,798	1	1,43	14,3	0,285	0,142
Französische Grad	1 °fH =	0,560	0,702	1	10	0,2	0,1
ppm $CaCO_3$ (USA)	1 ppm =	0,056	0,07	0,1	1	0,02	0,01
mval/l Erdalkali-Ionen	1 mval/l =	2,8	3,51	5	50	1	0,50
mmol/l Erdalkali-Ionen	1 mmol/l =	5,6	7,02	10,00	100,0	2,00	1

Vor Verwendung des Anmachwassers ist dessen Härte mithilfe von Härteteststreifen zu bestimmen. Falls eine zu hohe Härte ermittelt wird, ist das Wasser vor dem Anmischen mit Sodaasche zu behandeln.

6.6.4 Chlor

Chlor zerstört Polymere bzw. die Polymerketten. Dadurch gehen die Eigenschaften von Bentonitprodukten mit zugesetzten Polymeren verloren. Chlorverbindungen können mittels speziellen Teststreifen gemessen werden. Falls ein zu hoher Chlorgehalt bestimmt wird, muss das Anmachwasser – soweit möglich – vor Verwendung belüftet oder mit Sodaasche behandelt werden.

6.6.5 Eisen

In Torf, Moor, Kohleschichten aber auch in anderen geologischen Formationen kann stark eisenhaltiges Wasser vorkommen, das negative Auswirkungen auch auf nicht polymermodifizierte Bentonite haben kann. Falls möglich, ist das Wasser in diesen Fällen vor Verwendung mit Sodaasche oder Natriumhydroxid zu behandeln, um das Eisen auszufällen.

6.6.6 Huminsäuren

Als Huminsäuren bezeichnet man verschiedene hochmolekulare Säuren, die sich aus Resten abgestorbener Lebewesen im Boden bilden; ihre Salze werden Humate genannt. Huminsäuren weisen neben den Carboxylgruppen (Säuregruppen) noch andere funktionelle Gruppen auf. In Wasser dissoziieren sie in ein elektrisch hoch geladenes Polyanion und eine entsprechende Anzahl von Kationen.

Ein zu hoher Säureanteil mit resultierenden pH-Werten unter 7 im Boden kann eine Bentonitsuspension zerstören. In diesen Fällen ist eine Zugabe von Soda oder Natriumhydroxid angezeigt.

6.6.7 Zement/Beton

Zement ist ein anorganischer, nichtmetallischer, feingemahlener Baustoff, der nach dem Anrühren mit Wasser infolge chemischer Reaktionen mit dem Anmachwasser selbstständig erstarrt und nach dem Erhärten auch unter Wasser fest und raumbeständig bleibt. Chemisch betrachtet ist Zement ein kompliziertes Stoffgemisch von Calciumsilikaten mit Anteilen von Aluminium- und Eisensilikaten; in der Regel enthält er auch Anteile an Sulfaten.

Durch den Kontakt der Bentonitsuspension mit Zement oder Beton kommt es ähnlich wie bei salzhaltigem Wasser zu einer Änderung der Ladungsverhältnisse an den Bentonitpartikeln, sodass diese ausflocken können. Da die Folgeerscheinungen dieselben sind wie im Fall des Salzwassers, sind auch die Behandlungsempfehlungen identisch.

6.6.8 Übersicht der Grenzwerte für Kontaminationen im Anmachwasser

Tabelle 6-40 gibt eine Übersicht der Grenzwerte verschiedener Kontaminationen im Anmachwasser, deren Überschreitung zu nachteiligen Veränderungen der Bentonitsuspension führt.

Tabelle 6-40 Übersicht über Grenzwerte von Kontaminationen beim Anmischen von Bentonitsuspensionen

Kontamination	Arbeitsbereich	Idealwert
Gesamthärte	<14 °dH bzw. 250 ppm	<6 °dH bzw. 100 ppm
Ca^{2+} und Mg^{2+}	<100 mg/l	<50 mg/l
pH-Wert	7–12	8,5–9,5
Chlorid	<1000 mg/l	<300 mg/l
elektrische Leitfähigkeit	<600 µS/cm	<300 µS/cm
Chlor	<100 mg/l	

6.6.9 Auswirkungen von Kontaminationen auf die Eigenschaften der Suspension

Der negative Einfluss von Störstoffen im Anmachwasser auf die Kennwerte von Bentonitsuspensionen wird in [7] beschrieben. Die Ergebnisse sind in den Tabellen 6-41 und 6-42 zusammenfassend dargestellt. In beiden Tabellen bedeutet das Symbol ○ keine Veränderung der jeweiligen Eigenschaft gegenüber der Referenz (destilliertes Wasser), ↑ eine geringe Erhöhung, ↑↑ eine mäßige Erhöhung, ↑↑↑ eine starke Erhöhung und ↑↑↑↑ eine extreme Erhöhung; Entsprechendes gilt für ↓ bis ↓↓↓↓.

Tabelle 6-41 Einfluss von Störstoffen auf eine Aktivbentonitsuspension [7]

Art des verwendeten Anmachwassers und Charakterisierung der enthaltenen Störstoffe				Einfluss auf den Kennwert der Bentonitsuspension		
Bezeichnung	Wert	Leitfähigkeit [µS/cm]	pH	Fließgrenze (DIN 4126/27)	Marsh-Viskosität (API 13B-1) [2]	Filtratwasser (DIN 4126/27)
destilliertes Wasser		13	7,0	– Referenz –		
weiches Wasser	10 °dH	460	6,6	↓	↓	↑
mittelhartes Wasser	20 °dH	780	7,2	↓	↓↓	↑
sehr hartes Wasser	40 °dH	1750	7,1	↓↓	↓↓	↑↑
eisenhaltiges Wasser	1 mmol/l	980	2,4	↓↓	↓↓	↑
stark eisenhaltiges Wasser	5 mmol/l	3350	1,9	↓↓↓	↓↓↓	↑↑↑
Wasser mit Huminsäuren	–	340	4,5	↓↓↓	↓↓↓	↓
synthetisches Meerwasser	3,5 Massen-%	55000	10,6	↓↓↓↓	↓↓↓↓	↑↑↑↑

Tabelle 6-42 Einfluss von Störstoffen auf eine polymermodifizierte Bentonitsuspension [7]

Art des verwendeten Anmachwassers und Charakterisierung der enthaltenen Störstoffe				Einfluss auf den Kennwert der Bentonitsuspension		
Bezeichnung	Wert	Leitfähigkeit [µS/cm]	pH	Fließgrenze (DIN 4126/27)	Marsh-Viskosität (API 13B-1) [2]	Filtratwasser (DIN 4126/27)
destilliertes Wasser		13	7,0	– Referenz –		
weiches Wasser	10 °dH	460	6,6	○	○	○
mittelhartes Wasser	20 °dH	780	7,2	○	↓	↑
sehr hartes Wasser	40 °dH	1750	7,1	↓	↓	↑↑
eisenhaltiges Wasser	1 mmol/l	980	2,4	○	○	○
stark eisenhaltiges Wasser	5 mmol/l	3350	1,9	↓↓↓	↓↓↓	↑
Wasser mit Huminsäuren	–	340	4,5	↓↓↓	↓↓	↓
synthetisches Meerwasser	3,5 Massen-%	55000	10,6	↓↓↓↓	↓↓↓↓	↑↑↑↑

Grundsätzlich kann die Qualität der Bentonitsuspension bei geringen Kontaminationen durch Störstoffe durch eine höhere Dosierung des Bentonits stabilisiert werden. Eine Behandlung des Anmachwassers mit Sodaasche ist vor dem Mischvorgang regelmäßig zu empfehlen.

7 Bentonitsuspensionen zur Ringspaltschmierung

7.1 Größe des Ringspalts

Der Ringspalt ist der Hohlraum zwischen Rohraußenwandung und dem anstehenden Baugrund, der planmäßig durch die Verwendung einer Vortriebsmaschine mit größerem Außendurchmesser als dem Rohraußendurchmesser entsteht. Nach ASCE 1998 [91] und DWA-A 125 [3] hängt die für jeden Vortrieb individuell festzulegende Ringspaltgröße von der Standfestigkeit des Baugrunds, dem Rohrdurchmesser, dem Durchmesser der Vortriebsmaschine, den Anforderungen an die Oberflächensenkungen und an die horizontale und vertikale Ausrichtung des Rohrstrangs ab. Aus Erfahrungswerten der Herrenknecht AG wird zusätzlich die Berücksichtigung von Gesteins- bzw. Bodenart, Lagerungsdichte, Rohrlänge, Trassenradius und Überlagerung empfohlen.

Ein zu großer Ringspalt kann die exakte Steuerung des Vortriebs in der geplanten Trassierung schwierig oder sogar unmöglich machen und deutliche Bodensenkungen an der Geländeoberfläche verursachen. Ein zu kleiner Ringspalt hingegen kann hohe Vortriebskräfte durch den am Rohrumfang anliegenden Baugrund hervorrufen.

Tabelle 7-1 gibt einen Überblick über die in der Fachliteratur empfohlenen Ringspaltgrößen.

Tabelle 7-1 Empfohlene Ringspaltgröße aus der Literatur

Quelle	Größe des Ringspalts
DNA-A 125 (1996) [3]	je nach Bodenart und Nennweite bis 20 mm; in Sonderfällen auch mehr
ASCE 1998 [91]	6–40 mm
Stein 2003 [92]	min. 20 mm
Kollmann 2001 [58]	40 mm bis DN 2000
Marshall 1998 [65]	10–15 mm
Chapman und Rogers 1996 [12]	Microtunnelling 6–12 mm; Pipe Jacking 20 mm
Auld 1986 [5]	10–12 mm; in Ausnahmefällen 75–150 mm
Scherle 1977 [79]	$(1{,}003\text{–}1{,}005) \times DN / AD_{Vortriebsrohr}$
Yonan 1993 [99]	$1{,}04 \times DN / AD_{Vortriebsrohr}$

Yonan konnte auf der Grundlange von experimentellen Untersuchungen nachweisen, dass im Sand ein minimaler Reibungswiderstand erreicht wird, wenn die Größe des Ringspalts 4% des Außendurchmessers der Vortriebsrohre beträgt [99]. Eine Erhöhung dieses Werts führt demzufolge zu keinen wesentlichen Veränderungen des Reibungswiderstands; kleinere Werte lassen den Widerstand deutlich ansteigen.

In der Regel werden die Ringspaltgrößen bei konkreten Projekten an die spezifischen lokalen Randbedingungen angepasst, soweit dies möglich ist. Die Einschränkung entsteht daraus, dass die Vortriebsmaschinen im Allgemeinen einen standardisierten Außendurchmesser besitzen, sodass sich der Ringspalt in der Praxis aus der Differenz der statisch erforderlichen Rohrwanddicke bzw. dem dadurch festgelegten Rohraußendurchmesser und dem Außendurchmesser der Maschine ergibt.

Tabelle 7-2 zeigt übliche Werte für die Größe des Ringspalts in Abhängigkeit vom Durchmesser der Maschinen am Beispiel von Maschinen der Herrenknecht AG.

Tabelle 7-2 Überschnitt- bzw. Ringspaltgrößen in Abhängigkeit vom Maschinendurchmesser (Quelle: Herrenknecht AG)

Maschinendurchmesser [mm]	Überschnittbereich [mm]
bis 1000	11–24
1000–2000	11–36
2000–3000	30–40
3000–4200	35–56

7.1.1 Mantelreibung

Eine geringe Mantelreibung entlang des Rohrstrangs reduziert die erforderliche Vortriebskraft und wirkt sich vorteilhaft auf Vortriebsrisiken und -kosten aus. Folgende Einflüsse bestimmen die Größe der Mantelreibung:

- die Stützung des anstehenden Bodens
- das Offenhalten des Ringspalts
- die Bildung eines Schmierfilms zwischen Rohraußenwandung und anstehendem Boden
- die Vermeidung der Sedimentation von Bodenpartikeln in den Ringspalt

Die Vorpresskraft (in kN) des bewegten Rohrstrangs errechnet sich aus der spezifischen Mantelreibung (in kN/m²) multipliziert mit der bewegten Mantelfläche des Rohrstrangs (in m²):

$$F_{\text{Vorpress}} = F_{R,\text{spez}} \cdot A_{\text{Rohrstrang}} \tag{7.1}$$

Da jedes Vortriebsrohr nur eine begrenzte Vorpresskraft aufnehmen kann, darf die kumulierte Mantelreibung diesen Wert nicht übersteigen. Bevor die Maximallast der Vortriebsrohre erreicht wird, muss die Vortriebskraft deutlich reduziert werden – entweder indem die Schmierung optimiert wird oder indem der Rohrstrang durch die Aktivierung von Zwischenpressstationen (Dehnern) in einzelne Vortriebsabschnitte unterteilt wird (Bild 7-1).

7.2 Vertikale Position des Rohrstrangs im aufgefahrenen Hohlraum

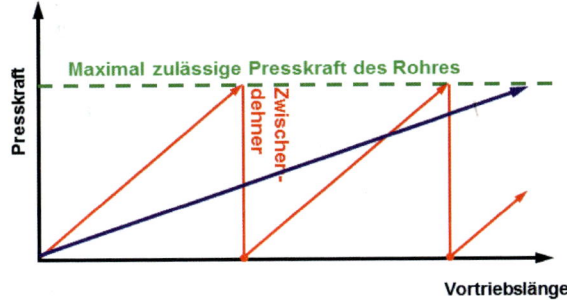

Bild 7-1 Erforderliche Vorpresskraft mit und ohne Einsatz von Zwischenpressstationen (Dehnern) (Quelle: Herrenknecht AG)

Tabelle 7-3 zeigt eine auf Erfahrungswerten beruhende Einschätzung der spezifischen Mantelreibung im Hinblick auf den Vortrieb. Dabei ist anzumerken, dass der Vortrieb durchaus schon dann feststecken kann, wenn die maximal zulässige Presskraft des Rohrs überschritten wird. Dies kann je nach Länge des bewegten Rohrstrangs schon bei einer relativ geringen spezifischen Mantelreibung der Fall sein. Die spezifische Mantelreibung kann aus der Vorpresskraft und der bewegten Mantelfläche berechnet werden.

Tabelle 7-3 Bewertung der spezifischen Mantelreibung nach Erfahrungswerten (Quelle: Herrenknecht AG)

Spezifische Mantelreibung [kN/m²]	Bewertung
0,50–0,75	extrem gut (selten)
0,75–1,25	sehr gut
1,25–1,75	gut
1,75–2,75	akzeptabel
2,75–4,00	schlecht
4,00–7,50	sehr schlecht
7,50–10,0	kurz vor Feststecken
10,0–12,5	partielles oder komplettes Feststecken

7.2 Vertikale Position des Rohrstrangs im aufgefahrenen Hohlraum

Die Lage des Rohrstrangs im aufgefahrenen Hohlraum hat einen erheblichen Einfluss auf die Mantelreibung. Der Rohrstrang kann sich bei einem ausreichend gefüllten Ringspalt in Schwebe befinden oder aber an der Sohle oder an der Firste des Hohlraums entlang gleiten.

7.2.1 Auftrieb

Voraussetzung für die folgenden Betrachtungen ist ein zunächst offener Ringspalt, der mit einer ausreichenden Menge an Bentonitsuspension gefüllt ist. Die Auftriebskraft des Vortriebsrohrs berechnet sich aus dem Volumen des Vortriebsrohrs (verdrängtes Suspensionsvolumen) multipliziert mit der Wichte der Bentonitsuspension. Dieser Kraft wirkt das Gewicht des Vortriebsrohrs entgegen (Bild 7-2). Der Wettstreit zwischen beiden Kräften –Auftriebskraft und Gewicht – entscheidet, ob das Vortriebsrohr im aufgefahrenen Hohlraum schwebt, aufschwimmt oder absinkt. Zur Berechnung des Auftriebs müssen folgende Größen bekannt sein:

- AD_{Rohr} = Außendurchmesser Vortriebsrohr [m]
- ID_{Rohr} = Innendurchmesser Vortriebsrohr [m]
- $\gamma_{Suspension}$ = Wichte der Suspension [kN/m³]
- $\gamma_{Stahlbeton}$ = Wichte des Vortriebsrohrs (Stahlbeton) [kN/m³]
- $F_{Auftrieb}$ = Auftriebskraft der Vortriebsrohrs [kN/m]
- $F_{Gewicht}$ = Gewichtskraft der Vortriebsrohrs [kN/m]
- $F_{Gewicht\ Einbauten}$ = Gewicht der Einbauten (Kabel, Leitungen etc.) im Vortriebsrohr [kN/m]

Die Gewichts- und Auftriebskräfte werden hier stets als spezifische Werte betrachtet, d.h. pro laufendem Meter Rohrstrang angegeben.

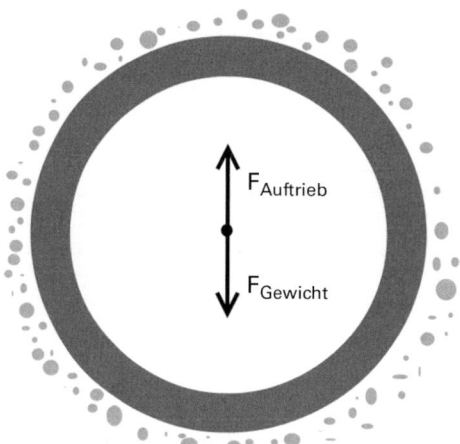

Bild 7-2 Auftriebs- und Gewichtskräfte auf das Vortriebsrohr

Für den Auftrieb $F_{Auftrieb}$ pro laufendem Meter des Vortriebsrohrs gilt

$$F_{Auftrieb} = \frac{\pi \cdot AD_{Rohr}^2}{4} \gamma_{Suspension} \qquad (7.2)$$

Für das Gewicht $F_{Gewicht}$ pro laufendem Meter des Vortriebsrohrs gilt

$$F_{Gewicht} = \frac{\pi}{4}\left(AD_{Rohr}^2 - ID_{Rohr}^2\right)\gamma_{Stahlbeton} + F_{Gewicht\ Einbauten} \qquad (7.3)$$

Ein Rechenbeispiel für ein Vortriebsrohr DN 1600 mit $AD_{Rohr} = 1{,}94$ m, $ID_{Rohr} = 1{,}6$ m, $\gamma_{Suspension} = 11$ kN/m³, $\gamma_{Stahlbeton} = 24$ kN/m³ und $F_{Gewicht\ Einbauten} = 0{,}55$ kN/m soll das Gesagte illustrieren:

Für den Auftrieb $F_{Auftrieb}$ gilt in diesem Fall:

$$F_{Auftrieb} = \frac{\pi (1{,}94\,\text{m})^2}{4} 11\,\text{kN/m}^3 = 32{,}52\,\text{kN/m}$$

Die Gewichtskraft $F_{Gewicht}$ ist

$$F_{Gewicht} = \frac{\pi}{4}\left((1{,}94\,\text{m})^2 - (1{,}6\,\text{m})^2\right) 24\,\text{kN/m}^3 + 0{,}55\,\text{kN/m} = 23{,}23\,\text{kN/m}$$

In diesem Beispiel überwiegt der Auftrieb; das Rohr wird mit einer Kraft von 9,29 kN/m (32,52 kN/m – 23,23 kN/m) nach oben gedrückt.

7.2.2 Ballastierung

Auftriebskräfte können kompensiert werden, indem das Vortriebsrohr ballastiert wird. Die dafür erforderliche Masse $M_{Ballastierung}$ wird wie folgt berechnet:

$$M_{Ballastierung} = (F_{Auftrieb} - F_{Gewicht})\ 100\,\text{kg/kN} \tag{7.4}$$

Für das zuvor angegebene Beispiel bedeutet das:

$$M_{Ballastierung} = (32{,}52\,\text{kN/m} - 23{,}23\,\text{kN/m})\ 100\,\text{kg/kN} = 929\,\text{kg/m}$$

Zur Ballastierung werden in befahrbaren Querschnitten meist Betonfertigteile eingesetzt, die mit einem Stapler wieder rückgebaut werden können. Häufig wird auch Wasser verwendet oder Stahlteile wie z.B. Ankerketten eingezogen, die später mithilfe von Seilwinden aus dem Schacht heraus rückgebaut werden können. Eine Ballastierung schränkt in jedem Fall die Begehbarkeit des Rohrstrangs während des Vortriebes ein.

7.2.3 Vertikale Position des Rohrstrangs in standfestem Baugrund

Wenn der Ringspalt in standfestem Baugrund mit Bentonitsuspension gefüllt ist, hat das Rohr die Möglichkeit, sich darin zu bewegen. Dies ist für Kurvenfahrten unbedingt notwendig.

Häufig wird angenommen oder vorausgesetzt, dass sich das Vortriebsrohr immer an der Sohle des Ausbruchsquerschnitts befindet. Falls der Rohrstrang jedoch in der Bentonitsuspension aufschwimmt, entsteht der Bodenkontakt des Vortriebsrohrs an der Firste des aufgefahrenen Hohlraums. Diese Situation muss aber nicht zwangsläufig eintreten, wenn die Auftriebskraft lediglich rein rechnerisch überwiegt. Durch Feinteilablagerungen im Ringspalt kann sich der Kontakt zwischen Rohr und Boden auch auf andere Bereiche des Umfangs erstrecken.

Im Fall des aufschwimmenden Rohrs mit Bodenkontakt im Bereich der Firste ist die Situation hinsichtlich der Bentonitschmierung jedoch völlig anders zu bewerten als wenn sich das Rohr in der Sohle des Ausbruchsquerschnitts befindet. Im standfesten Baugrund entsteht häufig nur in Teilbereichen des Rohrumfangs ein Kontakt zum aufgefahrenen Hohlraum. Nur an dieser Kontaktfläche entsteht die Mantelreibung, daher sollte dieser Bereich bevorzugt mit Schmierbentonit versorgt werden. Für die Praxis bedeutet dies, dass bei einem potenziell aufschwimmenden Rohrstrang der überwiegende Teil der Bentonitauslässe im oberen Bereich des Vortriebsrohrs liegen sollte. Eine Veränderung der Bentonitauslass-Positionen kann in diesem Fall helfen, einen größeren Bereich der maßgeblichen oberen oder unteren Ringraumfläche zu erreichen (Bild 7-3).

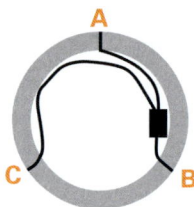
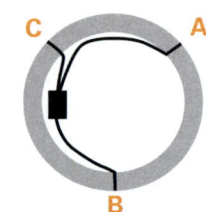

Bild 7-3 Variable Positionierung des Bentonitauslässe

Die Kenntnis der vertikalen Position des Rohrstrangs im aufgefahrenen Hohlraum verschafft bei der Lösung von Vortriebsproblemen eindeutig Vorteile. Bei einer erhöhten Mantelreibung kann gezielt entgegengewirkt werden. So besteht die Möglichkeit, spezielle Schmiermittel oder Zusatzverpressungen in den Bereich der maßgeblichen Kontaktfläche zwischen Boden und Vortriebsrohr einzubringen.

Im Sinne einer minimalen Mantelreibung ist sich eine zentrale Position des Rohrs im Vortriebsquerschnitt mit möglichst geringer Kontaktfläche vorteilhaft. Dieser Zustand kann über eine angepasste Ballastierung erreicht werden.

7.2.4 Vertikale Position des Rohrstrangs in nichtstandfestem Baugrund

Die folgenden Aussagen leiten sich aus einigen Baustellenerfahrungen ab. In nichtstandfestem Boden kann es zu gravierenden Veränderungen der Vortriebsdynamik kommen, wenn eine große resultierende Auftriebs- oder Gewichtskraft wirkt. Hier werden drei Fälle unterschieden:

– weicher, abbröckelnder Fels
– breiige bis flüssige, bindige Böden
– sehr lockere Sande/Kiese

Weicher abbröckelnder Fels ist zunächst standfest. Wird der Rohrstrang durch den Auftrieb mit einer gewissen Kraft an die Firste des Ausbruchsquerschnitts gepresst, kann es zu so genannten Einschleifeffekten kommen (Bild 7-4). Dabei werden Gesteinspartikel von der Firste gelöst, fallen in den Ringspalt und sammeln sich im ungünstigsten Fall in der Sohle an. Mit zunehmender Ablagerung von Partikeln steigt der Rohrstrang nach oben. Je nach Vortriebslänge und Gestein kann es sich dabei um etliche Dezimeter handeln; im Extremfall kann sich der Vortrieb festfahren.

Um diesem Effekt entgegenzuwirken, sollte der Rohrstrang ballastiert werden, bis er in der Schwebe oder besser noch an der Sohle bleibt, sodass das Einschleifen nach oben verhindert wird.

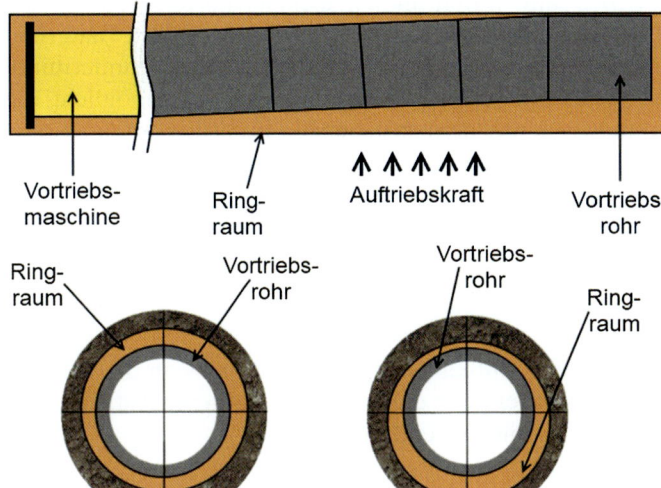

Bild 7-4 Einschleifeffekte durch Auftrieb des Rohrstrangs

Sehr lockere Sande und sich ähnlich verhaltende Bodenarten können vergleichbare Situationen schaffen wie weicher, abbröckelnder Fels. Auch hier kann es zu Einschleifeffekten in der Firste kommen. Wenn die Gewichtskraft des Rohrstrangs überwiegt, ist im Sohlebereich eher mit einer Verdichtung des Sandes zu rechnen als mit einem signifikanten Absinken.

Bei breiigen bis flüssigen bindigen Böden besteht die Gefahr, dass der Boden den Kräften des Vortriebsrohrs ausweicht. Im Fall einer überwiegenden Auftriebskraft kann das zum Aufschwimmen des Rohrstrangs und zum sukzessiven nach-oben-Wandern des Rohrstrangs führen. Überwiegt die Gewichtskraft, kann es jedoch auch zum Absinken kommen. Hier sollte auf eine ausgleichende Ballastierung geachtet werden, sodass der Rohrstrang in der Schwebe gehalten wird. Bei flüssigen Böden sollte die Auftriebskraft mit der Wichte des Bodens berechnet werden und nicht mit der Wichte der Bentonitsuspension.

7.3 Funktionen des Schmiermittels im Ringspalt

Bei der Anordnung eines Ringspalts sind je nach Standfestigkeit des Baugrunds unterschiedliche Bodenreaktionen zu erwarten. Im standfesten Baugrund bleibt der aufgefahrene Hohlraum erhalten und die Kontaktfläche zwischen Vortriebsrohr und umgebendem Boden beschränkt sich auf einen bestimmten Teil des Rohrumfangs, z.B. auf die Rohrsohle. In diesem Fall wird die in den Ringspalt injizierte Bentonitsuspension als Schmiermittel eingesetzt, um den zwischen Vortriebsmaschine/Rohrstrang und dem anstehenden Baugrund wirkenden Reibungsbeiwert μ effektiv zu reduzieren und die Vortriebskräfte gering zu halten. Um eine Gleitschicht aufbauen zu können, muss das Schmiermittel den Ringspalt ausfüllen und darf nicht in den umgebenden Boden abwandern. Entscheidende Parameter hierfür sind die Durchlässigkeit des Baugrunds und die Fähigkeit des Schmiermittels, die Eindringtiefe in den Boden zu begrenzen.

Im nichtstandfesten Baugrund bricht der aufgefahrene Hohlraum über dem Rohrstrang zusammen und legt sich über den gesamten Rohrumfang dicht an das Rohr. Hier ist die Fähigkeit der eingesetzten Bentonitsuspension gefordert, den anstehenden Baugrund zu stabilisieren und den Ringspalt offen zu halten. Hierbei muss das Schmiermittel mit dem abzustützenden Boden einen Mechanismus entwickeln, der es ermöglicht, die Differenz aus dem Schmiermitteldruck und dem anstehenden Erddruck auf das Korngerüst des anstehenden Bodens zu übertragen.

Aus diesen Gründen werden bei den nachfolgenden Beschreibungen die drei grundlegenden Funktionen Stützen, Schmieren und Tragen unterschieden.

7.3.1 Stützfunktion

In ihrer Funktion als Stützmittel ist die Aufgabe der Bentonitsuspension die Bildung einer Zone geringer Wasserdurchlässigkeit. Für die Bewältigung dieser Aufgabe sind folgende Eigenschaften der Suspension maßgebend [57]:

– ihre Fließgrenze τ_F
– ihre Dichte ρ
– ihre Stabilität
– ihr Eindringverhalten in den abzustützenden Boden

Bei Bentonitsuspensionen erfolgt die Übertragung der hydrostatischen Druckdifferenz auf das Korngerüst zeitunabhängig, wenn sich an der Oberfläche oder bis zu einer gewissen Eindringtiefe im oberflächennahen Bereich des anstehenden Bodens eine Zone ausbildet, deren Durchlässigkeit kleiner ist als die des anstehenden Bodens [96]. In dieser Zone wird die Druckdifferenz zwischen dem Schmiermitteldruck und dem Druck des zu stützenden Bodens in eine effektive, auf das Korngerüst wirkende Spannung umgesetzt. Der Schmiermitteldruck sollte 0,1–0,3 bar höher sein als der anstehende Erd- und/oder Grundwasserdruck [49].

Die Bildung einer Zone geringerer Wasserundurchlässigkeit im Boden kann generell auf zwei Wegen erfolgen, wobei zwischen dem Mechanismus der Stützdruckübertragung und dem Eindringverhalten des Schmiermittels in den zu stützenden Boden ein direkter Zusammenhang besteht [70].

Für den ersten Weg ist die Fließgrenze τ_F des Schmiermittels maßgebend, für den zweiten Weg die Partikelgröße der im Schmiermittel dispergierten Feststoffe im Verhältnis zur Porengröße/Kluftspaltweite des anstehenden Baugrunds. Der anstehende Baugrund wird hierbei als Filter betrachtet, der eine gewisse Porengrößenverteilung aufweist, die von seiner Korngrößenverteilung, seinem Ungleichförmigkeitsgrad und seinem Porenanteil abhängt. Bei der Übertragung der hydrostatischen Druck-

7.3 Funktionen des Schmiermittels im Ringspalt

differenz auf das Korngerüst in der Zone geringerer Wasserdurchlässigkeit sind drei Fälle möglich:

- reine Eindringung des Schmiermittels in den Boden
- Bildung eines äußeren Filterkuchens
- Bildung eines inneren Filterkuchens

Die für ihre Funktion als Stützmittel entscheidenden Eigenschaften der Bentonitsuspension sind die Größe der in der Suspension dispergierten Bentonitpartikel im Verhältnis zum Porendurchmesser bzw. der Kluftspaltweite sowie ihre Fließgrenze.

7.3.1.1 Reine Eindringung

Sind die dispergierten Partikel des Schmiermittels kleiner als die kleinsten Porendurchmesser im Baugrund, so wird das Schmiermittel inklusive der festen Bestandteile in die Porenkanäle des Korngerüsts bzw. die Kluftspalten des Trennflächengefüges hineingedrückt und hält sich mit Schubspannungen von der Größe der Fließgrenze τ_F an den Wandungen der Porenkanäle (Kornoberflächen) bzw. der Klüfte (Trennflächen) fest. Wenn die Eindringtiefe s so groß geworden ist, dass das über die Oberflächen der Porenkanäle/Klüfte gebildete Integral der Schubspannungen der Differenz zwischen Schmiermitteldruck und dem anstehenden Erd- und/oder Grundwasserdruck das Gleichgewicht hält, dann stagniert der Eindringvorgang wie in Bild 7-5 dargestellt [57].

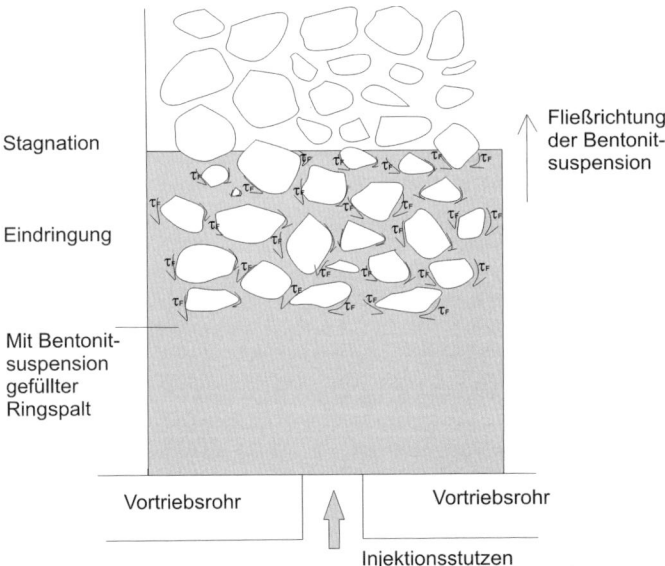

Bild 7-5 Reine Eindringung in Anlehnung an *Kilchert* und *Karstedt* [57] (Quelle: Lehrstuhl für Tunnelbau, Leitungsbau und Baubetrieb, Ruhr-Universität Bochum)

Die Druckdifferenz wird nach dieser Modellvorstellung durch Schubspannungen gleichmäßig über die Eindringtiefe s an das Korngerüst abgegeben und steht an ihrem Ende voll als effektive Spannung zur Stützung des Hohlraums zur Verfügung [97].

Die Eindringtiefe s hängt außer von der Druckdifferenz Δp wesentlich von der Fließgrenze τ_F des Schmiermittels und von dem für die Durchlässigkeit des zu stützenden Baugrunds wirksamen Korndurchmesser d_{10} bzw. der Kluftspaltweite $2a$ ab. Eine Vorstellung über die Eindringtiefe s bis zum Erreichen der Stagnation gibt eine Gleichung aus der Schlitzwandtechnik [21,57]:

$$s = \frac{d_{10}}{2\tau_F} \Delta p \qquad (7.5)$$

in der s die Eindringtiefe (in m) bedeutet, d_{10} die Korngröße (in m) bei 10 Massen-% Siebdurchgang, Δp die Druckdifferenz zwischen Anfang und Ende der Eindringtiefe (in N/m²) und τ_F die Fließgrenze (in N/m²) des Schmiermittels.

7.3.1.2 Äußerer Filterkuchen

Wenn die dispergierten Partikel größer sind als der maximale Porendurchmesser bzw. die Kluftspaltweite, dann werden diese an der Filtereintrittsfläche, dem anstehenden Baugrund, zurückgehalten und abgefiltert. Es bildet sich ein Filterkuchen als weitgehend undurchlässige Membran, der die Poren- bzw. Klufteingänge verstopft und die an der Hohlraumwandung liegenden Körner in ihrer Lage fixiert [97].

Da das Schmiermittel nicht weiter in die Poren bzw. Klüfte eindringen kann, wird die Druckdifferenz über den Filterkuchen direkt auf das Korngerüst übertragen und steht an der Hohlraumwandung als effektive Spannung zur Stützung des Hohlraums zur Verfügung. Insbesondere bei feinkörnigen Böden ($d_{10} \leq 0{,}2$ mm) kann sich ein vollkommener Filterkuchen bilden, der auch als „äußerer" Filterkuchen bezeichnet wird (Bild 7-6).

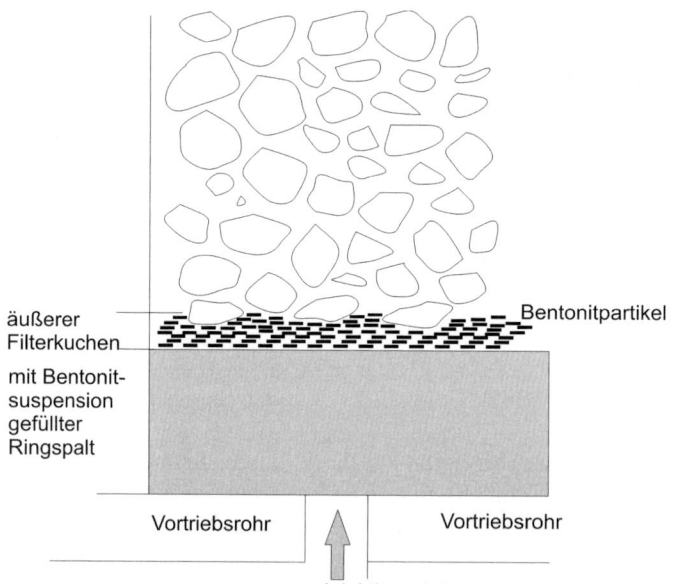

Bild 7-6 Äußerer Filterkuchen in Anlehnung an *Kilchert* und *Karstedt* [57] (Quelle: Lehrstuhl für Tunnelbau, Leitungsbau und Baubetrieb, Ruhr-Universität Bochum)

7.3.1.3 Innerer Filterkuchen

Wenn die Größe der dispergierten Partikel zwischen den minimalen und den maximalen Werten der Porendurchmesser bzw. Kluftspaltweiten liegt, dann dringen die Partikel mit dem Schmiermittel in den Baugrund ein und werden an Engstellen der Porenkanäle bzw. Kluftspalten zurückgehalten. Die Porenkanäle bzw. Kluftspalten werden durch die Anlagerung immer neuer Partikel sukzessive verstopft, sodass sich der Poren- bzw. Kluftraum bis zu einer gewissen Tiefe mechanisch zusetzt. Die Eindringtiefe, d.h. die Länge, auf der das Zusetzen der Poren- bzw. Klufträume mit festen Bestandteilen erfolgt, hängt vom Verhältnis zwischen mittlerer Partikelgröße und mittlerer Poren- bzw. Kluftspaltgröße ab [97]. Dieser Bereich wird auch als „innerer" Filterkuchen bezeichnet (Bild 7-7).

Innerhalb dieser Eindringtiefe vermindert sich die Durchlässigkeit des Baugrunds durch dieses Zusetzen drastisch, sodass die Übertragung der Druckdifferenz auf das Korngerüst zum Teil membranartig über den unvollkommenen Filterkuchen und zum Teil über die entlang des Poren- bzw. Kluftkanals mobilisierte Fließgrenze τ_F des Schmiermittels erfolgt. Die Eindringtiefe lässt sich bei unvollkommener Filterkuchenbildung nicht zufriedenstellend berechnen, da sowohl die Dicke des Filterkuchens als auch das Druckgefälle im Filterkuchen nicht bestimmt werden können.

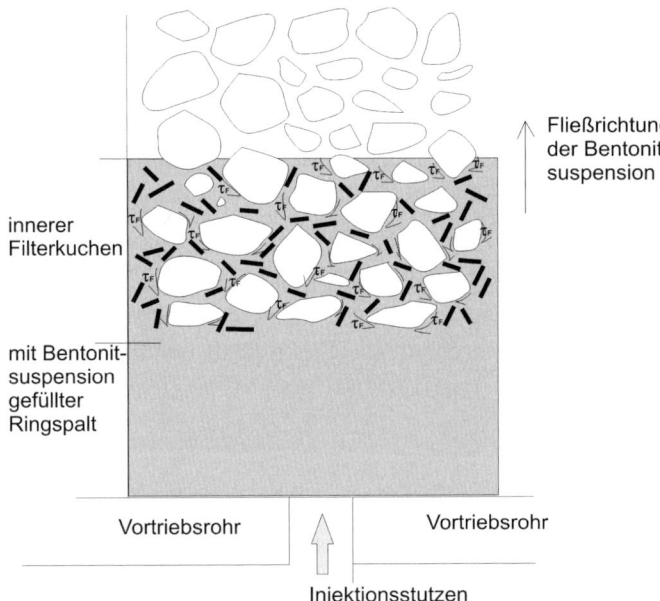

Bild 7-7 Kolmotation oder innerer Filterkuchen in Anlehnung an *Kilchert* und *Karstedt* [57] (Quelle: Lehrstuhl für Tunnelbau, Leitungsbau und Baubetrieb, Ruhr-Universität Bochum)

7.3.2 Schmierfunktion

Die Schmierfunktion der Bentonitsuspension beruht einfach darauf, dass das Schmiermittel unter dem Einpressdruck bis zu einer bestimmten Tiefe in den Boden eindringt, bei entsprechendem Stützdruck den direkten Kontakt zwischen Rohrstrang und Bohrlochwandung verhindert und einen Schmierfilm um das Vortriebsrohr bildet. Die an der Rohroberfläche wirkende Mantelreibung wird durch die Reduktion des Reibungsbeiwerts μ effektiv verringert.

In Bild 7-8 ist das Prinzip der Flüssigkeitsreibung dargestellt. Das Schmiermittel baut zwischen den beiden Körpern eine Kraft F auf, die von der Strömungsgeschwindigkeit v abhängt:

$$F = -K \cdot \eta \cdot v \qquad (7.6)$$

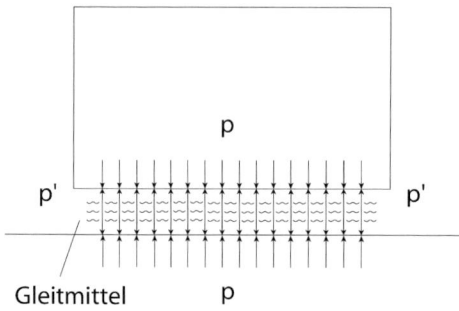

Bild 7-8 Schematische Darstellung der Flüssigkeitsreibung [79]

Hierbei ist F die Reibungskraft (in N), K ein Koeffizient (in m), der von der Form der beiden Körper abhängt, η die Viskosität des Schmiermittels (in Ns/m²) und v die Strömungsgeschwindigkeit (in m/s).

Diese Beziehung ist als *Stokes'sches Gesetz* bekannt. Die Viskosität η hängt von den Reibungskräften zwischen den verschiedenen Schichten des Schmiermittels ab, die sich mit unterschiedlichen Geschwindigkeiten bewegen.

Bei der Wahl des Schmiermittels ist darauf zu achten, dass eine hohe Viskosität auch einen hohen Widerstand und somit eine große Reibung erzeugt; sie wirkt sich außerdem auch auf die Pumpfähigkeit des Schmiermittels aus.

Die für ihre Funktion als Schmiermittel entscheidende Eigenschaft der Bentonitsuspension ist ihre Viskosität.

7.3.3 Tragfunktion

Beim Vortrieb in nachbrüchigem Festgestein fallen im Zuge des Lösungsvorgangs an der Ortsbrust oder im Zuge des Vorschubs des Rohrstrangs einzelne Gesteinspartikel aus dem Verbund (Cuttings, maximale Größe in der Regel ≈4 cm). Während diese an der Ortsbrust mit dem Slurryfördersystem beseitigt werden, sammeln sich teilweise auch Gesteinspartikel im Ringspalt. Im ungünstigsten Fall können diese Ansammlungen zum Festfahren der Vortriebsmaschine oder des Rohrstrangs führen, wie in Bild 7-9 dargestellt.

7.3 Funktionen des Schmiermittels im Ringspalt

Bild 7-9 Festgefahrene Vortriebsmaschine im Festgestein durch mitgeführte Gesteinspartikel (Quelle: Herrenknecht AG)

Dies kann verhindert werden, indem eine Bentonitsuspension in den Ringspalt injiziert wird, die in der Lage ist, die sich aus dem Verband lösenden Gesteinspartikel in Schwebe zu halten. Die Partikel können dadurch nicht beseitigt werden, aber durch eine nahezu gleichmäßige Verteilung im vollständig mit Bentonitsuspension gefüllten Ringspalt kann ein Absinken oder eine gehäufte Ansammlung der Gesteinspartikel vermieden werden.

Zur Berechnung der Sinkgeschwindigkeit von Bodenteilchen in einer Suspension kann folgende Gleichung verwendet werden [64]:

$$w_s = \frac{2 \cdot g \cdot d_s^2 (\rho_s - \rho_f)}{36 \eta} \tag{7.7}$$

Hierin ist w_s die Sinkgeschwindigkeit der Bodenteilchen (in m/s), g die Erdbeschleunigung (9,81 m/s²), d_s der Durchmesser der Feststoffteilchen (in mm), ρ_s die Dichte der Feststoffteilchen (in kg/m³), ρ_f die Dichte der Suspension (in kg/m³) und η die Viskosität der Suspension (in cP = 10^{-3} kg m^{-1} s^{-1}).

Die Sinkgeschwindigkeit sollte für eine gute Tragfunktion möglichst gering oder Null sein. Sie ist über die Viskosität der Bentonitsuspension einstellbar. Je höher deren Viskosität ist, desto größer ist theoretisch die Größe der in Schwebe gehaltenen Gesteinspartikel. Zu beachten ist dabei jedoch, dass trotz allem die Pumpbarkeit des Schmiermittels gewährleistet bleiben muss.

Die für ihre Funktion als Tragmittel entscheidenden Eigenschaften der Bentonitsuspension sind ihre Viskosität und ihre Gelstärke.

7.3.4 Folgen einer schlechten Anpassung des Schmiermittels

Wie wichtig die Anpassung der einzusetzenden Bentonitsuspension an die bestehenden geologischen und hydrogeologischen Randbedingungen ist, sollen die nachfolgend aufgelisteten Beispiele zeigen. Dabei gelten folgende Grundsätze [45]:

- Ein bereits eingestürzter Ringspalt kann nachträglich nur schwer wieder hergestellt werden
- Schmiermittel sind nicht dazu da, um Probleme zu lösen – sie sind dafür ausgelegt, Probleme zu vermeiden
- Problemlösung bedeutet, dass ein Problem existiert – das meist teuer zu beheben ist
- Problemvermeidung – d.h. richtige Anpassung der Bentonitsuspension in der Planungsphase – ist kostengünstiger

Bei nicht optimaler Anpassung der Bentonitsuspension an die bestehenden Randbedingungen können zahlreiche unerwünschte Folgen resultieren [46,47]:

- Unkontrolliertes Abfließen der Bentonitsuspension aus dem Ringspalt in den anstehenden Baugrund
  Folge: Keine Stützwirkung, keine Stabilisierung des Bodens, der Ringspalt bricht zusammen.
  Grund: Die (statische) Fließgrenze der Suspension ist zu gering.
  Abhilfe: Einstellen der passenden (statischen) Fließgrenze τ_F gemäß Abschnitt 7.5.2 entweder durch Erhöhung der Bentonitkonzentration in der Suspension oder durch Zugabe von Viskositätsregulierern (Abschnitt 3.1.1.1), gleichzeitiger Aufbau von Gelstruktur und Viskosität.
- Austrocknung der Bentonitsuspension im Ringspalt durch Abfilterung der Bentonitpartikel und Abfließen des Suspensionswassers
  Folge: Keine Stützwirkung, keine Stabilisierung des Bodens, der Ringspalt bricht zusammen.
  Grund: Die Wasserabgabe in den anstehenden Baugrund ist zu hoch.
  Abhilfe: Verringerung der Wasserabgabe durch Bildung eines dünnen, dichten Filterkuchens, Zugabe von Filtratreduzierern (Abschnitt 3.1.1.2).
- Zu hoher Feststoffanteil in der Suspension für die gegebenen geologischen Bedingungen
  Folge: Schlechte Pumpbarkeit und schlechte Ausbreitung der Bentonitsuspension im Ringspalt, hohe Reibungswiderstände.
  Grund: Zu hohe (dynamische) Fließgrenze der Suspension.
  Abhilfe: Die (dynamische) Fließgrenze muss herabgesetzt werden, um die Fließeigenschaften zu verbessern. Bestimmung der (dynamischen) Fließgrenze mittels Marsh-Trichter und Bild 7 aus DIN 4127 [23], Senken der (dynamischen) Fließgrenze durch Wasserzugabe oder Zugabe von Verflüssigern (Abschnitt 3.1.1.4; wirken der Gelbildung entgegen). Auf angemessene Scherenergie beim Mischvorgang ist zu achten, Kontrolle durch Marsh-Trichter. Der Betrag der erforderlichen (statischen) Fließgrenze τ_F gemäß Abschnitt 7.5.2 darf nicht unterschritten werden.

- Quellende Tonformationen
  Folge: Tonminerale lösen sich aus dem Gesteinsverband und saugen freies Wasser aus der Bentonitsuspension (quellen); Ringspalt schließt sich bei Kontakt des anstehenden Baugrunds mit Wasser, Vorpresskräfte bzw. Reibungskräfte steigen stark an; radiale Lasten auf das Vortriebsrohre werden groß.
  Grund: Keine Toninhibierung im Schmiermittel.
  Abhilfe: Wasser ist wegen der Gefahr des Festsetzens das Todesurteil für den Vortrieb. Dem Schmiermittel ist schnellstmöglich Toninhibierer zuzufügen; die Möglichkeit des Einsatzes einer reinen Polymerlösung (Wasser plus Polymer) anstelle einer Bentonitsuspension mit Toninhibierern ist zu prüfen. Polymerlösungen sind viskos, besitzen aber im Allgemeinen keine Gelstärke.
- Die Bentonitsuspension kommt mit salzhaltigem (Grund-)Wasser in Kontakt
  Folge: Keine Stütz- und Schmierwirkung möglich.
  Grund: Bentonitpartikel flocken aufgrund der Änderung der Ladungsverhältnisse aus, dadurch kommt es zu einer erhöhten Bildung von Filtratwasser, einer Entmischung von Feststoff und Flüssigkeit und einer Abnahme oder sogar zum völligen von Fließgrenze, Viskosität und Thixotropie.
  Abhilfe: Der koagulierende, ausfällende Einfluss von Salzionen muss vermieden oder reduziert werden. Filtratsenker zugeben; Filtratsenker bewirken neben ihren eigentlichen Eigenschaften (Abschnitt 3.1.1.2) durch die intensiv an den Bentonitpartikeln adsorbierten Polymermoleküle auf der Tonoberfläche einen Schutz gegen Salzionen. Diese Funktion wird als Schutzkolloid bezeichnet; Salzionen können die schützende Kolloidhülle nicht durchdringen; sie verhindert dadurch das Zusammenballen der Bentonitteilchen (Koagulation) und die Zunahme des Filtratwassers.
- Plastische Tone
  Folge: Verkleben des Rohrstrangs, Bodenverpressungen, Anhaften des Bodens.
  Grund: Keine Toninhibierung im Schmiermittel.
  Abhilfe: Wasser ist wegen der Gefahr des Festsetzens das Todesurteil für den Vortrieb. Dem Schmiermittel ist schnellstmöglich Toninhibierer zuzufügen; die Möglichkeit des Einsatzes einer reinen Polymerlösung (Wasser plus Polymer) anstelle einer Bentonitsuspension mit Toninhibierern ist zu prüfen. Polymerlösungen sind viskos, besitzen aber im Allgemeinen keine Gelstärke.

7.4 Anpassung der Bentonitsuspension an den Baugrund

Für die Wahl einer geeigneten Bentonitsuspension müssen die relevanten geologischen Charakteristika des Baugrunds bekannt sein. In den folgenden Abschnitten werden eine Reihe von Flussdiagrammen vorgestellt, die einen systematischen Weg zur Auswahl einer geeigneten Suspension weisen sollen. Die begleitenden Beschreibungen sollen die Benutzung der Flussdiagramme erläutern und die wesentlichen geologischen Parameter herausstellen, die für die Wahl der Suspension ausschlaggebend sind. Die Diagramme verwenden einheitliche Farbcodes, die in Tabelle 7-4 erläutert werden.

Tabelle 7-4 Erläuterung des in den folgenden Bildern einheitlich verwendeten Farbcodes

Parameter	Farbcode	
Viskosität	Rot	🟥
Fließgrenze	Grün	🟩
Partikelgröße	Blau	🟦
Gelstärke	Gelb	🟨
Stützfunktion	Hellgrau	⬜
Schmierfunktion	Dunkelgrau	⬛

7.4.1 Grundlegende geologische Parameter

Als Erstes muss festgestellt werden, ob die Arbeiten in Festgestein oder Lockergestein erfolgen. Für den Vortrieb in Festgestein werden die Flussdiagramme in Bild 7-10 bis 7-12 verwendet; für den Vortrieb im Lockergestein die Flussdiagramme in Bild 7-13 bis 7-17.

7.4.2 Flussdiagramme für Festgesteine

Die Qualität und somit auch die minimale Standzeit des Gebirges ohne Sicherungsmaßnahmen ist das entscheidende Kriterium für die Beurteilung der Frage, ob die Bentonitsuspension als Stütz- oder Schmiermittel fungieren soll.

Um die Qualität des Gebirges abzuschätzen, wird wie im Abschnitt 6.1.9 beschrieben die Gebirgsklassifikation (RMR- bzw. Q-Wert) bestimmt. Bei RMR-Werten von 60 bis 100 oder Q-Werten von über 10 gilt das Gebirge als gut bis sehr gut. Bei diesen Verhältnissen wird die Bentonitsuspension hauptsächlich als Schmiermittel ausgelegt (Bild 7-10).

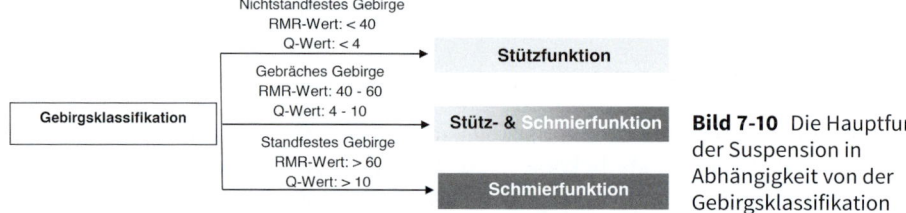

Bild 7-10 Die Hauptfunktion der Suspension in Abhängigkeit von der Gebirgsklassifikation

Bei mäßiger Gebirgsqualität (RMR-Wert zwischen 40 und 60 oder Q-Wert zwischen 4 und 10) muss das Schmiermittel sowohl eine Stütz- als auch eine Schmierfunktion erfüllen. Bei schlechter bis außerordentlich schlechter Gebirgsqualität (RMR-Wert < 40 oder Q-Wert < 4) gewinnt die Stützfunktion der Bentonitsuspension gegenüber ihrer Schmierfunktion an Bedeutung.

Als Nächstes bestimmt man die Kluftöffnungsweite $2a$ (Abschnitt 6.1.7), um die wichtigen Parameter Partikelgröße, Fließgrenze und Viskosität der Bentonitsuspension justieren zu können (Bild 7-11). Diese Parameter sind auf dem Flussdiagramm farblich gekennzeichnet (rot, grün und blau).

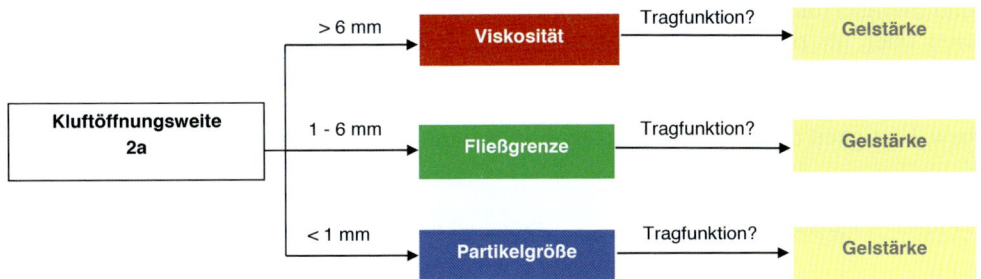

Bild 7-11 Von der Kluftöffnungsweite abhängende Parameter der Suspension

Danach erfolgt die Bestimmung des Durchlässigkeitsbeiwerts k_f für Festgestein (Abschnitt 6.4.4). Bei großen Werten von k_f wird man vermutlich eine größere Menge der Bentonitsuspension in das Gebirge pressen müssen als bei kleinen (Bild 7-12). Als Hauptursache hierfür gelten die mit k_f fallende Anzahl und Ausdehnung der korrespondierenden Hohlräume im Gebirge.

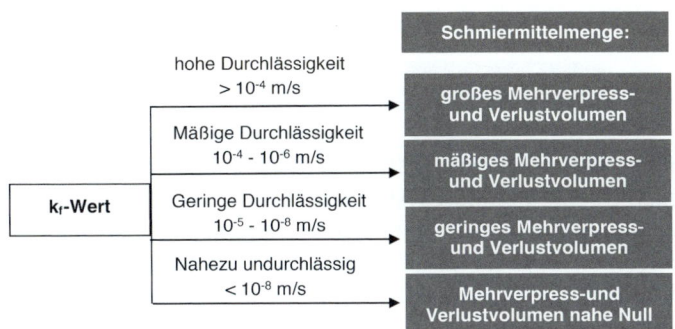

Bild 7-12 Zuschläge für das Verpressvolumen je nach Durchlässigkeit des Gesteins

Abschließend wird das Gebirge hinsichtlich der Nachbrüchigkeit von Gesteinspartikeln geprüft. In der Regel neigen stark zerklüftete Gebirge von schlechter Qualität zur Nachbrüchigkeit. In diesem Fall ist besonders auf die Tragfunktion der Suspension zu achten (Abschnitt 7.3.3). Wenn das Gebirge also zur Nachbrüchigkeit neigt, ist die Gelstärke (Abschnitt 7.5.4) der Bentonitsuspension so einzustellen, dass mögliche lose Gesteinspartikel in Schwebe gehalten werden und nicht absinken.

7.4.3 Flussdiagramme für Lockergesteine

Bei Vortriebsarbeiten in Lockergestein wird der Boden anhand der Korngröße in bindiges oder nichtbindiges Lockergestein eingeteilt (Abschnitt 6.2). Für bindige Lockergesteine gelten die Flussdiagramme in Bild 7-13 bis 7-15, für nichtbindige Lockergesteine die Flussdiagramme in Bild 7-16 bis 7-17.

Zunächst wird die Lagerungsdichte bzw. die Konsistenz des Lockergesteins beurteilt. Dies kann durch Sondierungen im Feld (Abschnitt 6.2.5) oder an Proben im Labor geschehen (Abschnitte 6.2.5 und 6.2.7). Die Resultate liefern Hinweise darauf, wie Stütz- und Schmierfunktion bei der Zusammensetzung der Schmiermittel (Bentonitsuspension oder im bindigen Lockergestein auch Polymersuspension) gewichtet werden sollten (Bild 7-13 und 7-14). Die Stützfunktion sollte im Lockergestein als dominierender Faktor gesehen werden, seine Bedeutung nimmt mit zunehmender Dichtigkeit bzw. Festigkeit des Lockergestein ab, hier gewinnt die Schmierfunktion an Bedeutung.

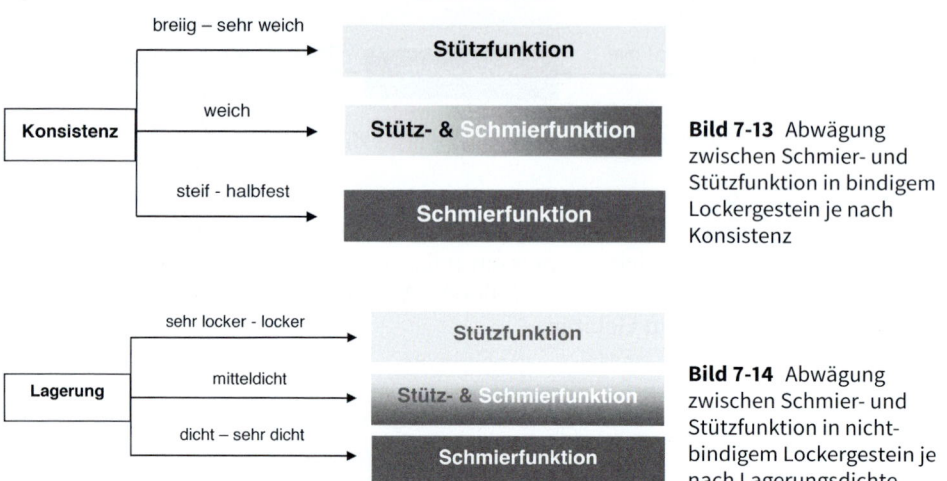

Bild 7-13 Abwägung zwischen Schmier- und Stützfunktion in bindigem Lockergestein je nach Konsistenz

Bild 7-14 Abwägung zwischen Schmier- und Stützfunktion in nichtbindigem Lockergestein je nach Lagerungsdichte

Bei bindigen Lockergesteinen wird danach die Quellfähigkeit ermittelt. Diese ist durch die Aktivitätszahl des Lockergesteins definiert (Abschnitt 6.2.8). Wenn es sich um aktive Tone handelt, empfiehlt sich der Einsatz einer reinen Polymersuspension oder einer polymermodifizierten Bentonitsuspension (Einsatz von Toninhibierern). Wenn die Aktivität des Lockergesteins dagegen im inaktiven bzw. normalen Bereich liegt, wird eine Bentonitsuspension mit der Fließgrenze als dominierenden Parameter verwendet (Bild 7-15).

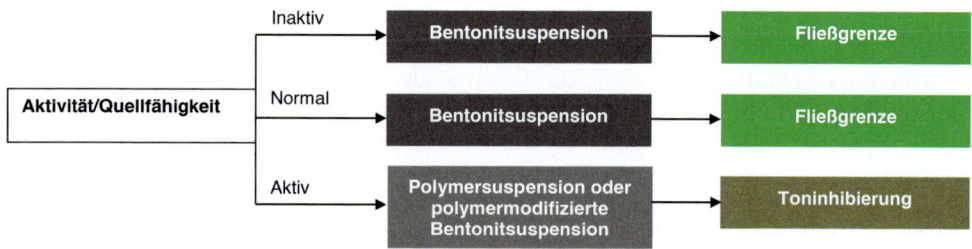

Bild 7-15 Optimierung des Schmiermittels im Hinblick auf die Aktivität/Quellfähigkeit des Bodens

7.4 Anpassung der Bentonitsuspension an den Baugrund

Danach wird analog zum Festgestein der k_f-Wert des Lockergesteins bestimmt (Abschnitt 6.4.3) und daraus der erwartete Zuschlag zum Verpressvolumen ermittelt (Bild 7-16).

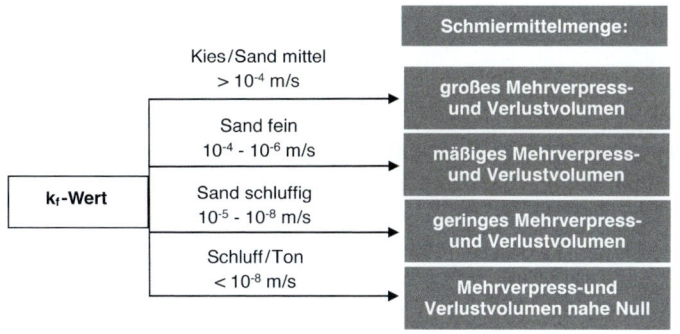

Bild 7-16 Zuschläge für das Verpressvolumen je nach Durchlässigkeit des Lockergesteins

Im Fall von Lockergestein erfolgt vor der Kategorisierung nach k_f-Wert noch die Bestimmung des wirksamen Korndurchmessers d_{10}. Auf diese Größe werden die Parameter Partikelgröße, Fließgrenze und Viskosität der Bentonitsuspension eingestellt (Bild 7-17).

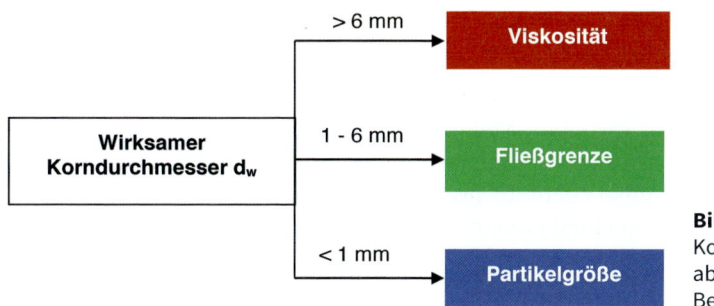

Bild 7-17 Vom wirksamen Korndurchmesser abhängende Parameter der Bentonitsuspension

7.4.4 Zusammenhänge zwischen Boden- und Schmiermittelparametern

7.4.4.1 Funktion des Schmiermittels in Abhängigkeit von Gebirgsklassifikation, Zustand und Lagerung

Je nach der Standfestigkeit des Baugrunds muss das eingesetzte Schmiermittel entweder eine Schmierfunktion (Abschnitt 7.3.2, bei standfestem Gebirge) oder eine Stützfunktion (Abschnitt 7.3.1, bei wenig oder nicht standfestem Gebirge) übernehmen. Bei Festgestein kann u.U. zusätzlich die Tragfunktion (Abschnitt 7.3.3) wichtig werden.

7.4.4.2 Wahl der rheologischen Eigenschaften des Schmiermittels in Abhängigkeit von Kluftöffnungsweite, Porendurchmesser oder wirksamem Korndurchmesser

Je nach der Porosität des Baugrunds, d.h. der relativen Größe der Hohlräume im Locker- oder Festgestein, kommen verschiedene Eigenschaften des Schmiermittels zum Tragen. Wenn die Kluftöffnungsweiten oder Poren bzw. Korndurchmesser alle klein (<1 mm) sind, wird der anstehende Hohlraum allein durch die im Schmiermittel gelösten Bentonitpartikel verstopft. Wichtig ist hierbei die Relation zwischen Hohlraumgröße und Größe der dispergierten Bentonitpartikel (vgl. Abschnitt 7.3.1.2). Bei einer mittleren Hohlraumgröße zwischen 1 und 6 mm kann ein Verschließen der Poren oder Klufträume nur durch die Fließgrenze des Schmiermittels über eine bestimmte Eindringtiefe bis zur Stagnation erreicht werden (vgl. Abschnitt 7.3.1.3). Bei großen, offenen Strukturen (>6 mm) kann eine Schmiermittelstagnation nur über eine angemessen hohe Viskosität erzielt werden (vgl. Abschnitt 7.3.1.1).

7.4.4.3 Wahl der Schmiermittelmenge in Abhängigkeit von der Durchlässigkeit (k_f-Wert)

Die Durchlässigkeit des Baugrunds hat einen wesentlichen Einfluss auf die in den Ringspalt und das umgebende Locker- oder Festgestein zu verpressende Schmiermittelmenge. Die Wasserdurchlässigkeit korrespondiert meist mit der Größe der Porenhohlräume des Baugrunds. Die Eindringtiefe der Bentonitsuspension hängt von den Suspensionsparametern wie der Fließgrenze, aber auch der Hohlraumgröße ab.

Allgemein haben Gesteine mit großer Wasserdurchlässigkeit und großen Poren- oder Kluftöffnungen das Potenzial für einen Mehrverbrauch an Bentonitsuspension. Zum einen werden die Penetrationstiefen der Bentonitsuspension bei größeren Poren- oder Kluftöffnungen erfahrungsgemäß ebenfalls größer. Zum anderen bedingt ein größeres Hohlraumvolumen allein schon einen höheren Bentonitverbrauch.

Dabei ist zu beachten, dass immer genügend Bentonitsuspension in den Ringspalt eingebracht werden muss, um die Stütz- und Schmierwirkung aufrecht zu erhalten. Das in den Untergrund eindringende Bentonitvolumen kann dabei ein Mehrfaches des theoretischen Ringraumvolumens ausmachen.

Besonders in hochdurchlässigen Kiesen, aber auch Klüften in Mergel oder Festgestein, kann es zu starken Grundwasserströmungen im Nachbereich des Ringspalts kommen. Bei Klüften im Festgestein besteht beim Rohrvortrieb die besondere Gefahr, dass der Ringspalt eine hydraulische Verbindung zwischen einzelnen wasserführende Klüften hervorrufen kann, die zu Auswaschungen des eingepressten Bentonits führen kann. Hier sind Maßnahmen wie beispielsweise kontinuierliches Nachverpressen im Ringspalt oder die Verwendung hochviskoser Bentonitsuspensionen zu ergreifen, um einem Verlust des Schmierfilms entgegen zu wirken.

Die Durchlässigkeit des Baugrunds ist dahingehend zu prüfen, welche Mengen an Schmiermittel in den Hohlraum des Baugrunds verpresst werden müssen bzw. ob aufgrund von Grundwasserströmungen Schmiermittelauswaschungen größeren Ausmaßes auftreten können.

7.4.5 Hydrogeologische Parameter

Für die Wahl des geeigneten Schmiermittels sind neben den Angaben über den Baugrund alle Informationen über die Grundwasserverhältnisse von Bedeutung. Hierbei sind Wasserdruckhöhen und Wassertemperaturen in der bautechnisch relevanten Tiefenlage sowie die Durchlässigkeit des Baugrunds bedeutsam. Wichtig für die Qualität der Bentonitsuspension sind außerdem gelöste Bestandteile im Grundwasser (Abschnitt 4.1.1).

Bei der Wahl einer geeigneten Rezeptur für die Bentonitsuspension hilft die Beantwortung folgender Fragen:

- Muss vorhandenes Grundwasser verdrängt werden?
- Kann die Suspension unkontrolliert in das Nebengestein abfließen und so ihre Stützfunktion und Schmierfunktion verlieren?
- Welche Mengen an Bentonitsuspension sind erforderlich?

7.5 Rheologische Parameter der Bentonitsuspension

Von den physikalischen und rheologischen Parametern der Bentonitsuspension sind vier Eigenschaften für die hier betrachteten Fragen von Bedeutung:

- die Partikelgröße
- die Fließgrenze
- die Viskosität
- die Gelstärke

Ziel ist es, in Abhängigkeit von den geologischen Randbedingungen Standfestigkeit, Durchlässigkeit und Porenraum/Klüftigkeit die optimale Bentonitsuspension zu finden, die alle an sie gestellten Anforderungen hinsichtlich Stütz-, Schmier- und/oder Tragfunktion erfüllt. Die Auswahl gelingt über die Eingrenzung der rheologischen Parameter in einen bestimmten Wertebereich (vgl. oben genannte Suspensionsparameter).

Mithilfe von vorgegebenen Berechnungsformeln zu den Suspensionsparametern ist es möglich, zunächst z.B. den für die geologischen Randbedingungen erforderlichen Wert der (statischen) Fließgrenze zu berechnen und einen Zielwert für Bentonitprodukte verschiedener Hersteller zu finden.

Grundsätzlich können alle natürlichen Calcium- oder Natriumbentonite, alle aktivierten Natriumbentonite sowie Bentonite mit Polymerzugabe verwendet werden. Die Suspensionseigenschaften wie Fließgrenze oder Viskosität können durch die Zugabe von Polymeren bzw. Polymerprodukten gezielt auf gewünschte Werte eingestellt werden.

Bei der Produktauswahl hilft der direkte Kontakt zum Hersteller, der neben einer eingehenden Beratung auch Produktempfehlungen aussprechen kann. Nur so kann die Auswahl einer geeigneten Bentonitsuspension für ein Vortriebsprojekt unter Berücksichtigung der örtlichen Randbedingungen sowie der produktspezifischen Eigenschaften gelingen.

Für die im Folgenden näher besprochenen Suspensionsparameter wurden in den Flussdiagrammen in Bild 7-10 bis 7-17 Kriterien benannt, welcher Parameter in welchem Anwendungsfall besondere Relevanz besitzt.

Es ist nicht möglich, für jeden Suspensionsparameter eine spezielle Berechnungsformel zur Bestimmung des geeigneten Wertebereichs für den konkreten Einsatzfall anzugeben. Zudem stehen die rheologischen Eigenschaften von Bentonitsuspensionen in einem direkten Zusammenhang untereinander, sodass eine isolierte Betrachtung einzelner Parameter nicht möglich ist. Beispielsweise zieht eine Erhöhung der Fließgrenze einer Suspension automatisch eine Veränderung der Viskosität und der Gelstärke nach sich.

7.5.1 Partikelgröße

Die Partikelgröße der suspendierten Bentonitteilchen beträgt ≈20 μm (≈0,02 mm). Je nach der Größe der Porenräume im Lockergestein bzw. der Kluftöffnungsweite im Festgestein sind die Bentonitpartikel in der Lage, einen äußeren oder inneren Filterkuchen im anstehenden Baugrund zu bilden. Der Filterkuchen dient dann als Membran oder gering durchlässige Zone zur Übertragung des im Ringspalt wirkenden Stützdrucks auf das Korngerüst des anstehenden Baugrunds.

Ein äußerer Filterkuchen wird tendenziell in bindigen Lockergesteinen mit $d_\mathrm{w} \leq 0{,}06$ mm und in nichtbindigen Lockergesteinen mit $d_\mathrm{w} < 1$ mm gebildet. In nichtbindigen Lockergesteinen mit $d_\mathrm{w} = 1\text{–}6$ mm sowie Festgesteinen mit $2a < 1\text{–}6$ mm entsteht eher ein innerer Filterkuchen (Tabelle 7-5).

Tabelle 7-5 Stützmechanismus als Funktion der Partikelgröße

Äußerer Filterkuchen (1)	Innerer Filterkuchen (Kolmotation) (2)
bindiges Lockergestein $d_\mathrm{w} \leq 0{,}06$ mm	nichtbindiges Lockergestein $d_\mathrm{w} = 1\text{–}6$ mm
nichtbindiges Lockergestein $d_\mathrm{w} < 1$ mm	Festgestein $2a < 1$ mm

Für die Optimierung der Bentonitsuspension lassen sich einerseits minimale Fließgrenzen angegeben, die für die einfachere Auswahl einer Suspension insbesondere für sehr feinkörnige Lockergesteine mit $d_\mathrm{w} \leq 0{,}6$ mm anwendbar sind. Andererseits ist es vor allem bei grobkörnigeren Lockergesteinen empfehlenswert, entweder die Eindringtiefe der Bentonitsuspension als Funktion der Fließgrenze oder die (statische) Fließgrenze τ_F als Funktion der Eindringtiefe s zu berechnen. Aus wirtschaftlichen Gründen sollten möglichst geringe Werte für s erzielt oder gewählt werden, da mit zunehmender Eindringtiefe die Menge der in den Baugrund zu injizierenden Bentonitsuspension ansteigt.

Grundlagen Stützfunktion
- Die Stützfunktion wird durch die Bildung eines äußeren (1) oder inneren (2) Filterkuchens erreicht
- Bildung einer undurchlässigen Membran (1) oder undurchlässigen Zone (2)
- Übertragung des Stützdrucks im Ringspalt über die Membran (1) oder innerhalb der undurchlässigen Zone (2) auf das Korngerüst des anstehenden Baugrunds
- Der Stützdruck im Ringspalt ist 0,1–0,3 bar größer als der anstehende Grundwasserdruck
- Die Fließgrenze im Zustand der Ruhe (statische Fließgrenze stat τ_F) bestimmt die Eignung des Stützmittels → hohe Fließgrenze erwünscht
- Der Ringspalt ist vollständig mit Bentonitsuspension gefüllt
- Es muss ausreichend Suspension für das Abfiltern der Bentonitpartikel an der Grenzfläche (1) zum anstehenden Baugrund bzw. in der definierten Zone (2) im anstehenden Baugrund vorhanden sein
- Stützmittelverluste über den Vortriebsverlauf müssen ausgeglichen werden

Grundlagen Schmierfunktion
- Die Schmierfunktion wird durch den Aufbau einer Gleitschicht zwischen Vortriebsrohr und anstehendem Baugrund und die Verringerung des Reibungskoeffizienten μ erreicht
- Die Fließgrenze in der bewegten Suspension (dynamische Fließgrenze dyn τ_F) bestimmt die Eignung des Schmiermittels → niedrige Fließgrenze erwünscht
- Das Schmiermittel ist über den gesamten Rohrumfang verteilt
- Das Abfließen des Schmiermittels in den anstehenden Baugrund wird durch Bildung einer undurchlässigen Membran (1) oder undurchlässigen Zone (2) verhindert
- Schmiermittelverluste über den Vortriebsverlauf müssen ausgeglichen werden

7.5.2 Fließgrenze

Die Fließgrenze einer Suspension ist der entscheidende Parameter, wenn es im Zuge des Eindringvorgangs in einen bestehenden Baugrund zur Übertragung von Schubspannungen auf das Korngerüst kommt. Dieser Fall tritt bei der Bildung eines inneren Filterkuchens im nichtbindigen Lockergestein mit $d_\mathrm{w} = 1\text{–}6$ mm und im Festgestein mit $2a = 1\text{–}6$ mm sowie bei der reinen Eindringung im nichtbindigen Lockergestein mit $d_\mathrm{w} > 6$ mm und im Festgestein mit $2a > 6$ mm auf (Tabelle 7-6).

Tabelle 7-6 Eindringung in Abhängigkeit der Fließgrenze

Innerer Filterkuchen (Kolmotation) (2)	Reine Eindringung (3)
nichtbindiges Lockergestein $d_w = 1\text{–}6$ mm	nichtbindiges Lockergestein $d_w > 6$ mm
Festgestein $2a = 1\text{–}6$ mm	Festgestein $2a > 6$ mm

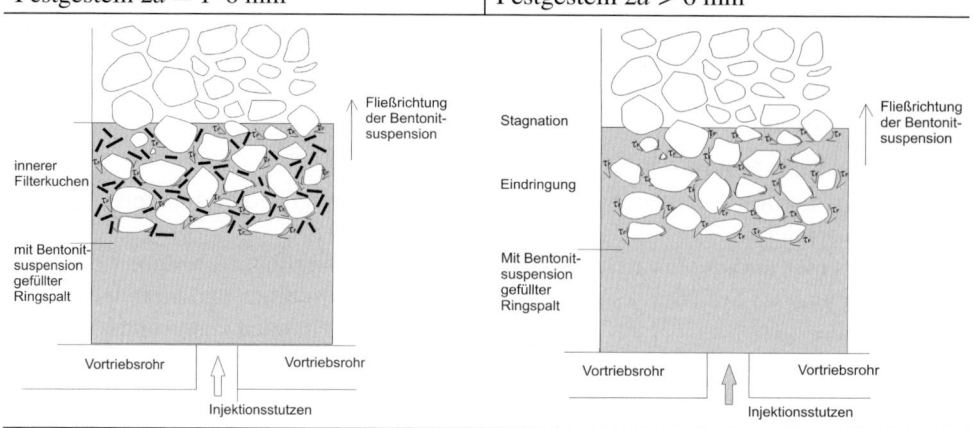

Grundlagen Stützfunktion
- Die Stützfunktion wird durch die Bildung eines inneren Filterkuchens (2) oder die Übertragung von Scherspannungen (3) von der Größe der Fließgrenze τ_F an den Porenkanalwandungen (Kornoberflächen) bzw. Kluftwandungen (Trennflächen) erreicht
- Bildung einer undurchlässigen Zone (2) oder gering durchlässigen Zone (3)
- Übertragung des Stützdrucks innerhalb der undurchlässigen Zone (2) oder gering durchlässigen Zone (3) auf das Korngerüst des anstehenden Baugrunds
- Der Stützdruck im Ringspalt ist 0,1–0,3 bar größer als der anstehende Grundwasserdruck
- Die Fließgrenze im Zustand der Ruhe (statische Fließgrenze stat τ_F) bestimmt die Eignung des Stützmittels → hohe Fließgrenze erwünscht
- Der Ringspalt ist vollständig mit Bentonitsuspension gefüllt
- Es muss ausreichend Suspension für das Abfiltern der Bentonitpartikel in der undurchlässigen Zone (2) bzw. der gering durchlässigen Zone (3) im anstehenden Baugrund vorhanden sein
- Stützmittelverluste über den Vortriebsverlauf müssen ausgeglichen werden

Grundlagen Schmierfunktion
- Die Schmierfunktion wird durch den Aufbau einer Gleitschicht zwischen Vortriebsrohr und anstehendem Baugrund und die Verringerung des Reibungskoeffizienten μ erreicht
- Die Fließgrenze in der bewegten Suspension (dynamische Fließgrenze dyn τ_F) bestimmt die Eignung des Schmiermittels → niedrige Fließgrenze erwünscht
- Das Schmiermittel ist über den gesamten Rohrumfang verteilt

7.5 Rheologische Parameter der Bentonitsuspension

– Das Abfließen des Schmiermittels in den anstehenden Baugrund wird durch die Bildung einer undurchlässigen Zone (2) oder einer gering durchlässigen Zone (3) verhindert
– Schmiermittelverluste über den Vortriebsverlauf müssen ausgeglichen werden

Im Beiblatt 1 zu DIN 4126 [22] werden für die Optimierung der Bentonitsuspension einerseits minimale Fließgrenzen für unterschiedliche wirksame Korndurchmesser d_w angegeben (Tabelle 7-7). Die angegebenen Werte ergeben sich aus der Gleichung

$$\min \tau_f = \frac{d_w \cdot \gamma'}{\tan \mathrm{cal}\varphi'} \tag{7.8}$$

Hierin bezeichnet d_w den wirksamen Korndurchmesser, $\mathrm{cal}\,\varphi'$ den inneren Reibungswinkel und γ' die Wichte des Bodens unter Auftrieb.

Tabelle 7-7 Mindestfließgrenze min τ_F nach DIN 4126 Beiblatt 1 [22]

d_w [mm]	min τ_F [N/m²]
≤0,6	10
≤2,0	30
≤5,0	70

Andererseits ist es empfehlenswert, entweder die Eindringtiefe der Bentonitsuspension als Funktion der Fließgrenze oder umgekehrt die (statische) Fließgrenze τ_F als Funktion der Eindringtiefe s (Tabelle 7-8) zu berechnen. Als bestimmende Parameter sind entweder der wirksame Korndurchmesser d_w oder die Kluftöffnungsweite $2a$ in die Berechnungen einzubeziehen. Aus wirtschaftlichen Gründen sollten möglichst geringe Werte für s erzielt oder gewählt werden, da mit zunehmender Eindringtiefe die Menge der in den Baugrund zu injizierenden Bentonitsuspension ansteigt.

Tabelle 7-8 Zusammenhang zwischen der Eindringtiefe s und der (statischen) Fließgrenze τ_F nach DIN 4126 [21]. Dabei ist s die Eindringtiefe (mm), d_w der wirksame Korndurchmesser (i.A. d_{10}, d.h. die Korngröße bei 10 Massen-% Siebdurchgang), $2a$ die Kluftöffnungsweite, Δp die Druckdifferenz zwischen Anfang und Ende der Eindringtiefe (= 0,1–0,3 bar = (1–3) × 10⁴ N/m²) und τ_F die (statische) Fließgrenze der Suspension

Lockergestein		Festgestein	
$s = \dfrac{d_w}{2\tau_F}\Delta p$	(7.9)	$s = \dfrac{2a}{2\tau_F}\Delta p$	(7.10)
$\tau_f = \dfrac{d_w}{2s}\Delta p$	(7.11)	$\tau_f = \dfrac{2a}{2s}\Delta p$	(7.12)

7.5.3 Viskosität

Bei der reinen Eindringung wird der Übergang von der Fließgrenze als dominierendem Parameter zur Viskosität außer von der Korngröße bzw. Kluftöffnungsweite insbesondere vom Grad der Durchlässigkeit des Locker- bzw. Festgesteins bestimmt (Bild 7-18). Während für gering durchlässigen Baugrund eher die Fließgrenze relevant ist, wird für hoch durchlässiges Locker- oder Festgestein die Viskosität als Suspensionsparameter maßgebend.

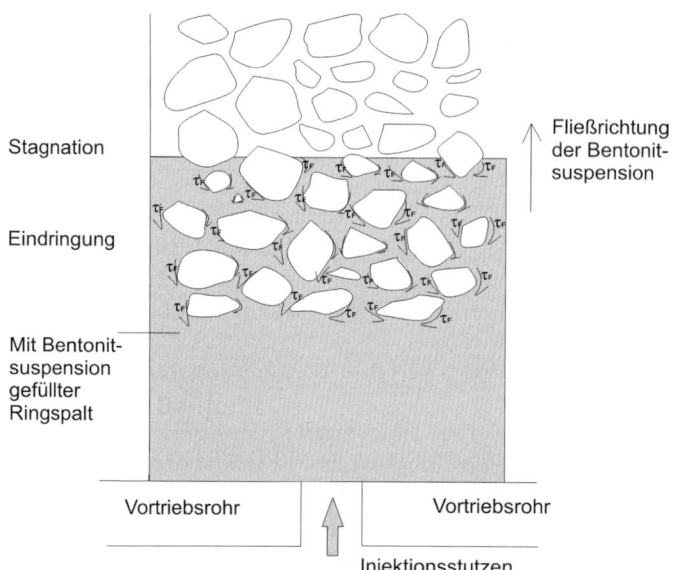

Bild 7-18 Reine Eindringung für nichtbindiges Lockergestein mit $d_w > 6$ mm bzw. Festgestein mit $2a > 6$ mm (große Durchlässigkeit)

Grundlagen Stützfunktion
- Die Stützfunktion wird durch die Übertragung von Scherspannungen (3) von der Größe der Fließgrenze τ_F an den Porenkanalwandungen (Kornoberflächen) bzw. Kluftwandungen (Trennflächen) erreicht
- Bildung einer gering durchlässigen Zone (3)
- Übertragung des Stützdrucks innerhalb der gering durchlässigen Zone (3) auf das Korngerüst des anstehenden Baugrunds
- Der Stützdruck im Ringspalt ist 0,1–0,3 bar größer als der anstehende Grundwasserdruck
- Die Fließgrenze im Zustand der Ruhe (statische Fließgrenze stat τ_F) bestimmt die Eignung des Stützmittels → hohe Fließgrenze erwünscht
- Der Ringspalt ist vollständig mit Bentonitsuspension gefüllt
- Die Stützmittelverluste müssen über den Vortriebsverlauf ausgeglichen werden

- Wenn große offene Strukturen im Baugrund vorliegen, kann der Einsatz von mechanischen Stopfmitteln erforderlich werden, um eine gering durchlässige Zone herzustellen
- Die Erhöhung der Viskosität kommt an ihre Grenzen, wenn die Pumpbarkeit der Bentonitsuspension nur durch eine stark erhöhte Pumpleistung oder gar nicht mehr gewährleistet ist. Alternativ kann versucht werden, die Viskosität nicht durch die Erhöhung des Bentonitanteils in der Suspension, sondern durch den gezielten Einsatz von Polymeren anzuheben.
- Mögliche Probleme: Suspensionsverluste, sehr schlechte Ringraumstabilität, Verbruchgefahr

Grundlagen Schmierfunktion
- Die Schmierfunktion wird durch den Aufbau einer Gleitschicht zwischen Vortriebsrohr und anstehendem Baugrund und Verringerung des Reibungskoeffizienten μ erreicht
- Die Fließgrenze in der bewegten Suspension (dynamische Fließgrenze dyn τ_F) bestimmt die Eignung des Schmiermittels → niedrige Fließgrenze erwünscht
- Das Schmiermittel ist über den gesamten Rohrumfang verteilt
- Das Abfließen des Schmiermittels in den anstehenden Baugrund wird durch Bildung einer gering durchlässigen Zone (3) verhindert
- Schmiermittelverluste müssen über den Vortriebsverlauf ausgeglichen werden

Da es keine geeignete Formel zur Berechnung der Viskosität der Bentonitsuspension gibt, wird an dieser Stelle auf die bekannte Formel zur Ermittlung der Fließgrenze bzw. Eindringtiefe verwiesen.

7.5.4 Gelstärke

Die Gelstärke misst wie in Abschnitt 2.4 beschrieben die Thixotropie einer Suspension unter statischen (d.h. ruhenden) Bedingungen. Die Gelstärke wird auch als Tragvermögen einer Suspension bezeichnet, also als die Fähigkeit, Bodenpartikel in der Schwebe zu halten. Dieser Effekt ist insbesondere bei Vortrieben im Festgestein von Bedeutung, da er aus dem Gesteinsverband nachträglich herausbrechende Felspartikel daran hindern kann, sich z.B. an der Sohle des Bohrlochs zu sammeln. Durch eine größere Ansammlung von Felspartikeln kann der aufgefahrene Hohlraum so weit eingeengt werden, dass der Vortrieb festfährt. Im Folgenden werden verschiedene Formeln angegeben, die beim Einstellen der Gelstärke bzw. Viskosität des Schmiermittels hilfreich sein können. Berechnungen zur Tragfunktion sind leider nur in Bezug auf die Dichte und der Viskosität verfügbar; die auftretenden Kräfte sind in Bild 7-19 veranschaulicht.

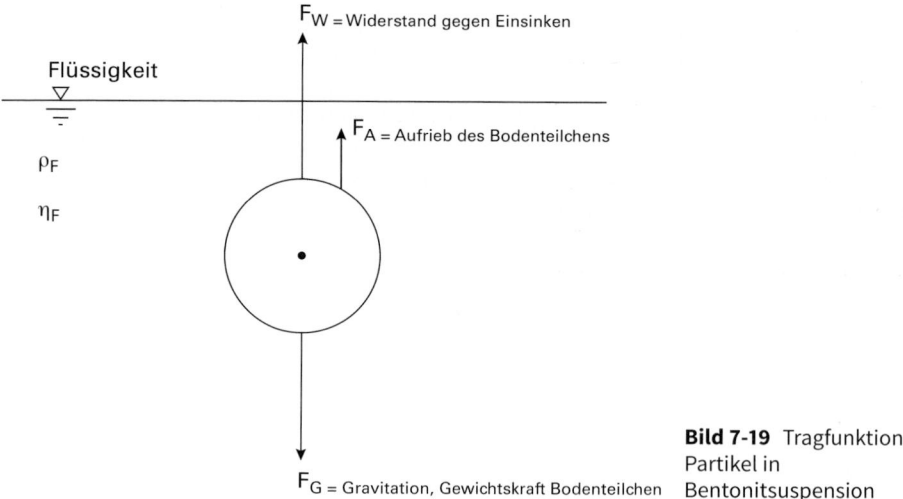

Bild 7-19 Tragfunktion Partikel in Bentonitsuspension

Grundlagen Tragfunktion
- Bodenteilchen sollen im vollständig mit Schmiermittel gefüllten Ringspalt in Schwebe gehalten werden
- Ein Absinken der Bodenteilchen wird durch eine hohe Tragfunktion des Schmiermittels verhindert
- Befindet sich das Schmiermittel in Bewegung, wird das Absinken durch die höhere Viskosität verhindert
- Befindet sich das Schmiermittel in Ruhe, wird das Absinken durch den Aufbau des Kartenhausgerüsts verhindert, dessen Festigkeit bzw. Tragfähigkeit als Gelstärke gemessen werden kann.

Für die erfolgreiche Realisierung der Tragfunktion müssen folgende Bedingungen erfüllt sein:

- Der Ringspalt muss vollständig gefüllt sein
- Die Differenz der Dichte von Spülung und Bodenteilchen muss gering sein
- Die Viskosität des Schmiermittels muss groß sein (Pumpfähigkeit beachten!)
- Die Gelstärke des Schmiermittels muss groß sein

Für den Auftrieb F_A eines Bodenteilchens (einer Kugel) gilt

$$F_A = \frac{\pi \cdot d_{Teilchen}^3}{6} \rho_{Suspension} g \qquad (7.13)$$

Die Gewichtskraft (Gravitationskraft) F_G eines Bodenteilchens (einer Kugel) gilt

$$F_G = \frac{\pi \cdot d_{Teilchen}^3}{6} \rho_{Teilchen} g \qquad (7.14)$$

Der Widerstand gegen das Einsinken eines Bodenteilchens (einer Kugel) als Funktion der Fließgrenze ist

$$F_G - F_A = \frac{\pi \cdot d_{\text{Teilchen}}^3}{6}\left(\gamma_{\text{Teilchen}} - \gamma_{\text{Suspension}}\right) \quad (7.15)$$

$$\tau_F = 0{,}7\frac{2}{3\pi} d_{\text{Teilchen}}\left(\gamma_{\text{Teilchen}} - \gamma_{\text{Suspension}}\right) \quad (7.16)$$

Alternativ kann die stationäre Sinkgeschwindigkeit eines Bodenteilchens in einer ruhenden Suspension auch nach folgender Gleichung aus der Hydromechanik bestimmt werden:

$$v = \frac{g \cdot d_{\text{Teilchen}}^2 \left(\rho_{\text{Teilchen}} - \rho_{\text{Suspension}}\right)}{18\eta} \quad (7.17)$$

Dabei ist in allen Gleichungen v die Sinkgeschwindigkeit des Bodenteilchen (in m/s), g die Erdbeschleunigung (9,81 m/s²), d_{Teilchen} der Durchmesser der Feststoffteilchen (in m), ρ_{Teilchen} die Dichte der Feststoffteilchen (in kg/m³), $\rho_{\text{Suspension}}$ die Dichte der Suspension (in kg/m³), γ_{Teilchen} die Wichte der Feststoffteilchen (in N/m³), $\gamma_{\text{Suspension}}$ die Wichte der Suspension (in N/m³) und η die dynamische Viskosität der Suspension (in kg/m s).

Damit die Tragfunktion wirksam ist, ist die Viskosität η des Schmiermittels so zu wählen, dass die Sinkgeschwindigkeit v nahe Null liegt.

7.6 Verpressmengen

7.6.1 Definition der Begriffe

Als *Ringspalt* wird der Hohlraum zwischen Rohraußenwand und anstehendem Baugrund bezeichnet, der planmäßig durch die Verwendung einer Vortriebsmaschine mit größerem Außendurchmesser als dem Rohraußendurchmesser entsteht. Zusätzlich kann der Ringspalt durch einen am Schneidrad/Bohrkopf angeordneten Überschnitt über den Außendurchmesser der Vortriebsmaschine hinaus vergrößert werden.

Das *Ringspaltvolumen* $V_{\text{Ringspalt}}$ entspricht der Menge an Schmiermittel, die erforderlich ist, um den planmäßig angeordneten Ringspalt zu füllen (Bild 7-20 links).

Das *Mehrverpressvolumen* $V_{\text{Mehrverpressung}}$ beschreibt die Menge an Schmiermittel, die in den Hohlraum des anstehenden Bodens bis zur Stagnation in einer bestimmten Eindringtiefe eingepresst wird (Bild 7-20 Mitte).

Das Mehrverpressvolumen ergibt sich aus der theoretischen Eindringtiefe s des Schmiermittels in den anstehenden Baugrund und dem nutzbaren Porenvolumen im Lockergestein $C_{\text{Porenraum}}$ bzw. dem nutzbaren Kluftvolumen im Festgestein $C_{\text{Kluftvolumen}}$. Die theoretische Eindringtiefe ist hierbei im Wesentlichen von den rheologischen Eigenschaften des Schmiermittels wie z.B. der Fließgrenze sowie der Art der Filterkuchenbildung abhängig. In tonigen Böden mit geringer Durchlässigkeit wird das Mehrverpressvolumen eher nahe Null liegen, während es in kiesigen Böden mit großer Durchlässigkeit ein Vielfaches des Ringspaltvolumens ausmachen kann.

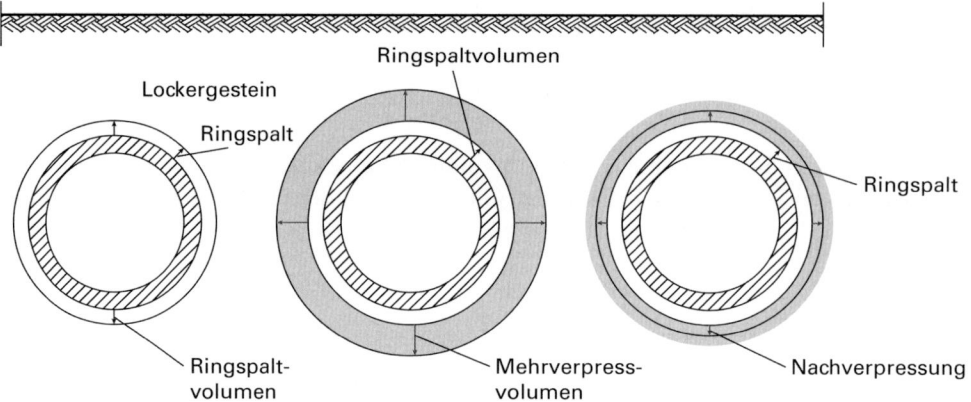

Bild 7-20 Erforderliche Schmiermittelmengen bestehend aus Ringspaltvolumen (links), Mehrverpressvolumen (Mitte) und Nachverpressung (rechts). (Quelle: Lehrstuhl für Tunnelbau, Leitungsbau und Baubetrieb, Ruhr-Universität Bochum)

Für die fachgerechte Schmierung beim Rohrvortrieb werden für die weiteren Ausführungen die folgenden Grundsätze festgelegt.

Der Ringspalt wird durch den Überschnitt am Schneidrad bzw. Bohrkopf und den Übergang vom größeren Außendurchmesser der Vortriebsmaschine zum kleineren Außendurchmesser der Vortriebsrohre erzeugt. Um eine effektive Ringspaltstützung zu erreichen, wird über die Schmierstationen im Bereich der Vortriebsmaschine das Ringspaltvolumen $V_{\text{Ringspalt}}$ zur Füllung dieses Hohlraums sowie das Mehrverpressvolumen $V_{\text{Mehrverpressung}}$ in den anstehenden Baugrund zur Stabilisierung nichtstandfester Böden injiziert. Das erforderliche Schmiermittelvolumen für die Schmierstationen in der Vortriebsmaschine ergibt sich demnach aus der Summe dieser beiden Volumina; es wird als Erstverpressvolumen bezeichnet (Bild 7-21). Nur eine rechtzeitige Stabilisierung des Baugrunds durch die Injektion einer ausreichenden Schmiermittelmenge und Aufrechterhaltung eines ausreichenden Stützdrucks kann das Offenhalten des Ringspalts sicherstellen.

Über die Schmierstationen im Rohrstrang wird kontinuierlich eine bestimmte Menge $V_{\text{Rohrstrang}}$ an Bentonitsuspension verpresst, um die Stützwirkung im anstehenden Boden und die Schmierwirkung im Ringspalt über den Vortriebsverlauf aufrecht zu erhalten. Dies erfolgt in einem zweiten Arbeitsgang über die im Rohrstrang angeordneten Schmierstationen. Die dabei injizierte Menge wird als Nachverpressvolumen bezeichnet. Das zu injizierende Suspensionsvolumen $V_{\text{Rohrstrang}}$ wird an die jeweils vorhandenen geologischen Gegebenheiten angepasst; in einem nahezu undurchlässigen Ton ist es vergleichsweise gering, in einem hoch durchlässigen Kies sehr groß (Bild 7-22). Für das gesamte Injektionsvolumen, d.h. die Summe aus der Erstverpressung V_{Maschine} und der Nachverpressung $V_{\text{Rohrstrang}}$, gelten Richtwerte je nach der durchfahrenen geologischen Situation (Tabelle 7-9).

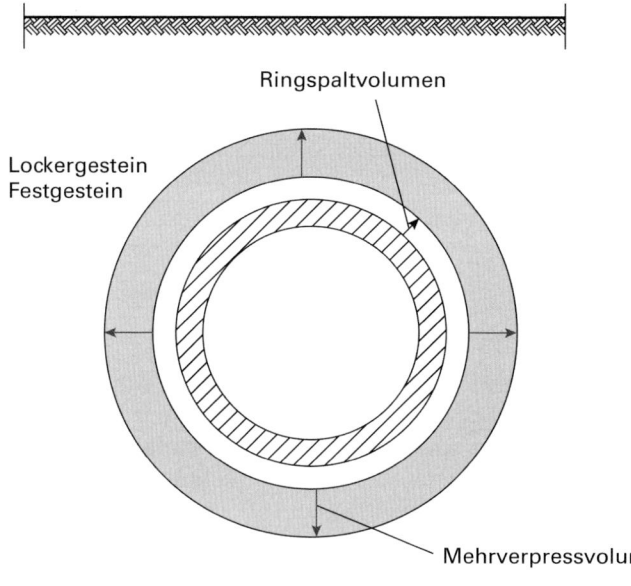

Bild 7-21 Erforderliche Schmiermittelmenge des Erstverpressvolumens für die Vortriebsmaschine (Ringspaltvolumen $V_{\text{Ringspalt}}$ und Mehrverpressvolumen $V_{\text{Mehrverpressung}}$) (Quelle: Lehrstuhl für Tunnelbau, Leitungsbau und Baubetrieb, Ruhr-Universität Bochum)

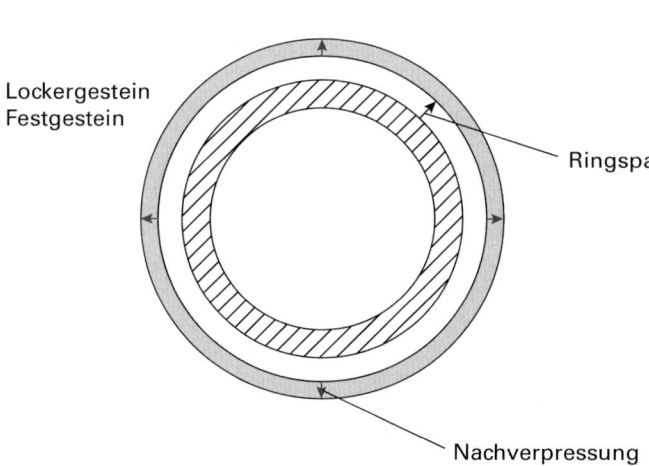

Bild 7-22 Erforderliche Schmiermittelmenge für die Schmierstationen im Rohrstrang (Nachverpressvolumen $V_{\text{Rohrstrang}}$). (Quelle: Lehrstuhl für Tunnelbau, Leitungsbau und Baubetrieb, Ruhr-Universität Bochum)

Tabelle 7-9 Richtwerte für die gesamten Injektionsmittelmengen pro Vortriebsmeter für die Erst- und Nachverpressung in Abhängigkeit der geologischen Gegebenheiten am Beispiel einer AVN 1400 für einen 500 m langen Vortrieb

Baugrund	Injektionsvolumen	Baugrund	Injektionsvolumen
Lockergestein		Festgestein	
Kies	$7{,}74 \cdot V_{Ringspalt}$	dichtständig geklüfteter Fels	$3{,}63 \cdot V_{Ringspalt}$
Kies/Sand	$5{,}19 \cdot V_{Ringspalt}$	mittelständig bis engständig geklüfteter Fels	$2{,}26 \cdot V_{Ringspalt}$
Sand	$3{,}12 \cdot V_{Ringspalt}$	poröser Fels	$1{,}95 \cdot V_{Ringspalt}$
Feinsand	$2{,}58 \cdot V_{Ringspalt}$	kompakter Fels	$1{,}83 \cdot V_{Ringspalt}$
Schluff	$2 \cdot V_{Ringspalt}$		
Ton	$1{,}67 \cdot V_{Ringspalt}$		

Um die gesamte Injektionsmenge für andere Bereiche von Durchmessern darzustellen, reicht der alleinige Vergleich mit dem Ringspaltvolumen wegen des sich ändernden Verhältnisses von Ringspalt zu Durchmesser nicht mehr aus. Die Tabellen 7-10 und 7-11 zeigen das Erstverpressvolumen als Funktion des Ringspaltvolumens sowie das Nachverpressvolumen als Funktion der Tunnelmantelfläche.

Tabelle 7-10 Richtwerte für die Injektionsmittelmengen für die Erstverpressung (an der Maschine) in m³/m pro Vortriebsmeter in Abhängigkeit von geologischen Gegebenheiten und Ringspaltvolumen

Baugrund	Erstverpressvolumen	Baugrund	Erstverpressvolumen
Lockergestein		Festgestein	
Kies	$4{,}18 \cdot V_{Ringspalt}$	dichtständig geklüfteter Fels	$1{,}6 \cdot V_{Ringspalt}$
Kies/Sand	$2{,}8 \cdot V_{Ringspalt}$	mittelständig – engständig geklüfteter Fels	$1{,}04 \cdot V_{Ringspalt}$
Sand	$1{,}36 \cdot V_{Ringspalt}$	poröser Fels	$1{,}01 \cdot V_{Ringspalt}$
Feinsand	$1{,}17 \cdot V_{Ringspalt}$	kompakter Fels	$1 \cdot V_{Ringspalt}$
Schluff	$1{,}02 \cdot V_{Ringspalt}$		
Ton	$1 \cdot V_{Ringspalt}$		

7.6 Verpressmengen

Tabelle 7-11 Richtwerte für die Injektionsmittelmengen in [m³/m je Vortriebsmeter] für die Nachverpressung in Abhängigkeit der Geologie und dem Zuschlagfaktor Mantelfläche C Mantel

Baugrund	Nachverpressvolumen	Baugrund	Nachverpressvolumen
Lockergestein		Festgestein	
Kies	0,196 m · Tunnelmantelfläche	dichtständig geklüfteter Fels	0,112 m · Tunnelmantelfläche
Kies/Sand	0,132 m · Tunnelmantelfläche	mittelständig – engständig geklüfteter Fels	0,067 m · Tunnelmantelfläche
Sand	0,097 m · Tunnelmantelfläche	poröser Fels	0,052 m · Tunnelmantelfläche
Feinsand	0,078 m · Tunnelmantelfläche	kompakter Fels	0,046 m · Tunnelmantelfläche
Schluff	0,054 m · Tunnelmantelfläche		
Ton	0,042 m · Tunnelmantelfläche		

Bei den in Tabelle 7-11 genannten Zuschlagfaktoren gilt zu beachten, dass diese anhand von Vergleichsstrecken von 500 m ermittelt wurden. Mithilfe der Formel 7-27 können die Zuschlagfaktoren C Mantel herangezogen werden um die Verpressmengen am Rohrstrang unabhängig von der Vortriebslänge zu berechnen.

Um die theoretische Gesamtverpressmenge entlang des Tunnels mithilfe der Faktoren C Mantel berechnen zu können muss folgende Berechnung angestellt werden:

$$Gesamtmenge\ Bentonit = \frac{Summe\ Erstverpressvolumen + Summe\ Nachverpressvolumen}{}$$

$$Gesamtmenge\ Bentonit = \frac{Länge\ Vortrieb\ [m] \cdot V\ Maschine\ [m^3/m] + C\ Mantel}{\cdot\ Tunnelmantelfläche\ [m^2] \cdot (Länge\ Vortrieb/2)}$$

Am Beispiel eines Vortriebes mit 500 m Länge mit einer AVN 1400 im Sand kann wie folgt gerechnet werden:

$$Gesamtmenge\ Bentonit = \frac{500\ m \cdot 1{,}36 \cdot 0{,}154\ m^3/m + 0{,}097 \cdot 5{,}58\ m^2 \cdot 500\ m}{\cdot (500\ m\ /\ 2) = 239{,}815\ m^3}$$

Die Multiplikation mit Vortriebslänge/2 ergibt sich aus dem Fakt, dass der erste Vortriebsmeter nahe des Schachtes entsprechend der Vortriebslänge oft nachversorgt wird. Der zuletzt aufgefahrene Vortriebsmeter wird aber nur einmal nachversorgt. Für die Gesamtmenge aller Tunnelmeter, die nachversorgt werden, ergibt sich ein Mittelwert von Vortriebslänge/2.

Zwischen der Erstverpressung $V_{Maschine}$ im Bereich der Vortriebmaschine (Bild 7-21) und der Nachverpressung $V_{Rohrstrang}$ verteilt über die Schmierstationen im gesamten Rohrstrang (Bild 7-22) bestehen folgende grundlegende Unterschiede:

- Über die Schmierstationen in der Vortriebsmaschine wird mehr Schmiermittel injiziert als über die Schmierstationen im Rohrstrang. Es wird daher empfohlen, für die Versorgung der Maschine und des Rohrstrangs grundsätzlich zwei separate Zuführungsleitungen im Schmiersystem vorzusehen, um die erforderlichen Schmiermittelmengen auch zur Verfügung stellen zu können.
- Die Schmiermittelinjektion $V_{Maschine}$ in der Vortriebsmaschine dient zur Füllung des Ringspalts (über das Ringspaltvolumen $V_{Ringspalt}$) und zur Stabilisierung des Baugrunds (über das Mehrverpressvolumen $V_{Mehrverpressung}$). Es handelt sich hierbei um eine stationäre Injektion im Zuge des Vortriebsfortschritts, bei der die komplette Schmiermittelmenge auf einmal injiziert wird. Die aktuelle Position der Vortriebsmaschine ist bekannt und kann an dieser Stelle der vorherrschenden geologischen Situation zugeordnet werden. Somit besteht die Möglichkeit, die zu injizierende Schmiermittelmenge an die geologischen Randbedingungen anzupassen. Da die benötigten Schmiermittelmengen in durchlässigem Kies größer sind als in nahezu undurchlässigem Ton, können diese bedarfsorientiert injiziert werden (Bild 7-23).
- Das Ringspaltvolumen $V_{Ringspalt}$ wird über den Vortriebsverlauf als konstant angenommen. Die variablen Schmiermittelmengen der Erstverpressung $V_{Maschine}$ in der Vortriebsmaschine werden vom Mehrverpressvolumen $V_{Mehrverpressung}$ bestimmt, dass sich je nach den vorherrschenden geologischen Bedingungen ändert (vgl. Bild 7-23).
- Das über die Schmierstationen im Rohrstrang injizierte Nachverpressvolumen $V_{Rohrstrang}$ hängt in jedem Vortriebsabschnitt von den dort herrschenden geologischen Parametern ab und ist somit über die Vortriebslänge variabel (Bild 7-24).

In den folgenden Diagrammen ist das erforderliche Volumen $V_{Maschine}$ für die Erstverpressung als Funktion der geologischen Verhältnisse entlang der Vortriebslänge dargestellt. Die Diagramme zeigen an, welche Menge Suspension pro Vortriebsmeter in einer bestimmten geologischen Umgebung durch die erste Schmierstation verpresst wird.

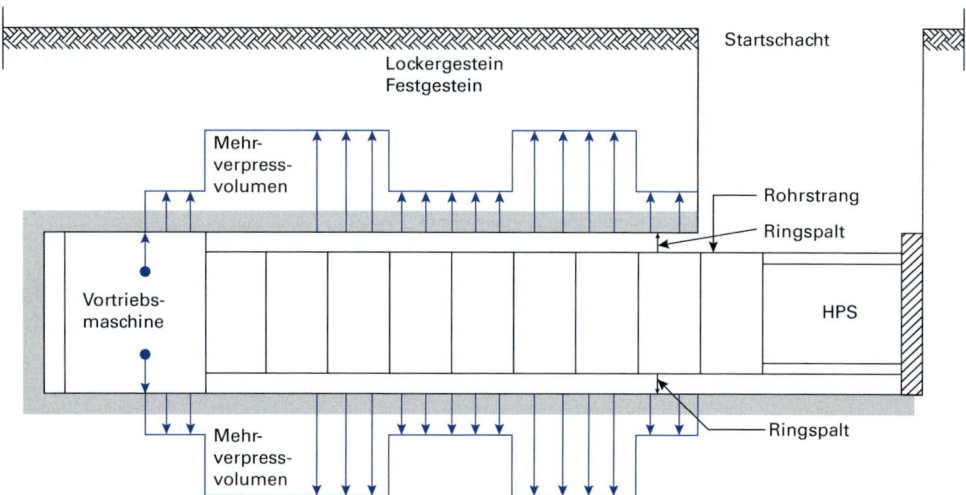

Bild 7-23 Theoretisches Modell für variierende Schmiermittelmengen $V_{Maschine}$ der Erstverpressung in der Vortriebsmaschine bei wechselnden geologischen Randbedingungen über den Vortriebsverlauf (Quelle: Lehrstuhl für Tunnelbau, Leitungsbau und Baubetrieb, Ruhr-Universität Bochum)

7.6 Verpressmengen

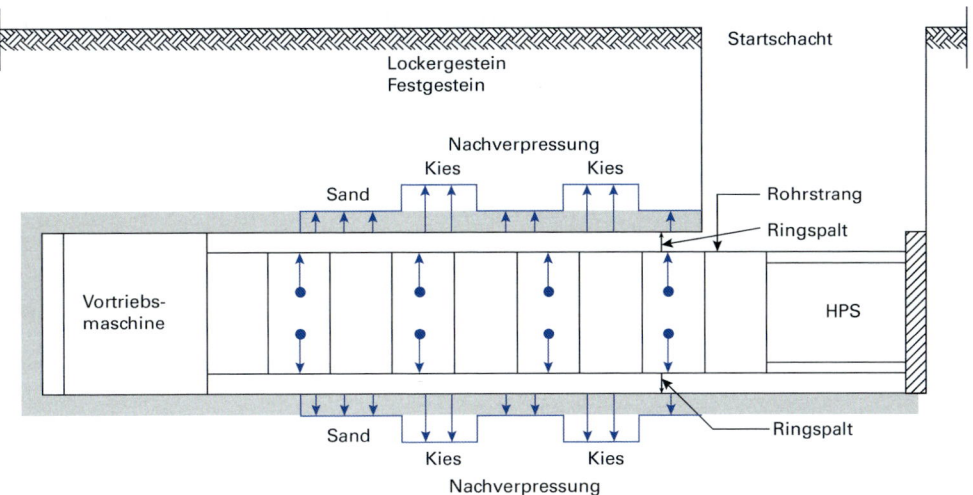

Bild 7-24 Theoretisches Modell für variierende Schmiermittelmengen $V_{Rohrstrang}$ der Nachverpressung im gesamten Rohrstrang bei wechselnden geologischen Randbedingungen über den Vortriebsverlauf (Quelle: Lehrstuhl für Tunnelbau, Leitungsbau und Baubetrieb, Ruhr-Universität Bochum)

Beispiel: Eine Vortriebsmaschine AVN 1400 XC ($AD_{Maschine} = 1740$ mm, $AD_{Rohr} = 1720$ mm) durchfährt einen Bereich in Kies. Das erforderliche Erstverpressvolumen $V_{Maschine}$ beträgt laut Diagramm 643 l/m. Diese Menge Schmiermittel wird in jedem Vortriebsmeter, den die Maschine im Kies durchfährt, vollständig durch die erste Schmierstation injiziert (Bild 7-25). (Entsprechende Werte für Sand = 209 l/m, für Schluff = 156 l/m.)

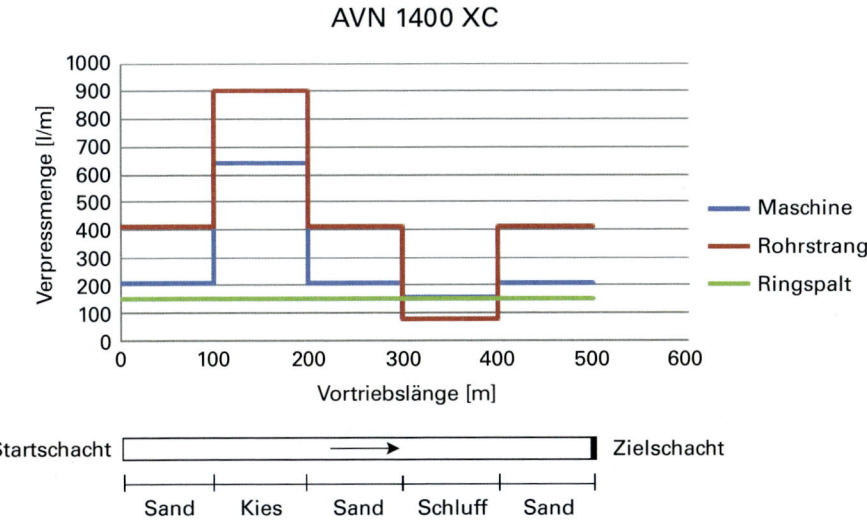

Bild 7-25 Variables Erstverpressvolumen $V_{Maschine}$ und Nachverpressvolumen $V_{Rohrstrang}$ in Abhängigkeit von den geologischen Gegebenheiten, jeweils pro Vortriebsmeter. Zum Vergleich: Das Ringspaltvolumen $V_{Ringspalt}$ ist über den Vortriebsverlauf konstant (Quelle: Lehrstuhl für Tunnelbau, Leitungsbau und Baubetrieb, Ruhr-Universität Bochum)

Im Gegensatz dazu beschreibt die Nachverpressung $V_{Rohrstrang}$ die kontinuierliche Abgabe einer Teilmenge des Schmiermittels über alle im Rohrstrang verteilten Schmierstationen über den gesamten Vortriebsverlauf. Das Ziel der Nachverpressung ist es, mögliche Schmiermittelverluste im Ringspalt auszugleichen, die sich mit der Zeit und zunehmender Vortriebslänge ergeben können. In den Diagrammen wird das erforderliche Nachverpressvolumen $V_{Rohrstrang}$ als Gesamtmenge (in l/m pro Vortriebsmeter) angegeben (Bild 7-26). Diese Mengenangabe bedeutet, dass in der jeweiligen geologischen Formation für jeden Meter Vortrieb, den die Vortriebsmaschine geleistet hat, eine bestimmte Menge Schmiermittel pro laufendem Meter des Rohrstrangs zu injizieren ist.

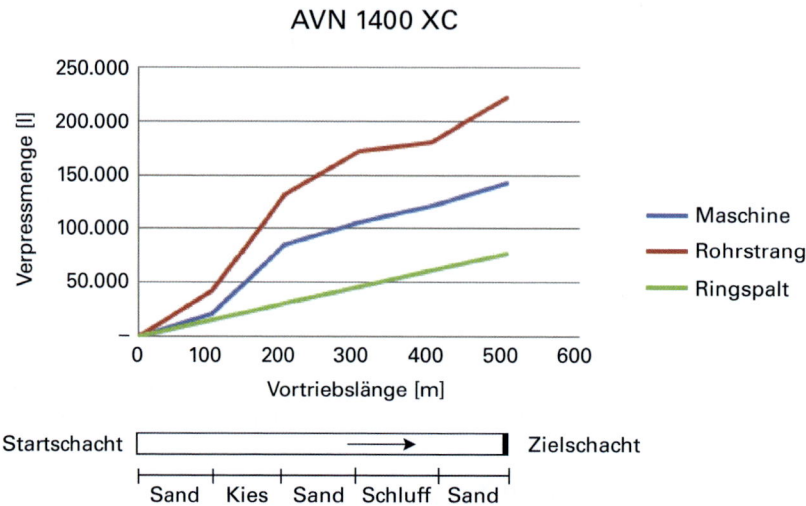

Bild 7-26 Variables Erstverpressvolumen $V_{Maschine}$, variables Nachverpressvolumen $V_{Rohrstrang}$ und – zum Vergleich – das konstante Ringspaltvolumen $V_{Ringspalt}$, jeweils über den Vortriebsverlauf summiert (Quelle: Lehrstuhl für Tunnelbau, Leitungsbau und Baubetrieb, Ruhr-Universität Bochum)

Beispiel: Das im Diagramm angegebene Nachverpressvolumen $V_{Rohrstrang}$ für eine Vortriebsmaschine AVN 1400 XC ($AD_{Maschine}$ = 1740 mm, AD_{Rohr} = 1720 mm) in Kies beträgt 2,19 l/m pro Vortriebsmeter (entsprechende Menge für Sand = 1,08 l/m pro Vortriebsmeter, für Schluff = 0,6 l/m pro Vortriebsmeter). Diese Menge an Schmiermittel muss für jeden Meter des Rohrstrangs über die Schmierstationen in den Kies injiziert werden, und zwar für jeden Vortriebsmeter, den die Vortriebsmaschine aufgefahren hat. Durch diese Mengenberechnung wird der Tatsache Rechnung getragen, dass eine Vortriebsmaßnahme meist über mehrere Wochen oder Monate läuft und die über diesen Zeitraum entstehenden Schmiermittelverluste vortriebsbegleitend ausgeglichen werden müssen.

Schmierstationen sind im Allgemeinen im Abstand von einigen Metern (z.B. 9 m bei 3 m langen Vortriebsrohren, d.h. jedes dritte Rohr ist ein Schmierrohr) im Rohrstrang angeordnet. Die erforderliche Schmiermittelmenge an der Stelle X im Vortriebsverlauf

7.6 Verpressmengen

ergibt sich aus dem Nachverpressvolumen $V_{Rohrstrang}$ summiert über die in der Zwischenzeit aufgefahrenen Vortriebsmeter. Wurde zuletzt an einer Stelle X nachinjiziert, so ergibt sich die nächste Verpressmenge aus den 2,19 l/m für Kies multipliziert mit den 9 m aufgefahrenen Vortrieb bis zum Eintreffen der nächsten Schmierstation an der Stelle X, also 19,71 l.

Betrachtet man die Injektionsmengen entlang der Vortriebsstrecke, so ergibt sich eine abschnittsweise lineare Verteilung, die ihr (relatives) Maximum am Startschacht und ihr Minimum am Zielschacht hat (Bild 7-27).

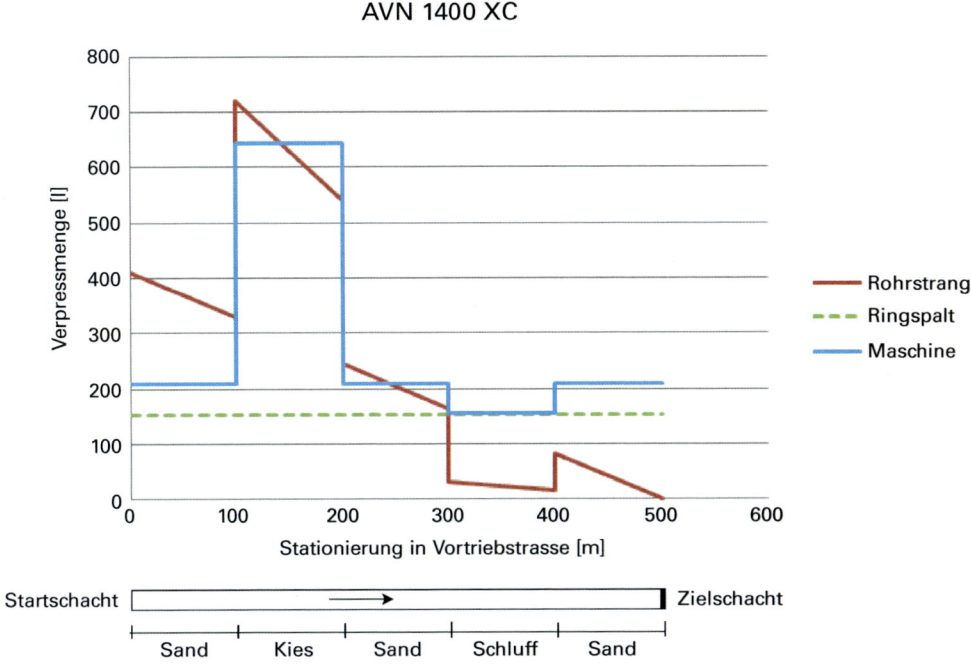

Bild 7-27 Individuelle Verpressmengen an den einzelnen Stationen entlang der Vortriebsstrecke über den Vortriebsverlauf (Quelle: Lehrstuhl für Tunnelbau, Leitungsbau und Baubetrieb, Ruhr-Universität Bochum)

7.6.2 Grundlagen für die Ermittlung der erforderlichen Verpressmenge

Die Diagramme zur Darstellung der erforderlichen Verpressmenge enthalten als Eingangsgrößen folgende Angaben:

- den Baugrund und die zugehörige Durchlässigkeit k_f
- die Außendurchmesser DN/AD Bohrkopf/Schneidrad, DN/AD Vortriebsmaschine und DN/AD Vortriebsrohre
- die Vortriebsgeschwindigkeit $v_{Vortrieb}$ (in mm/min)

7.6.2.1 Geologie und Durchlässigkeit

Die geologischen Gegebenheiten werden nach den Flussdiagrammen in den Abschnitten 7.4.2 und 7.4.3 in Festgestein, bindiges Lockergestein und nichtbindiges Lockergestein eingeteilt.

Die Flussdiagramme in Bild 7-12 und 7-16 enthalten Werte zur Durchlässigkeit k_f und grobe Angaben zum benötigten Schmiermittelvolumen. Die dort vorgenommene Einteilung anhand der k_f-Werte und der zugehörigen geologischen Verhältnisse wird hier vollständig übernommen. Zusätzlich werden die unterschiedlichen Arten von Lockergesteinen wie z.B. Kies, Kiessand oder Sand durch Angabe des Wertes d_{10} (Korngröße bei Siebdurchgang 10%) näher spezifiziert (Bild 7-28).

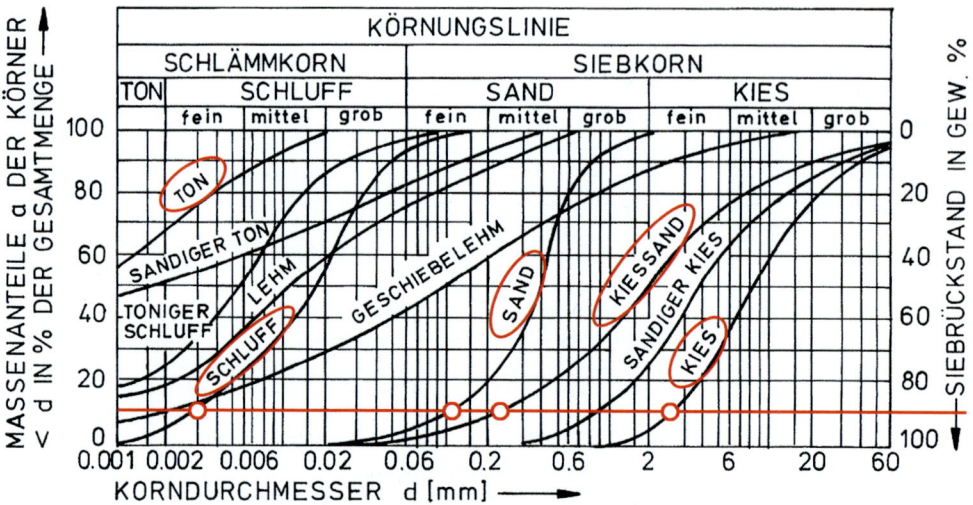

Bild 7-28 Typische Sieblinien mit zugehörigem d_{10} für verschiedene Lockergesteine [43]

Die Einteilung der Festgesteine erfolgt nach ISRM und IAEG in folgende Gruppen:

- dichtständig geklüfteter Fels
- mittelständig bis engständig geklüfteter Fels
- poröser Fels
- kompakter Fels

Die Durchlässigkeit wird in Lockergestein über den nutzbaren Porenraum und in Festgestein über das nutzbare Kluftvolumen bestimmt. Der nutzbare Hohlraum wird über einen Faktor $C_{\text{Porenvolumen}}$ für Lockergestein bzw. $C_{\text{Klufthohlraum}}$ für Festgestein (d.h. für porösen Fels) in die nachfolgenden Berechnungen einbezogen. Für die Berechnungen in den Diagrammen der Verpressmenge wurden jeweils die ungünstigsten (d.h. größten) Werte für das jeweils nutzbare Porenvolumen bzw. Kluftvolumen verwendet. Diese sind in den Tabellen 7-12 und 7-13 unterstrichen.

7.6 Verpressmengen

Tabelle 7-12 Nutzbarer Porenraum in bindigem und nichtbindigem Lockergestein [52]

Durchlässigkeit k_f	Bodenart	Nutzbarer Porenraum [%]	$C_{\text{Porenvolumen}}$
$k_f > 10^{-4}$	Kies (nichtbindig)	15–25	0,15–0,25
	grobkörniger Sand (nichtbindig)	15–30	0,15–0,30
$k_f = 10^{-4}$–10^{-6}	mittelkörniger Sand (nichtbindig)	12–25	0,12–0,25
	feinkörniger Sand (nichtbindig)	10–20	0,10–0,20
$k_f = 10^{-6}$–10^{-8}	Schluff (bindig)	5–10	0,05–0,10
$k_f < 10^{-8}$	Ton (bindig)	<5	<0,05

Tabelle 7-13 Nutzbares Kluftvolumen im Festgestein nach [52]

Gebirgsdurchlässigkeit k_f	Festgesteinsart	Nutzbares Kluftvolumen [%]	$C_{\text{Klufthohlraum}}$
	Sandstein, Grauwacke, Konglomerate	1,0–1,5	0,01–0,015
$k_f = 10^{-4}$–10^{-5}	schluffiger Sandstein	0,1–0,5	0,001–0,005
$k_f = 10^{-5}$–10^{-6}	Tonschiefer		
$k_f = 10^{-7}$–10^{-8}	Schluffsteine	<0,1	<0,001
	Tonsteine		

Für das übrige Festgestein, d.h. dichtständig geklüfteten Fels, mittelständig bis engständig geklüfteten Fels und kompakten Fels, wird das nutzbaren Kluftvolumen mithilfe des Kluftabstands, der Kluftöffnungsweite und der Eindringtiefe berechnet. In Tabelle 7-14 sind die Durchlässigkeitsbereiche in Fels und Lockergestein vergleichend gegenüber gestellt.

Tabelle 7-14 Gebirgsdurchlässigkeit mit einer Trennflächenschar mit definierter Klufterstreckung und einem mittleren Kluftabstand von 1 m im Vergleich zur mittleren Durchlässigkeit von Lockergesteinen ($2a$ steht hier für die Kluftöffnungsweite)

$2a$		k_T [m/s]	$\triangleq k$ (Boden)
0,1 mm		$0{,}6 \cdot 10^{-6}$	Schluff
		$0{,}3 \cdot 10^{-6}$	
0,2 mm		$0{,}5 \cdot 10^{-5}$	Sand
		$0{,}2 \cdot 10^{-5}$	
0,4 mm		$0{,}4 \cdot 10^{-4}$	
		$0{,}2 \cdot 10^{-4}$	
0,7 mm		$0{,}2 \cdot 10^{-3}$	Kies
		$0{,}1 \cdot 10^{-3}$	
1,0 mm		$0{,}6 \cdot 10^{-3}$	
		$0{,}3 \cdot 10^{-3}$	

7.6.2.2 Außendurchmesser von Vortriebsmaschine und -rohren

Zur Berechnung des Außendurchmessers $AD_{Bohrloch}$ des aufgefahrenen Hohlraums muss der Überschnitt $l_{Überschnitt}$ des Schneidrads bzw. Bohrkopfs zum Außendurchmesser $AD_{Maschine}$ der Vortriebsmaschine addiert werden. Die Differenz des Außendurchmessers $AD_{Bohrloch}$ des aufgefahrenen Hohlraums und des Außendurchmessers AD_{Rohr} der nachfolgenden Vortriebsrohre entspricht der Breite des entstehenden Ringspalts (vgl. Bild 7-20). Für die Berechnungen wird vorausgesetzt, dass der Ringspalt sowohl in Lockergestein als auch in Festgestein konstant ist, erhalten bleibt und vollständig mit Schmiermittel gefüllt ist. Das Ringspaltvolumen $V_{Ringspalt}$ ergibt sich aus der Differenz der Querschnittsflächen des aufgefahrenen Hohlraums mit dem Durchmesser $AD_{Bohrloch}$ und des Vortriebsrohrs mit dem Durchmesser AD_{Rohr} multipliziert mit der Vortriebslänge.

Die Außendurchmesser $AD_{Maschine}$ des Vortriebschilds und AD_{Rohr} der nachfolgenden Rohre wurden für die jeweiligen Standardversionen (nicht die Extension Kits!) aus den technischen Datenblättern

– AVN 800 XC–AVN 2000 AC
– AVN 1200 TB–AVN 1800 TB

- AVND 1600 AB–AVND 2200 AB
- AVND 2400 AB–AVND 3000 AB
- EPB 1500 AE–EPB 2600 AE

der Herrenknecht AG entnommen. Zusätzlich wurden die Daten folgender Maschinen mit einbezogen:

- AVND 3200 mit $AD_{Maschine} = 3980$ mm und $AD_{Rohr} = 3960$ mm
- AVND 3600 mit $AD_{Maschine} = 4210$ mm und $AD_{Rohr} = 4100$ mm

Als Standardwerte für den Überschnitt $l_{\text{Überschnitt}}$ werden die Werte aus Tabelle 7-15 verwendet. Die Angaben beziehen sich auf die Größenangaben des Außendurchmessers $AD_{Maschine}$ der Vortriebsmaschine; es werden jeweils die Maximalwerte verwendet.

Tabelle 7-15 Überschnitte $l_{\text{Überschnitt}}$ in Abhängigkeit vom Maschinendurchmesser bezogen auf den Außendurchmesser der Vortriebsmaschine (Quelle: Herrenknecht AG)

Maschinendurchmesser [mm]	Überschnitt [mm]
<1000	11–24
1000–2000	11–36
2000–3000	30–40
3000–4200	35–56

7.6.2.3 Vortriebsgeschwindigkeit

Die Vortriebsgeschwindigkeit v_{Vortrieb} ist ein entscheidender Faktor für die in Vortriebsmaschine und Rohrstrang zu injizierende Schmiermittelmenge. Eine hohe Vortriebsgeschwindigkeit bedingt eine hohe Pumprate und stellt daher große Anforderungen an die Bereitstellung des Schmiermittels, d.h. die Aufbereitung oder Herstellung unter Berücksichtigung erforderlicher Anmisch- und ausreichender Quellzeiten sowie die Leistung der installierten Pumpensysteme für die Versorgung der Schmierstationen in Maschine und Rohrstrang. Eine Übersicht über typische Vortriebsraten in Abhängigkeit vom eingesetzten Maschinentyp gibt Tabelle 7-16.

Tabelle 7-16 Durchschnittliche Vortriebsgeschwindigkeiten in Abhängigkeit von der Maschinengröße und der Bodenformation (Quelle: Herrenknecht AG)

Maschinentyp	Durchschnittliche Vortriebsraten [mm/min]			
	Kies	Sand	Ton	Fels
AVN 800	20–70	120–350	30–100	10–35
AVN 1200	40–100	120–260	20–80	10–50
AVN 1600	40–100	120–240	10–70	10–50
AVN 2000	40–80	80–180	10–70	10–60
AVN 2500	40–80	80–180	10–70	10–60
AVN 3000	40–80	80–180	10–70	10–60
AVN 3500	40–80	80–180	10–70	10–60

7.6.3 Berechnung der Verpressmengen V_{Maschine} und $V_{\text{Rohrstrang}}$

Als Grundlage für die nachfolgenden Berechnungen wird vorausgesetzt, dass das Schmiermittel mit seinen spezifischen Eigenschaften wie Fließgrenze, Gelstärke oder Viskosität optimal an die bestehenden Baugrundbedingungen angepasst ist.

Die erforderliche Verpressmengen setzen sich grundsätzlich aus der Summe der Volumina $V_{\text{Ringspalt}}$, $V_{\text{Mehrverpressung}}$ und $V_{\text{Rohrstrang}}$ zusammen. In der Vortriebsmaschine wird der Ringspalt sukzessive aufgefahren und vollständig mit Schmiermittel gefüllt. Zusätzlich wird dort der anstehende Baugrund durch die Infiltration des Schmiermittels stabilisiert. Dementsprechend ergibt sich die erforderliche Erstverpressmenge V_{Maschine} für die Vortriebsmaschine aus der Summe des Ringspaltvolumens $V_{\text{Ringspalt}}$ und des Mehrverpressvolumens $V_{\text{Mehrverpressung}}$. Im nachfolgenden Rohrstrang werden lediglich mögliche Verlustmengen des Schmiermittels ausgeglichen. Daher besteht die erforderliche Nachverpressmenge für den Rohrstrang nur aus dem Volumen $V_{\text{Rohrstrang}}$.

Für die Erstverpressmenge an der Maschine gilt folglich (in m³ pro Vortriebsmeter)

$$V_{\text{Maschine}} = V_{\text{Ringspalt}} + V_{\text{Mehrverpressung}} \qquad (7.18)$$

und für die Verpressmenge entlang des Rohrstrangs (in m³ pro Vortriebsmeter)

$$V_{\text{Rohrstrang}} = V_{\text{Gesamt}} - V_{\text{Maschine}} \qquad (7.19)$$

Die Gesamtmenge V_{Gesamt} ergibt sich als Richtwert nach Tabelle 7-9.

Der Außendurchmesser AD_{Bohrloch} des aufgefahrenen Hohlraums, der sich als Summe des Außendurchmessers AD_{Maschine} der Vortriebsmaschine und des Überschnitts $l_{\text{Überschnitt}}$ ergibt, und der Außendurchmesser AD_{Rohr} der Vortriebsrohre sind die Bezugsgrößen zur Bestimmung des Ringspaltvolumens $V_{\text{Ringspalt}}$.

Das Mehrverpressvolumen $V_{\text{Mehrverpressung}}$ hängt von der Eindringtiefe s des Schmiermittels in den anstehenden Baugrund ab. Hierbei wird nur der nutzbare Hohlraum im Baugrund, d.h. der Porenraum im Lockergestein bzw. der Kluftraum im Festgestein, mit Schmiermittel gefüllt. Für die theoretischen Betrachtungen wird eine radiale Verteilung im Boden zu Grunde gelegt.

Den Diagrammen liegen die folgenden Gleichungen zu Grunde.

Für die Eindringtiefe s in Lockergestein gilt

$$s = \frac{(\Delta p \cdot d_{\text{w}})^2}{2\tau_{\text{F}}} \qquad (7.20)$$

7.6 Verpressmengen

In Festgestein lautet die entsprechende Beziehung

$$s = \frac{(\Delta p \cdot 2a)^2}{2\tau_F} \tag{7.21}$$

Das Ringspaltvolumen ist (in m³/m, d.h. pro Vortriebsmeter angegeben)

$$V_{\text{Ringspalt}} = \pi \frac{\left(AD^2_{\text{Bohrloch}} - AD^2_{\text{Rohr}}\right)^2}{4} \tag{7.22}$$

Für das Mehrverpressvolumen (in m³ pro Vortriebsmeter) gilt in Lockergestein

$$V_{\text{Mehrverpressung}} = \pi \frac{\left(AD^2_{\text{Bohrloch}} + 2s\right)^2 - AD^2_{\text{Bohrloch}}}{4} C_{\text{Porenraum}} \tag{7.23}$$

und in Festgestein

$$V_{\text{Mehrverpressung}} = \pi \frac{\left(AD_{\text{Bohrloch}} + 2s\right)^2 - AD^2_{\text{Bohrloch}}}{4} C_{\text{Kluftvolumen}} \tag{7.24}$$

Für die Erstverpressmenge an der Maschine gilt (in m³ pro Vortriebsmeter)

$$V_{\text{Maschine}} = V_{\text{Ringspalt}} + V_{\text{Mehrverpressung}} \tag{7.25}$$

und die Pumprate an der Vortriebsmaschine (in m³/min) ist demzufolge

$$\begin{aligned}Q_{\text{Maschine}} &= \left(V_{\text{Ringspalt}} + V_{\text{Mehrverpressung}}\right) v_{\text{Vortrieb}} \\ &= \pi \left[\frac{AD^2_{\text{Bohrloch}} - AD^2_{\text{Rohr}}}{4} + \frac{\left(AD_{\text{Bohrloch}} + 2s\right)^2 - AD^2_{\text{Bohrloch}}}{4} C_{\text{Porenraum}} \right] v_{\text{Vortrieb}}\end{aligned} \tag{7.26}$$

Die Verpressmenge Rohrstrang $V_{\text{Rohrstrang}}$ (in m³/m pro m, d.h. pro laufendem Meter Rohstrang und pro Vortriebsmeter) wird als Funktion der Mantelfläche des Bohrlochs berechnet:

$$V_{\text{Rohrstrang}} = \frac{C_{\text{Mantel}} \cdot F_{\text{Bohrloch}}}{L_{\text{Vergleich}}} \tag{7.27}$$

Dabei ist C_{Mantel} ein Zuschlagfaktor zur Mantelfläche für Verpressung in den Untergrund, F_{Bohrloch} die Mantelfläche des Ausbruchsquerschnitts und $L_{\text{Vergleich}}$ ist die Länge der Vergleichsstrecke (z.B. 500 m), für die der Zuschlag zur Mantelfläche ermittelt wurde.

Entsprechend gilt für die Pumprate $Q_{\text{Rohrstrang}}$ (in m³/min) je nach Vortriebsgeschwindigkeit v_{Vortrieb}

$$Q_{\text{Rohrstrang}} = V_{\text{Rohrstrang}} \cdot v_{\text{Vortrieb}} \tag{7.28}$$

In diesen Gleichungen bedeuten

- V_{Maschine} die in der Vortriebsmaschine injizierte Erstverpressmenge (in m³/m)
- $V_{\text{Rohrstrang}}$ die im Rohrstrang injizierte Nachverpressmenge (in m³/m)
- $V_{\text{Ringspalt}}$ das Ringspaltvolumen (in m³/m)
- $V_{\text{Mehrverpressung}}$ das Mehrverpressvolumen in der Maschine (in m³/m)
- $AD_{\text{Bohrloch}} = AD_{\text{Maschine}} + l_{\text{Ringspalt}}$ den Außendurchmesser des Bohrlochs (in m)
- AD_{Rohr} den Außendurchmesser der Vortriebsrohre (in m)
- s die Eindringtiefe (in m)
- $C_{\text{Porenraum}}$ den Faktor für das Porenraumvolumen im Lockergestein gemäß Tabelle 7-12
- $C_{\text{Kluftvolumen}}$ den Faktor für das Kluftvolumen im Festgestein gemäß Tabelle 7-13.
- V_{Vortrieb} die Vortriebsgeschwindigkeit (in m/min)
- d_{w} den wirksamen Korndurchmesser (i.A. mit d_{10}, d.h. der Korngröße für 10 Gew.-% Siebdurchgang, gleichgesetzt; in mm)
- $2a$ die Kluftöffnungsweite (in mm)
- Δp die Druckdifferenz zwischen Anfang und Ende der Eindringtiefe (in N/m²; typische Werte $\approx$ 0,1–0,3 bar = (1–3) $\times$ 10^4 N/m²)
- τ_F die (statische) Fließgrenze (in N/m²)
- C_{Mantel} den Zuschlagfaktor Mantelfläche für die Verpressung in den Untergrund (in m³)
- F_{Bohrloch} die Mantelfläche des Ausbruchsquerschnittes (in m²)
- $L_{\text{Vergleich}}$ die Länge der Vergleichsstrecke (hier 500 m) für den Zuschlag auf die Mantelfläche (in m)

7.7 Das zeitabhängige Verlustvolumen

Der Verlust von Schmierbentonit in den Untergrund und der Abbau bis hin zur Zersetzung des Schmierfilmes erfolgt zeitabhängig. Eine genaue Berechnung dieser Effekte ist jedoch schwierig. Beispielsweise gibt es keine verlässlichen Informationen über die Zersetzung eines Schmierbentonits im Laufe der Zeit als Funktion z.B. der chemischen Zusammensetzung des Wassers, die man in einer solchen Berechnung verwenden könnte. Die oben angeführte Berechnung der Nachverpressmenge deckt den normalen zeitlichen Verlust mit ab. Dabei wird berücksichtigt, dass auch für den weiteren Vortrieb eine gewisse Zeit benötigt wird. Die Dimensionierung der Nachverpressmenge ist somit indirekt zeitabhängig; längere Stillstände sind dabei jedoch nicht berücksichtigt.

Bei längeren Stillständen (mehrere Tage) empfiehlt es sich, den Bentonitschmierfilm von Zeit zu Zeit durch regelmäßiges Nachpressen zu pflegen. Nach regulären Vortriebsunterbrechungen wie z.B. über Nacht oder über das Wochenende empfiehlt es sich, das Schmiersystem vor Vortriebstart einmal durchlaufen zu lassen, um den Schmierfilm wieder zu reaktivieren.

7.8 Schmierstrategien

Das Ziel der Schmierung ist das Herabsetzen der Mantelreibung bzw. die Kontrolle der erforderlichen Vortriebskraft durch Aufrechterhaltung einer optimaler Stütz- und Schmierfunktion im Ringspalt. Wenn die Vortriebskraft möglichst gering ist, kann der Vortrieb im günstigsten Fall nur unter Einsatz der Hauptpressstation im Startschacht, also ohne Einsatz von Zwischenpressstationen (Dehnern) erfolgen. Dadurch können hohe (Netto-) Vortriebsgeschwindigkeiten erzielt werden.

Unter dem Begriff Schmierstrategie werden alle Maßnahmen, Randbedingungen und Überlegungen zusammengefasst, die die Wahl des eingesetzten Schmierzyklus bestimmen, d.h. alle Einstellungen zur Injektion von Schmiermittel an den einzelnen Ventilen bzw. Injektionsstutzen der Schmierstationen im Rohrstrang und der Vortriebsmaschine.

7.8.1 Intervallgesteuerte Systeme

Der Schmierzyklus beschreibt die jeweiligen Öffnungszeiten der Injektionsventile bzw. -stutzen der Schmierstationen in der Maschine und im Rohrstrang unter Berücksichtigung der Reihenfolge der jeweils angesteuerten Schmierstation.

Grundsätzlich kann bei intervallgesteuerten Systemen ein Normal- oder ein Extrazyklus eingestellt werden. Der Normalzyklus sieht eine Ansteuerung der Schmierstationen gemäß der Reihenfolge ihres Einbaus in den Vortriebsverlauf vor, d.h. der Schmierzyklus beginnt bei Schmierstation 1, die üblicherweise in der Vortriebsmaschine angebracht ist, wobei die Ventile 1, 2, und 3 der Reihe nach geöffnet werden. Danach wird zur Schmierstation 2 gewechselt, in der wiederum alle drei Ventile nacheinander angesteuert werden. Je größer die aktuelle Vortriebslänge ist, desto länger dauert ein vollständiger Schmierzyklus. Das bedeutet aber auch, dass bei hohen Vortriebsleistungen bestimmte Baugrundbereiche, insbesondere an der Vortriebsmaschine, unter Umständen mit wenig Schmiermittel versorgt werden. Bereiche nahe des Schachts werden meist überversorgt, da hier die größte Zahl von Bentonitstationen durchgefahren wurden (Bild 7-29).

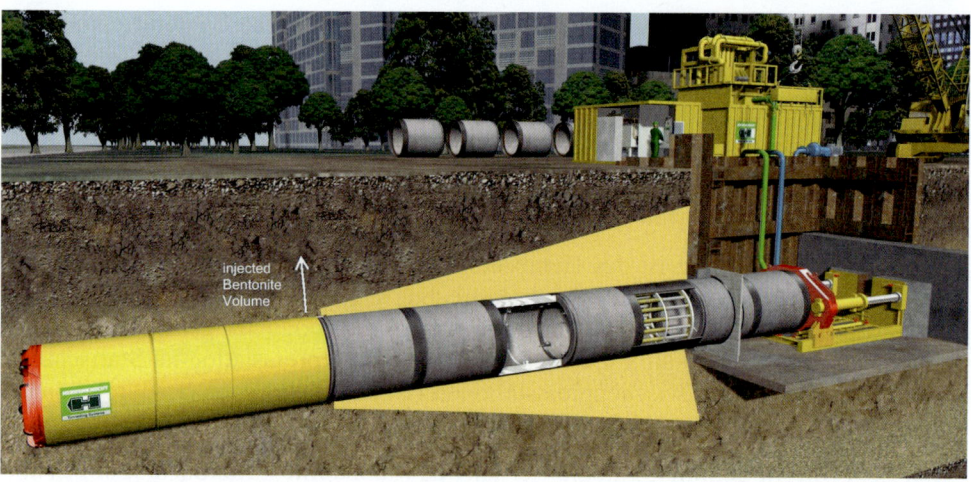

Bild 7-29 Ungleichmäßige Verteilung des verpressten Bentonits über die Vortriebstrasse bei ausschließlicher Verwendung des Normalzyklus (Quelle: Herrenknecht AG)

Diesem Effekt beugt der Einsatz des Extrazyklus vor. Hierbei wird nach jeder Ansteuerung einer Schmierstation im Rohrstrang einmal die Schmierstation in der Vortriebsmaschine angesteuert, d.h. nach Versorgung der Schmierstation 2 im Rohrstrang wird die Schmierstation 1 in der Maschine versorgt, danach die Schmierstation 3 im Rohrstrang usw. Dieses Schema kann dann beispielsweise in der Form 1–2–1–3–1–4–1–5–1–6 weitergeführt werden. Der Einsatz des Extrazyklus stellt sicher, dass besonders der wichtige Bereich um die Maschine ausreichend mit Bentonit versorgt wird. Dabei können auch mehrere Bentonitstationen im Extrazyklus verwendet werden, z.B. 1–2–2–1–2–3–1–2–4–1–2–5–1–2–6–1–2, um auch größere Bereich um die Vortriebsmaschine bevorzugt zu versorgen. Auf diese Weise wird der Bereich nahe des Schachts nicht zu stark überschmiert (Bild 7-30).

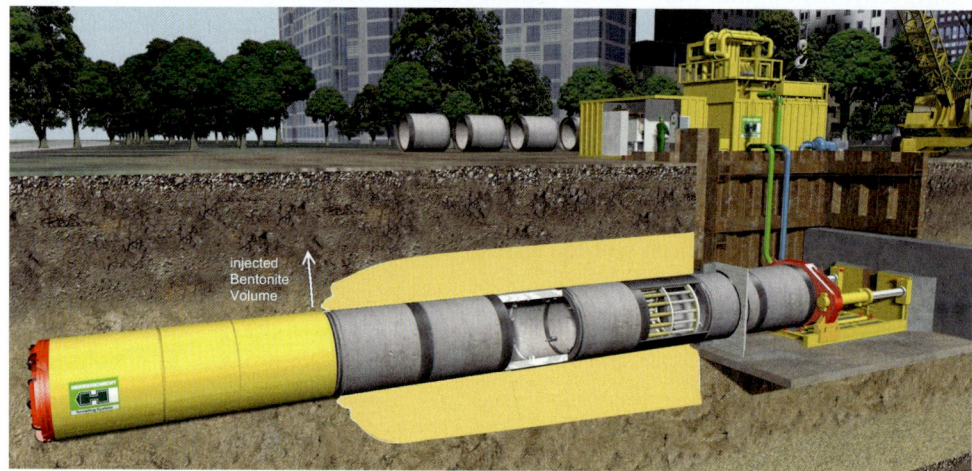

Bild 7-30 Gleichmäßige Verteilung des verpressten Bentonits über die Vortriebstrasse durch Verwendung von Normal- und Extrazyklus (Quelle: Herrenknecht AG)

7.8.2 Volumenkontrollierte Systeme

Eine Weiterentwicklung der Bentonitsysteme sind die so genannten volumenkontrollierten Systeme. Sie ermöglichen eine gezieltere und damit einfachere und effizientere Einbringung des Bentonits entlang der Tunneltrasse. Dabei kann auf trassenspezifische Unterschiede, wie z.B. erhöhten Bentonitbedarf einzelner Trassenabschnitte in Kiesbereichen reagiert werden (Bild 7-31). Jede Bentonitstation, die diesen Bereich durchfährt, verpresst dann entsprechend der gewählten Nachverpressmenge mehr Bentonitsuspension.

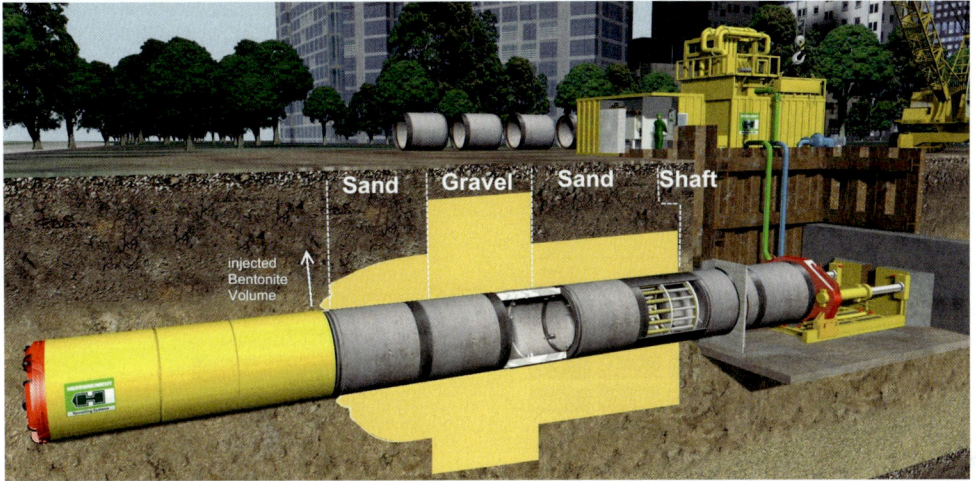

Bild 7-31 Trassenbezogene Bentonitverteilung bei Verwendung eines volumenkontrollierten Bentonitschmiersystems (Quelle: Herrenknecht AG)

Ein volumenkontrolliertes Bentonitschmiersystem arbeitet nach folgenden Grundprinzipien:

– Die Steuerlogik arbeitet volumengesteuert.
– Die Trasse wird in Abschnitte von je 1 m Länge unterteilt. Jeder Trassenabschnitt wird entsprechend der geologischen Gegebenheiten klassifiziert; entsprechend werden den jeweiligen Abschnitten Erst- und Nachverpressmengen (Liter pro Abschnittsmeter und Meter Vortrieb) zugeteilt.
– Das System versorgt die jeweiligen Trassenabschnitte während des fortschreitenden Vortriebs automatisch mit den festgelegten Mengen.
– Die Erstverpressmengen werden an der ersten Bentonitstation verpresst.
– An den restlichen Trassenabschnitten summieren sich die Nachverpressmengen innerhalb eines Trassenabschnitts solange auf (für jeden aufgefahrenen Vortriebsmeter kommt die festgelegte Nachverpressmenge dazu), bis eine Bentonitstation diesen Trassenabschnitt erreicht und dann die aufgelaufene Bentonitmenge verpresst.

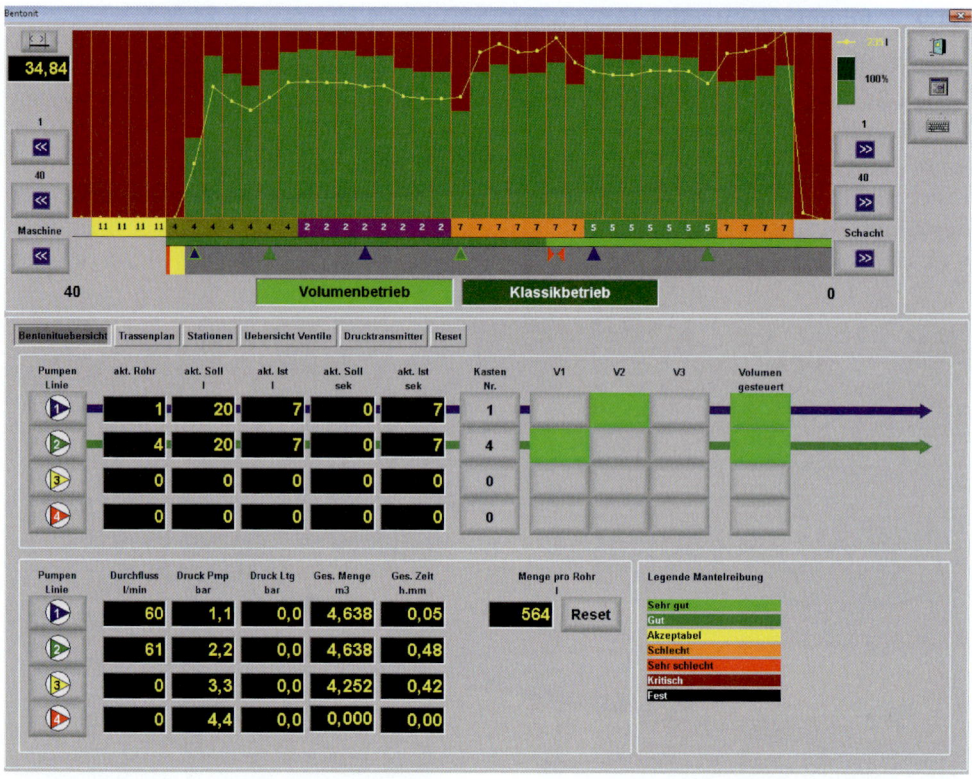

Bild 7-32 Anzeige des Systemmonitors eines volumenkontrollierten Schmiersystems (Quelle: Herrenknecht AG)

Für diese volumenkontrollierte Arbeitsweise hält der Computer folgende Daten vor (Bild 7-32):

– die aktuelle Vortriebslänge bzw. Position der Vortriebsmaschine
– die Position der Auslassventile (Bentonitstationen) relativ zur Rohrfolge und der Trasse
– die Hublängen der Dehner
– die gespeicherten Informationen zu geologischen Gegebenheiten, Soll-Verpressmengen und verpressten Mengen für alle Trassenabschnitte

Der Computer steuert bis zu 4 Bentonitpumpen und stellt die zugehörigen Druck- und Durchflussdaten grafisch dar.

7.8.3 Schmierstrategien für Erst- und Nachverpressung

Der für den Aufbau einer effektiven Bentonitschmierung wichtigste Bereich befindet sich dort, wo der Ringspalt entsteht, also direkt am Schild oder spätestens gleich dahinter am Übergang zum Vortriebsrohr. Die Bentonitverpressung in diesem Bereich wird als Erstverpressung bezeichnet (Bild 7-33). Aufgaben und Ziele der Erstverpressung sind:

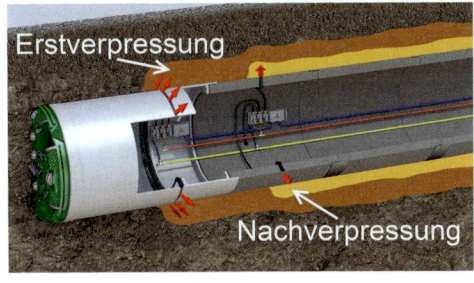

Bild 7-33 Prinzip der Erst- und Nachverpressung (Quelle: Herrenknecht AG)

– die Füllung des Ringspalts mit Bentonitsuspension, um Rückspülen von der Ortsbrustbohrspülung sowie Bohrklein zu vermeiden
– Bodenpartikel durch die Gelstärke der Bentonitsuspension in der Schwebe zu halten
– die Stützung des Untergrunds durch Aufbauen eines Stützdrucks
– den Aufbau eines Stützdrucks durch Bildung eines Filterkuchens oder durch Eindringen der Bentonitsuspension in den Untergrund bis zur Stagnation
– die Verringerung der Mantelreibung zwischen Untergrund und Vortriebsrohr

Wenn diese Punkte erfüllt sind, ist der Grundstein für eine effektive Ringraumschmierung gelegt.

Da eine effektive Schmierung direkt am Schild bei manchen Projekten zu einer starken Verrollungsgefahr der Maschine führen kann, wird in diesen Fällen der Punkt der Erstverpressung hinter den Schild in den Bereich des ersten Betonrohrs verlegt (Bild 7-34).

Bild 7-34 Verlegung des Bereichs der Erstverpressung: Links normale Erstverpressung, rechts Bereich der Erstverpressung bei starker Verrollungsgefahr am Schild (Quelle: Herrenknecht AG)

Andere Gegenmaßnahmen gegen eine mögliche Verrollung sind das zugfeste Verbinden (Verrollsicherung) des Schilds mit einer möglichst großen Anzahl von Betonrohren oder die Verwendung von ausfahrbaren Antirollflossen im Schild.

Die im Zuge der so genannten Nachverpressung (Bild 7-33) am restlichen Rohrstrang verpressten Bentonitmengen dienen dazu, im Vortriebsverlauf auftretende Schmiermittelverluste durch Auswaschung oder Abwanderung in den Baugrund oder aber eine Veränderung der Suspensionseigenschaften über den Vortriebszeitraum infolge von Zersetzung, Abnahme oder Verlust der Fließgrenze oder der Viskosität etc. auszugleichen.

Es muss also sowohl der Bereich bei der Maschine (Erstverpressung) als auch der restliche Rohrstrang (Nachverpressung) mit Bentonitsuspension versorgt werden. Die Priorität liegt hierbei auf der Erstverpressung.

Die Versorgung der Erstverpressung muss immer, unter allen Umständen und in ausreichender Menge gewährleistet sein. Hierzu ist gegebenenfalls eine separate Schmiermittelversorgung (entkoppelt von der Versorgung der Schmierstationen im nachfolgenden Rohrstrang) vorzusehen.

Der Einsatz eines Schmierrings ist sehr gut geeignet, um eine gleichmäßige und gleichförmige Verteilung von Schmiermittel am Umfang der Maschine bzw. des Rohrstrangs zu erreichen. Der Vorteil dieses Injektionssystems ist, dass das Schmiermittel in ausreichender Menge über den gesamten Rohrumfang und mit einem gemäßigten Injektionsdruck in den Ringspalt und den anstehenden Boden eingebracht wird.

7.8.4 Besondere Schmierstrategien bei Direct Pipe® und verwandten Verfahren

Bei dem Direct-Pipe®-Verfahren, kleinen Rohrvortrieben und speziellen Anwendungen kann der Fall eintreten, dass keine Verpressstutzen entlang des Rohrstrangs platziert werden können. Der Grund hierfür ist meistens entweder, dass die Hülle im Produktrohr nicht beschädigt werden darf (Direct Pipe®), oder aber, dass der Rohrdurchmesser so klein ist, dass entweder generell keine Installation von Bentonitstationen möglich ist oder eine Räumung der Bentonitstationen nach Fertigstellung des Vortriebs nicht möglich wäre.

In diesem Fall muss die gesamte Bentonitschmierung mit der Erstverpressung abgedeckt sein und kann nicht nachgepflegt werden. Dies hat erhöhte Ansprüche an die Qualität der verwendeten Produkte sowie an die Verpresstechnik zur Konsequenz. Da in solchen Fällen teilweise mit größeren Überschnitten gearbeitet wird und die gesamte Bentonitmenge mehr oder weniger an einer einzigen Stelle ausgebracht wird, ist die Verwendung eines Bentonitschmierrings bzw. spezieller großflächiger Bentonitauspresskästen empfehlenswert.

8 Schmiertechnik

8.1 Anordnung und Abstand der Schmierstationen im Rohrstrang

Die Schmierstationen für die Erstverpressung, die bei oder direkt hinter der Vortriebsmaschine liegen, bauen die Ringspaltstützung auf. Da dies sehr wichtig ist, werden hier mehrere Bentonitstationen und spezielle Verteilsysteme wie beispielsweise der Bentonitschmierring der Herrenknecht AG verwendet. So wird sichergestellt, dass eine ausreichend große Menge an Bentonitsuspension zur Verfügung gestellt und eine möglichst große Umfangsfläche am Rohrstrang erreicht werden kann. Zu diesem Zweck sind in der Vortriebsmaschine oder im ersten Vortriebsrohr mehrere Bentonitstationen erforderlich.

Die Nachverpressung wird über die Bentonitstationen im restlichen Rohrstrang ermöglicht. In der Regel wird dabei jedes dritte oder vierte Vortriebsrohr als Bentonitrohr verwendet, aus dem Bentonit verpresst wird (Bild 8-1). Das entspricht meist einem Abstand der Bentonitstationen von ca. 9–15 m.

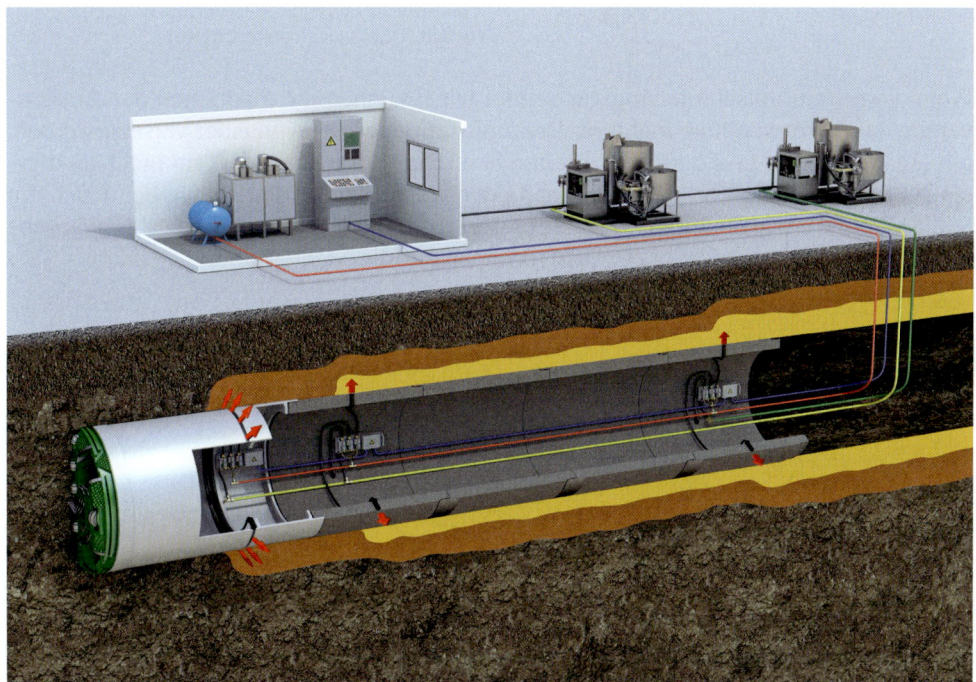

Bild 8-1 Anordnung und Abstand der Bentonitstationen im Rohrstrang

Bentonithandbuch. Ringspaltschmierung für den Rohrvortrieb. 1. Auflage. Steffen Praetorius, Britta Schößer.
© 2016 Ernst & Sohn GmbH & Co. KG. Published 2015 by Ernst & Sohn GmbH & Co. KG.

8.2 Anzahl und Anordnung der Injektionsstutzen pro Schmierstation im Rohrquerschnitt

Im Herrenknecht-Bentonitschmiersystem sind immer drei Injektionsstutzen pro Schmierstation angeschlossen, die einzeln angesteuert werden können. Sollten mehr als drei Injektionsstutzen pro Rohrquerschnitt benötigt werden, können mehrere Bentonitstationen an einer Stelle kombiniert werden. Durch die gemeinsame Installation von zwei Bentonitstationen mit jeweils drei Abgängen ist es möglich, z.B. sechs Injektionsstutzen auf einem Rohrquerschnitt zu erreichen (Bild 8-2). Hierdurch wird eine größere Erreichbarkeit der Außenfläche sichergestellt, die besonders bei größeren Rohrdurchmessern in nichtstandfesten Baugrundbedingungen sinnvoll sein kann.

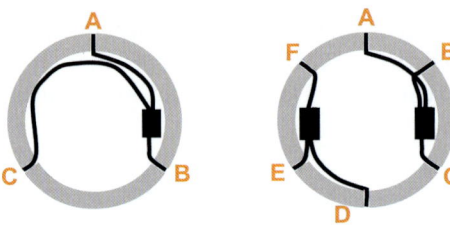

Bild 8-2 Anordnung bei drei bzw. sechs Injektionsstutzen über den Rohrquerschnitt verteilt (Quelle: Herrenknecht AG)

Wenn kein Bentonitschmierring verwendet wird, können die Positionen der Auslassventile durch Verwendung mehrerer Bentonitstationen gegeneinander versetzt werden, um eine möglichst große Fläche zu erreichen (Bild 8-3). Besonders im nichtstandfesten Baugrund – wie sehr lockerem Sand oder breiigen bindigen Böden, bei denen ein Kollaps des Ringspalts möglich ist – gewährleistet diese Technik eine größtmögliche Flächenverteilung mit positiven Auswirkungen auf die Mantelreibung.

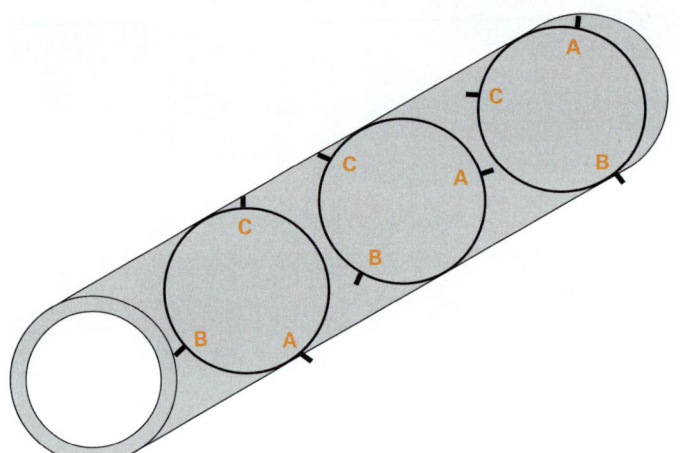

Bild 8-3 Versetzte Anordnung mehrerer Injektionsstutzen in einem Vortriebsrohr (HK)

Im Verlauf des Rohrstrangs wird empfohlen, die Positionen der Injektionsstutzen von aufeinanderfolgenden Schmierrohren gegeneinander zu versetzen, um die Außenfläche des Rohrstrangs besser zu erreichen (Bild 8-4).

8.3 Rückschlagventile

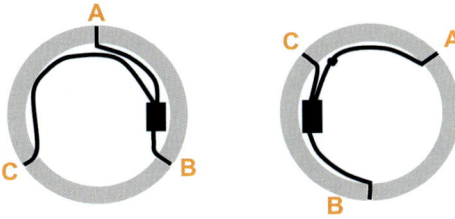

Bild 8-4 Versetzte Anordnung der Injektionsstutzen aufeinander folgender Bentonitstationen (Quelle: Herrenknecht)

Aus Gründen der Wartungsfreundlichkeit und Arbeitssicherheit sollten alle Injektionsstutzen mit Absperrventilen versehen sein, die gerade auf die Injektionsstutzen montiert sind (Bild 8-5). Dadurch kann der Bereich über den Absperrventilen im Fall einer Verstopfung des Injektionsstutzens, bei der Demontage der Verpressleitungen oder zur Probennahme kontrolliert geöffnet und geschlossen werden, ohne dass ein Wassereinbruch droht.

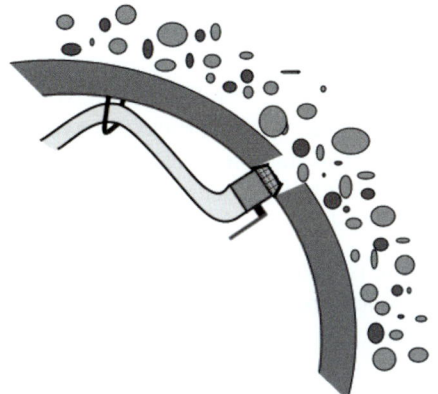

Bild 8-5 Installation von Absperrventilen an den Injektionsstutzen

8.3 Rückschlagventile

Bentonitauslässe werden mit Rückschlagventilen versehen, um ein Verstopfen der Bentonitauslässe oder auch einen Grundwasserrückfluss vom Ringspalt in die Bentonitleitungen zu verhindern. Die Rückschlagventile bestehen meist aus Kunststoff oder Gummi und sind möglichst weit außen am Bentonitauslass angebracht. Je nach Bodenbedingungen ergeben sich Einschränkungen hinsichtlich der Einsetzbarkeit der verschiedenen Ventiltypen.

Ein häufig verwendeter Typ ist ein konisches Kunststoffteil mit kreuzförmiger Einritzung als Auslass (Bild 8-6 links). Diese Art von Rückschlagventil öffnet erst bei hohen Injektionsdrücken. Dabei wird die ausströmende Bentonitsuspension durch einen sehr kleinen Querschnitt gepresst und stark beschleunigt. In nichtstandfestem Baugrund – z.B. in lockerem Sand oder weichen bis breiigen Ton- und Schluffgemischen – schießt die Bentonitsuspension dann mit starkem Impuls in den Boden, anstatt den Ringspalt am Rohrumfang zu füllen. Teilweise wurden in diesem Zusammenhang regelrechte Blasen oder Nester aus Bentonitsuspension in Entfernungen von einigen Zentimetern vom Vortriebsrohr beobachtet. Da die Bentonitsuspension dann nicht im Ringspalt zur Verfügung steht, wird die beabsichtigte Schmierwirkung herabgesetzt und die Mantelreibung nimmt zu.

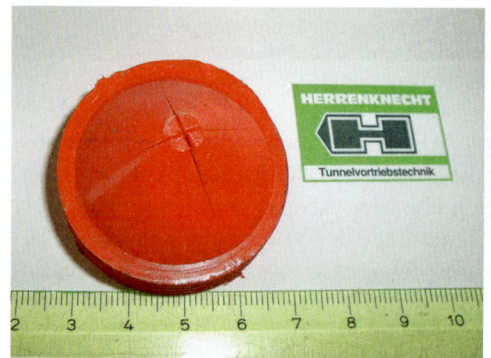 

Bild 8-6 Rückschlagventile; links konisches, rechts Klappenrückschlagventil

In solchen injektionsempfindlichen Böden wird die Verwendung von Rückschlagventilen mit großen Durchflussquerschnitten empfohlen, z.B. das Klappenrückschlagventil (Bild 8-6 rechts). Hier wird die Bentonitsuspension nicht so stark beschleunigt und tritt langsam und gleichmäßig aus. Der Ringspalt wird gezielt befüllt oder die Suspension verbleibt zumindest im Nahbereich des Rohraußenmantels.

Der Außendurchmesser der Klappenrückschlagventile ist größer als der standardmäßig vorgesehene Durchlass in Vortriebsmaschine und Vortriebsrohr; vor der Installation müssen daher die Durchlassgrößen angepasst werden.

8.4 Schmierkreislauf

Der Schmierkreislauf umfasst alle technischen Verbindungen vom Misch- bzw. Vorratsbehälter der Bentonitsuspension am Startschacht zu den einzelnen Schmierstationen im Rohrstrang und in der Vortriebsmaschine. Folgende Parameter sind dabei variabel und im Sinne der Prozessoptimierung gestaltbar:

– die Anzahl der Zuführungsleitungen vom Misch- bzw. Vorratsbehälter zum Schmiersystem im Vortrieb
– die Anschlüsse der Schmierstationen an die Zuführungsleitung in Vortriebsmaschine und Rohrstrang
– die Aufteilung an der Schmierstation in einzelne Ventile in Vortriebmaschine und Rohrstrang
– Aufbau und Funktionsweise der Injektionsventile einschließlich der Dimensionierung der Leitungen

Oft ist nur eine Zuführungsleitung vorgesehen, über die sowohl die Schmierstationen in der Vortriebsmaschine als auch diejenigen im Rohrstrang zentral versorgt werden. Bei längeren Vortrieben, größeren Durchmessern oder grobporigen Böden werden aber meist zwei Versorgungsleitungen verwendet. Hierbei wird der Bereich der Erstverpressung bei oder hinter der Maschine mit der einen Leitung versorgt und der restliche Rohrstrang über die andere. Diese Anordnung hat mehrere Auswirkungen:

- Durch die Parallelinjektion an mehreren Stellen gleichzeitig erhöht sich die injizierbare Schmiermittelmenge über den Vortriebsverlauf drastisch.
- Die Dauer eines Schmierzyklus (d.h. die Zeit, bis alle Ventile der eingebauten Schmierstationen jeweils einmal geöffnet und mit Schmiermittel versorgt wurden) nimmt ab. Aufgrund der Unterteilung in Schmierabschnitte werden die einzelnen Ventile dabei häufiger und für kürzere Zeit angesteuert.
- Für einzelne Abschnitte der Vortriebsstrecke können individuelle Einstellungen in Bezug auf Schmierrhythmus, Schmiermittelmenge und Schmiermittelrezeptur vorgegeben werden.

Für die Baustellenpraxis ergeben sich dadurch Möglichkeiten, flexibel auf die unterschiedlichen geologischen und hydrogeologischen Randbedingungen zu reagieren. Beispielsweise kann es in wenig standfesten und gleichzeitig sehr durchlässigen Böden von Vorteil sein, die Versorgung der Schmierstationen in der Vortriebsmaschine über eine eigene Zuführungsleitung unabhängig von der Versorgung der Schmierstationen im Rohrstrang zu realisieren. So können kontinuierlich große Schmiermittelmengen mit z.B. einer höheren Konzentration der Bentonitsuspension (große Fließgrenze, hohe Viskosität) zum Aufbau und Stabilisierung des Ringspalts eingebracht werden. Gleichzeitig kann die Schmierung des Rohrstrangs mit geringeren Schmiermittelmengen und einer weniger konzentrierten Bentonitsuspension (geringere Fließgrenze, niedrige Viskosität) erfolgen.

Die übliche Abfolge der Komponenten im Schmierkreislauf ist Mischbehälter → Vorratsbehälter → Bentonitpumpe → Durchflussmesser/Druckgeber → 28L-Zuführungsleitung oder 2–5″-Stahlleitungen → T-Stück als Abzweigung → Leitung zur Schmierstation (Ventile) → 22L-Leitung zum einzelnen Injektionsstutzen → Injektionsstutzen mit Rückschlagventil an der Außenseite der Rohrwandung.

8.5 Zusammenspiel zwischen dem Stützdruck an der Ortsbrust und dem Ringspaltdruck

Untersuchungen haben gezeigt, dass der Ringspalt eines Rohrvortriebs mit dem Bereich der Abbaukammer bzw. der Ortsbrust hydraulisch in Verbindung stehen kann [73], d.h. die Drücke an der Ortsbrust und im Ringspalt können sich gegenseitig beeinflussen (Bild 8-7).

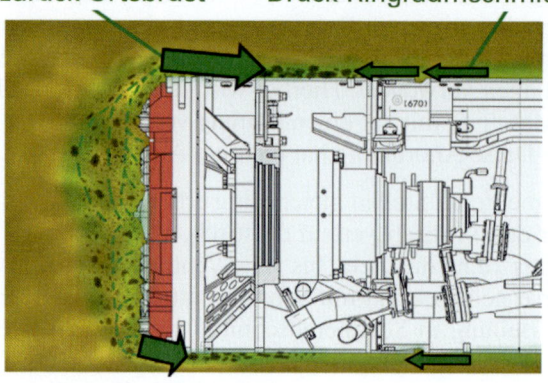

Bild 8-7 Zusammenhang zwischen Stützdruck an der Ortsbrust und dem Druck der Ringraumschmierung

Um einen kontrollierten Stützdruck an der Ortsbrust aufrechterhalten zu können, muss der Ringspalt in diesem Fall ausreichend mit Bentonitsuspension gefüllt sein, um einen Gegendruck erzeugen zu können. Bei zu geringem Druck im Ringspalt kann der Überdruck an der Ortsbrust zu einer Migration der Bentonitsuspension von der Ortsbrust in den Ringspalt führen. Dabei können Feinteile aus dem Abbauprozess in den Ringspalt gespült werden, die eine hohe Mantelreibung sowie Steuerprobleme verursachen können. Im Startschacht ist grundsätzlich eine Anfahrdichtung zu verwenden, um einen Druck im Ringspalt aufbauen zu können. Dies gilt auch für Vortriebe oberhalb des Grundwasserspiegels.

Wenn jedoch für die Vortriebsmaschine eine Verrollungsgefahr besteht, ist es gängige Praxis, aus der Vortriebsmaschine nicht zu schmieren und erst am ersten Vortriebsrohr zu injizieren, ohne nach vorne zu überschmieren (siehe 7.8.3). Welche der beiden Strategien besser geeignet ist, muss von Situation zu Situation entschieden werden.

8.6 Bentonitversorgung im Anfahrbereich

Um die Anfahrdichtung nicht zu überlasten, erfolgt die erste Bentonitinjektion häufig erst in einigem Abstand zur Anfahrdichtung. Dies kann für den ersten Vortriebsmeter zur Folge haben, dass Bodenteilchen direkt am Rohrstrang anliegen und dadurch eine hohe Mantelreibung entsteht. Um dies zu verhindern, sollte der Ringspalt bereits im Nahbereich der Anfahrdichtung mit Bentonitsuspension versorgt werden. Der Injektionsdruck sollte dabei möglichst gering sein, das Ringspaltvolumen muss jedoch ausgefüllt werden.

Um dieses Ziel zu erreichen, können Verpresseinlässe direkt an der Anfahrdichtung angebracht werden, durch die die Bentonitsuspension mit geringem Druck ausgebracht wird, ggf. durch Verwendung einer separaten Pumpe mit sehr geringen Verpressdruck.

Alternativ hat sich auf einigen Baustellen die Verwendung eines statischen Tanks durchgesetzt (Bild 8-8). Er steht oberhalb des Schachts, ist mit Bentonitsuspension gefüllt und über Leitungen mit den Verpresseinlässen an der Anfahrdichtung verbunden. Die Lagehöhe des Bentonittanks erzeugt einen gleichbleibenden moderaten Druck, der geringfügig über dem Grundwasserdruck liegt. Sobald das Vortriebsrohr in Vortriebsrichtung bewegt wird, entsteht direkt hinter der Anfahrdichtung der Ringspalt, der umgehend vom statischen Tank aus aufgefüllt wird. Diese einfache Methode sorgt sehr effektiv für eine permanente Versorgung des Ringspalts und schont gleichzeitig die Anfahrdichtung.

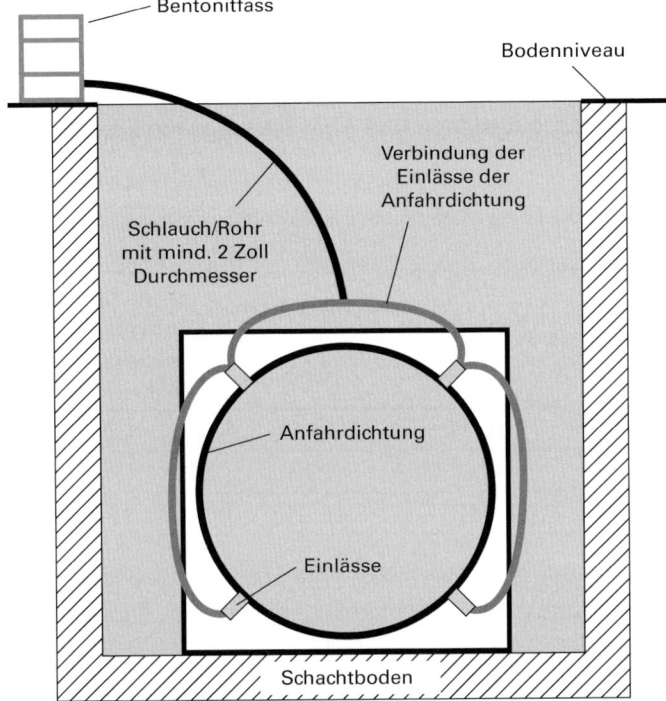

Bild 8-8 Ringraumversorgung mit statischem Bentonittank an der Anfahrdichtung (Quelle: Herrenknecht AG) [62]

Dieser Aufbau hat noch einen weiteren Vorteil: Wenn der Ringraum stabil ist, kann man unmittelbar erkennen, wann er komplett mit Bentonit gefüllt ist. Wenn der Ringraum komplett mit Bentonit gefüllt und hydraulisch durchgängig ist, tritt bei weiterer Bentonitverpressung der Bentonit im statischen Tank wieder aus. Das kann dann als Zeichen angesehen werden, dass ausreichend Bentonit im Ringspalt vorhanden ist; ggf. können die Nachverpressmengen reduziert werden.

8.7 Schmiermitteldruck, Schmiermittelmenge und Druckverluste

Der Schmiermitteldruck beschreibt den im Schmiersystem herrschenden Druck. In aller Regel findet eine Druckmessung nur einmal in der Nähe der Verpresspumpe und/oder an einer Stelle im Rohrstrang statt. Genau genommen gilt der ermittelte Wert dann nur für genau diese Position, da der Schmiermitteldruck infolge von Widerständen im Leistungssystem an Verbindungen und Abzweigungen kontinuierlich mit steigender Vortriebslänge bis hin zur Vortriebsmaschine abnimmt.

Eine sinnvolle Ergänzung zur Druckmessung an der Pumpe ist daher eine weitere Messstelle an bzw. nahe der Vortriebsmaschine. Mithilfe der beiden Messwerte kann der Druck dann überschlägig für jede beliebige Stelle in der Zuführungsleitung und an den Abzweigungen interpoliert werden.

Alternativ kann auch aus nur einer Druckmessung im Bereich der Verpresspumpe bei bekannten rohrleitungsspezifischen Kennwerten wie der Rohrreibungszahl λ, der Sandrauheitshöhe k_s, der Viskosität η des Schmiermittels und der Reynoldszahl Re der Druck an jeder beliebigen Stelle im Schmiersystem berechnet werden.

Der Schmiermitteldruck wird über ein Ventil an der Injektionspumpe in der Nähe des Misch- bzw. Vorratsbehälters geregelt. Die Druckverluste im Schmiersystem selbst hängen vor allem von der Leitungslänge und vom Leitungsdurchmesser ab (Tabelle 8-1).

Tabelle 8-1 Ergebnisse einer Druckverlustmessung an Bentonitleitungen mit Empfehlungen für die Dimensionierung [68]

Leitung	Nenndurch-messer [mm]	Querschnitt [cm²]	gemessener Druckverlust [bar]	empfohlener Druckverlust für Dimensionierung [bar / 100 m]
2″-Stahlleitung	50	20,27	1,13	1,5
28L-Schlauchleitung	25	4,91	4,37	5
18L-Schlauchleitung	15	1,77	10,25	12

Bild 8-9 zeigt experimentell bestimmte Druckverluste in Bentonitleitungen [73]. Der Versuch wurde mit einer baustellenüblichen Kolbenpumpe durchgeführt. Die Auswirkung der Durchflussrate auf die Widerstände war im betrachteten Bereich (20–60 l/min) vernachlässigbar gering.

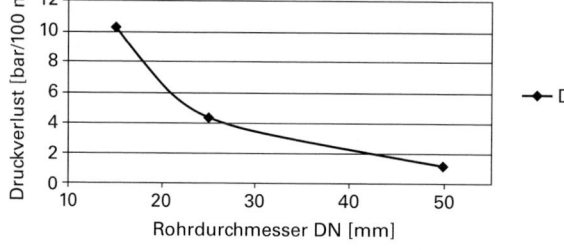

Bild 8-9 Druckverluste pro 100 m in einer Bentonitleitung in Abhängigkeit vom Rohrdurchmesser [73]

9 Berichtswesen

9.1 Welche Parameter sollten bei der Bentonitschmierung dokumentiert werden?

Tabelle 9-1 zeigt die wichtigen Parameter, die bei der Anwendung von Schmierbentonit dokumentiert werden sollten, in der Reihenfolge abnehmender Priorität.

Tabelle 9-1 Wichtige Parameter des Schmierbentonits

Priorität	Parameter	Messmethode
1	Bingham'sche Fließgrenze	Rotationsrheometer
2	plastische Viskosität	Rotationsrheometer
3	Gelstärke (10 s und 10 min)	Rotationsrheometer
4	Marsh-Viskosität	Marsh-Trichter
5	statische Fließgrenze	Kugelharfe
6	Härte des Anmachwassers	Messstreifen
7	pH-Wert des Anmachwassers	Messstreifen
8	Filtration	Filterpresse
9	Dichte	Spülungswaage
10	Sandgehalt	Sandgehaltmessgerät

Die Messung mit dem Rotationsrheometer ergibt umfangreiche Ergebnisse. Aufgrund der etwas aufwändigeren Bedienung wird es auf der Baustelle jedoch seltener eingesetzt. Wenn auf der Baustelle kein Rheometer zur Verfügung steht, erhält die Marsh-Viskosität die höchste Priorität.

Um den Messaufwand überschaubar zu halten und trotzdem einen vernünftigen Überblick über die Bentoniteigenschaften zu erhalten, empfiehlt es sich, in größeren zeitlichen Abständen Messungen mit einem Rotationsrheometer durchzuführen und ansonsten auf die einfacheren Messverfahren (Marsh-Trichter, Kugelharfe) zurückzugreifen. Sollten sich die Messwerte der Kugelharfe oder des Marsh-Trichters bei gleichen Ausgangsbedingungen signifikant ändern, ist eine Überprüfung der Werte mit dem Rotationsrheometer sinnvoll.

9.2 Vordrucke

Häufig werden die zu protokollierenden Messwerte vom Auftraggeber vorgegeben. Trotzdem sollen hier zwei beispielhafte Vordrucke aufgeführt werden. Im ersten Berichtsblatt (Bild 9-1) sind einfache Messmethoden wie Marsh-Trichter und Kugelharfe aufgeführt, die vor allem für Vortriebe ohne Besonderheiten in Frage kommen.

Berichtsblatt Bentonitschmierung

Projekt:
Firma:

Rezeptur	Produktname	Konzentration [kg/m³]	Menge pro Mischung [kg]
Bentonit			
Soda Ash			
Additiv 1			
Additiv 2			

	Datum						
	Zeit						
	Rohrnummer						
	Tunnelmeter						
Anmachwasser	pH-Wert						
	Härte davor/danach						
Mischverhältnisse	Wasser [m³]						
	Soda Ash [kg]						
	Bentonit [kg]						
	Additive [kg]						
Marshtrichter	Auslaufzeit für 1 l [s]						
Kugelharfe	Kugel-Nr.						
	statische Fließgrenze [N/m²]						
Spülwaage	spezifische Dichte [kg/cm³]						
	Sandgehalt [%]						

Bild 9-1 Berichtsblatt Bentonitschmierung für Standardbaustellen

Wenn aufgrund der Projektgröße oder geologischer Besonderheiten ein genaueres Messprogramm notwendig wird, sollten auch Rheometerwerte und die Filtration gemessen und dokumentiert werden (Bild 9-2). Sie sind wesentlich aussagekräftiger, erfordern aber auch einen größeren personellen Aufwand, der berücksichtigt werden muss. Je nach Vortriebsgeschwindigkeit kann in diesem Fall eine Person vollauf mit dem Anmischen der Bentonitsuspension und dem Überprüfen der Suspensionsparameter beschäftigt sein.

Berichtsblatt Bentonitschmierung

Projekt:				
	Rezeptur	Produktname	Konzentration [kg/m³]	Menge pro Mischung [kg]
	Bentonit			
	Soda Ash			
	Additiv 1			
	Additiv 2			

	Datum							
	Zeit							
	Rohrnummer							
Anmach-wasser	pH-Wert							
	Härte davor/danach							
Marsh-trichter	Auslaufzeit für 1 l [s]							
Kugel-harfe	Kugel-Nr.							
	statische Fließgrenze [N/m²]							
Spül-waage	spezifische Dichte [kg/cm³]							
Rheometer	Ablesung bei 600 U/min							
	Ablesung bei 300 U/min							
	plastische Viskosität [cP]							
	Bingham'sche Fließ-grenze [lbf/100ft²]							
	Gelstärke 10 sec [lbf/100ft²]							
	Gelstärke 10 min [lbf/100ft²]							
Filterpresse	Filtratwasserabgabe [ml]							
	Filterkuchendicke [mm]							
	pH-Wert Filtrat							
	Sandgehalt [%]							

Bild 9-2 Berichtsblatt Bentonitschmierung für Baustellen mit höheren Ansprüchen

10 Listen der erforderlichen Verpressmengen

10.1 Erläuterungen der Listen

Die erforderlichen Verpressmengen für die Maschine und den Rohrstrang hängen im Wesentlichen vom Bohrlochdurchmesser und den geologischen Gegebenheiten ab. Die Vortriebslänge und -geschwindigkeit bestimmen die Pumprate, die zur Versorgung der Schmierstationen in Maschine und Rohrstrang erforderlich ist. Mit zunehmender Vortriebslänge müssen auch mehr Stellen durch Nachverpressung versorgt werden, daher erhöht sich dann die notwendige Pumprate.

Bild 10-1 erläutert die Tabellen der Verpressmengen und Pumpraten für Fels, Bild 10-2 leistet dasselbe für Lockergestein. Die verwendeten Begriffe und Parameter sind in Abschnitt 7.6 definiert und erläutert.

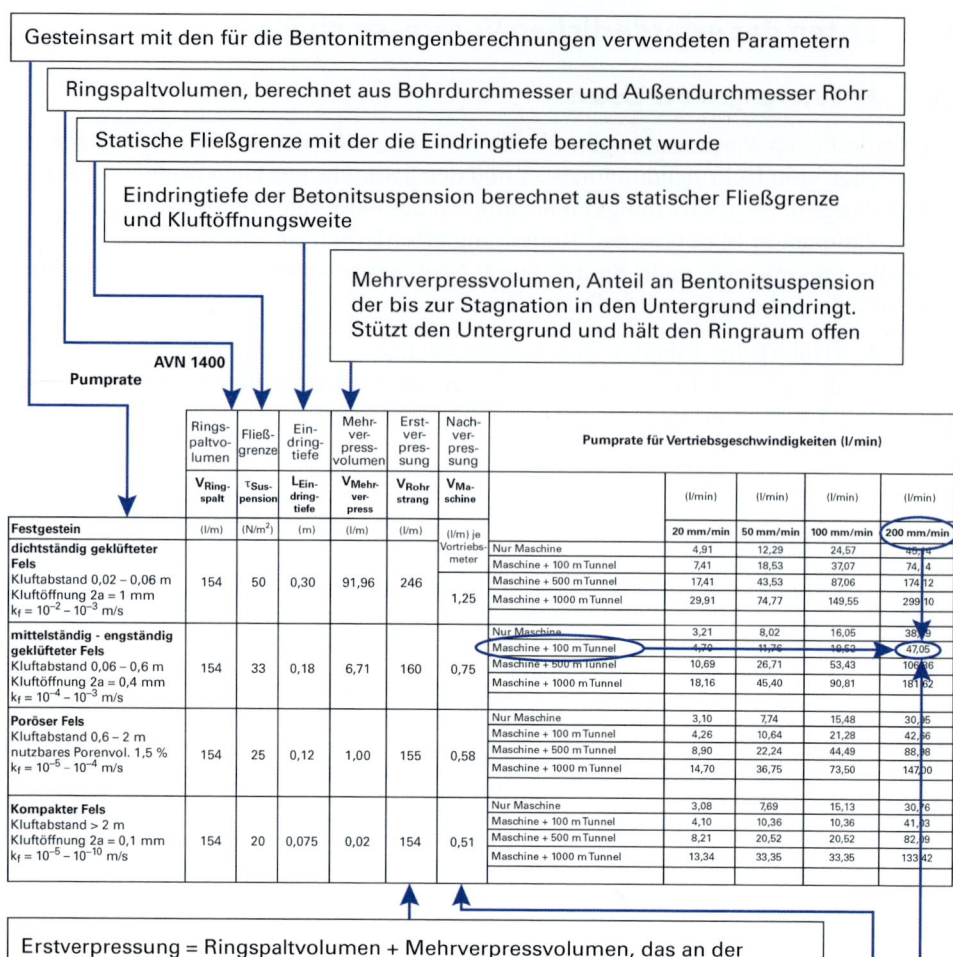

Bild 10-1 Erläuterung Verpressmengen und Pumpraten in Fels.

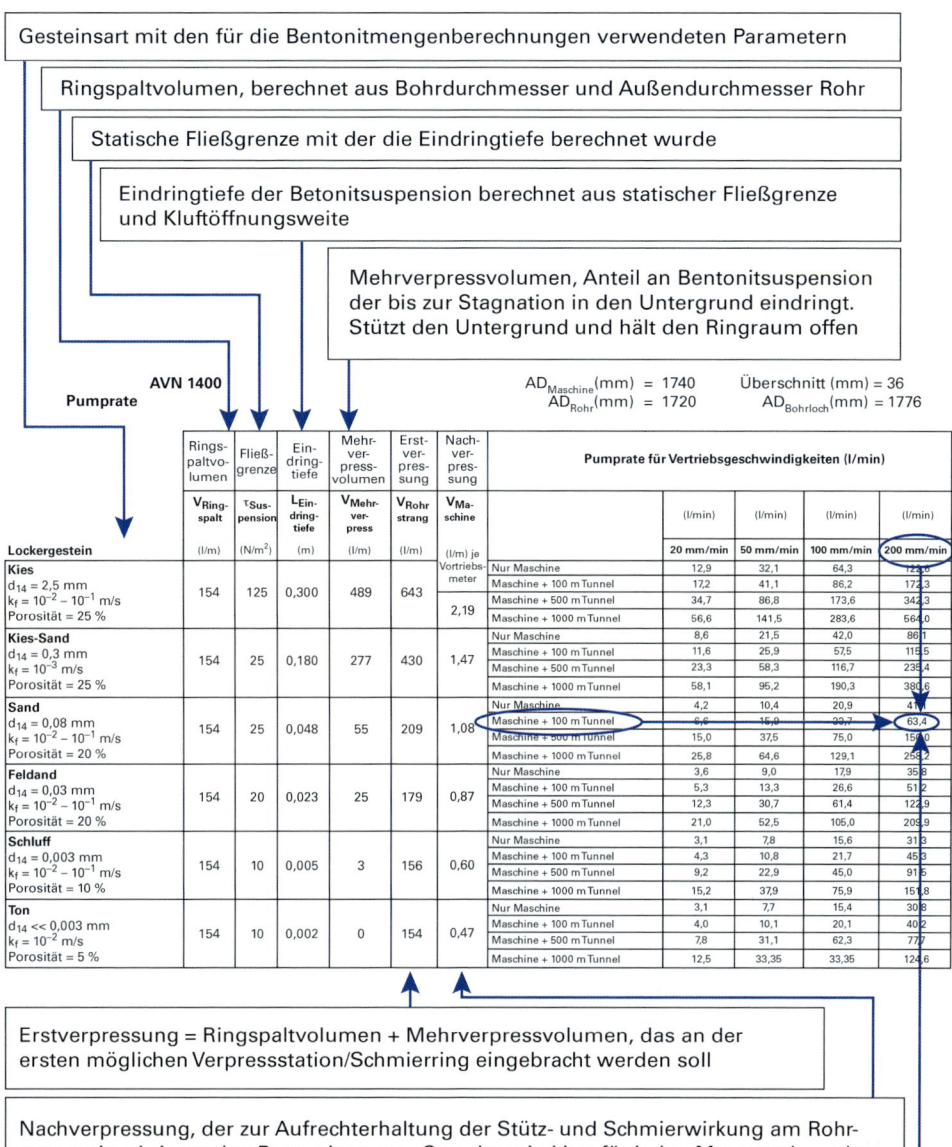

Bild 10-2 Erläuterung Verpressmengen und Pumpraten in Lockergestein.

Die in den Listen genannten Verpressmengen wurden auf der Grundlage realer Projekte unter Hinzuziehung theoretischer Annahmen berechnet. Sie bieten einen guten Ausgangspunkt für die Planung und den Vortriebsbeginn; es ist jedoch unbedingt notwendig, die tatsächlichen Verpressmengen auf der Baustelle auf die jeweiligen Vortriebsbedingungen anzupassen.

Zu hoch angesetzte Verpressmengen sind z.B. an Bentonitaustritt an der Oberfläche oder im Schacht oder an einem stark steigenden Innendruck im Ringraum zu erkennen; in diesen Fällen muss die Verpressmenge nach unten korrigiert werden. Zu geringe Verpressmengen sind schwieriger zu erkennen und resultieren oft in Feinteilablagerungen im Ringspalt und/oder hohen Mantelreibungen. Auch hier muss die Verpressmenge auf der Baustelle angepasst werden.

Pumprate

AVN 800 A

$AD_{Maschine}[mm] = 1110$
$AD_{Rohr}[mm] = 1090$
Überschnitt [mm] = 36
$AD_{Bohrloch}[mm] = 1146$

FESTGESTEIN	Ringspaltvolumen $V_{RING-SPALT}$ [l/m]	Fließgrenze $\tau_{SUSPENSION}$ [N/m²]	Eindringtiefe $L_{EINDRING-TIEFE}$ [m]	Mehrverpressvolumen $V_{MEHR-VER-PRESS}$ [l/m]	Erstverpressung $V_{MA-SCHINE}$ [l/m]	Nachverpressung $V_{ROHR STRANG}$ [l/m] je Vortriebsmeter	Pumprate für Vortriebsgeschwindigkeiten [l/min]							
								20 mm/min [l/min]		50 mm/min [l/min]		100 mm/min [l/min]		200 mm/min [l/min]
dichtständig geklüfteter Fels Kluftabstand 0,02 - 0,06 m Kluftöffnung 2a= 1 mm $k_f = 10^{-2} - 10^{-3}$ m/s	98	50	0,30	64,05	162	0,81	Nur Maschine		3,25		8,12		16,24		32,48
							Maschine + 100m Tunnel		4,86		12,15		24,30		48,61
							Maschine + 500m Tunnel		11,31		28,28		56,56		113,12
							Maschine + 1000m Tunnel		19,38		48,44		96,88		193,77
mittelständig - engständig geklüfteter Fels Kluftabstand 0,06 - 0,6 m Kluftöffnung 2a= 0,4 mm $k_f = 10^{-4} - 10^{-7}$ m/s	98	33	0,18	4,55	103	0,48	Nur Maschine		2,06		5,14		10,29		20,58
							Maschine + 100m Tunnel		3,02		7,56		15,11		30,23
							Maschine + 500m Tunnel		6,88		17,21		34,41		68,82
							Maschine + 1000m Tunnel		11,71		29,27		58,53		117,06
Poröser Fels Kluftabstand 0,6 - 2 m nutzbares Porenvol 1,5% $k_f = 10^{-7} - 10^{-8}$ m/s	98	25	0,12	0,65	99	0,37	Nur Maschine		1,98		4,95		9,90		19,80
							Maschine + 100m Tunnel		2,73		6,82		13,64		27,29
							Maschine + 500m Tunnel		5,72		14,31		28,62		57,24
							Maschine + 1000m Tunnel		9,47		23,67		47,34		94,68
Kompakter Fels Kluftabstand > 2 m Kluftöffnung 2a= 0,1 mm $k_f = 10^{-8} - 10^{-13}$ m/s	98	20	0,075	0,01	98	0,33	Nur Maschine		1,97		4,92		9,84		19,67
							Maschine + 100m Tunnel		2,63		6,57		6,57		26,30
							Maschine + 500m Tunnel		5,28		13,20		13,20		52,79
							Maschine + 1000m Tunnel		8,59		21,48		21,48		85,91

Die hier genannten Verpressmengen stellen Orientierungswerte dar. Eine Anpassung an die Vortriebsbedingungen ist unbedingt notwendig. Jegliche Haftung ist ausgeschlossen.

10 Listen der erforderlichen Verpressmengen

AVN 800 A

Pumprate	Ringspaltvolumen $V_{RING-SPALT}$ [l/m]	Fließgrenze $\tau_{SUSPENSION}$ [N/m²]	Eindringtiefe $L_{EINDRINGTIEFE}$ [m]	Mehrverpressvolumen $V_{MEHR-VER-PRESS}$ [l/m]	Erstverpressung $V_{MA-SCHINE}$ [l/m]	Nachverpressung $V_{ROHR STRANG}$ [l/m] je Vortriebsmeter	Pumprate für Vortriebsgeschwindigkeiten [l/min]	20 mm/min [l/min]	50 mm/min [l/min]	100 mm/min [l/min]	200 mm/min [l/min]
LOCKERGESTEIN											
Kies							Nur Maschine	8,8	22,0	43,9	87,8
d_{10} = 2,5 mm	98	125	0,300	341	439	1,41	Maschine + 100m Tunnel	11,6	29,0	58,0	116,0
k_f = 10^{-1} - 10^{-2} m/s							Maschine + 500m Tunnel	22,9	57,2	114,5	228,9
Porosität = 25%							Maschine + 1000m Tunnel	37,0	92,5	185,0	370,1
Kies-Sand							Nur Maschine	5,7	14,3	28,6	57,2
d_{10} = 0,3 mm	98	25	0,180	187	286	0,95	Maschine + 100m Tunnel	7,6	19,0	38,1	76,2
k_f = 10^{-3} m/s							Maschine + 500m Tunnel	15,2	38,1	76,1	152,2
Porosität = 25%							Maschine + 1000m Tunnel	24,7	61,8	123,6	247,2
Sand							Nur Maschine	2,7	6,7	13,4	26,9
d_{10} = 0,08 mm	98	25	0,048	36	134	0,70	Maschine + 100m Tunnel	4,1	10,2	20,4	40,8
k_f = 10^{-4} - 10^{-5} m/s							Maschine + 500m Tunnel	9,7	24,2	48,4	96,7
Porosität = 20%							Maschine + 1000m Tunnel	16,7	41,6	83,3	166,6
Feinsand							Nur Maschine	2,3	5,7	11,5	23,0
d_{10} = 0,03 mm	98	20	0,023	17	115	0,56	Maschine + 100m Tunnel	3,4	8,6	17,1	34,2
k_f = 10^{-5} - 10^{-6} m/s							Maschine + 500m Tunnel	7,9	19,8	39,6	79,1
Porosität = 20%							Maschine + 1000m Tunnel	13,5	33,8	67,6	135,3
Schluff							Nur Maschine	2,0	5,0	10,0	20,0
d_{10} = 0,003 mm	98	10	0,005	2	100	0,39	Maschine + 100m Tunnel	2,8	6,9	13,9	27,8
k_f = 10^{-6} - 10^{-8} m/s							Maschine + 500m Tunnel	5,9	14,7	29,4	58,9
Porosität = 10%							Maschine + 1000m Tunnel	9,8	24,4	48,9	97,8
Ton							Nur Maschine	2,0	4,9	9,9	19,7
d_{10} << 0,001 mm	98	10	0,002	0	99	0,30	Maschine + 100m Tunnel	2,6	6,4	12,9	25,8
k_f < 10^{-8} m/s							Maschine + 500m Tunnel	5,0	12,5	25,0	50,0
Porosität = 5%							Maschine + 1000m Tunnel	8,0	20,1	40,1	80,2

Die hier genannten Verpressmengen stellen Orientierungswerte dar. Eine Anpassung an die Vortriebsbedingungen ist unbedingt notwendig. Jegliche Haftung ist ausgeschlossen.

Pumprate

AVN 1000

$AD_{Maschine}[mm] = 1295$ $\quad$ Überschnitt [mm] = 36
$AD_{Rohr}[mm] = 1280$ $\quad$ $AD_{Bohrloch}[mm] = 1331$

FESTGESTEIN	Ringspaltvolumen $V_{RINGSPALT}$ [l/m]	Fließgrenze $\tau_{SUSPENSION}$ [N/m²]	Eindringtiefe $L_{EINDRINGTIEFE}$ [m]	Mehrverpressvolumen $V_{MEHRVERPRESS}$ [l/m]	Erstverpressung $V_{MASCHINE}$ [l/m]	Nachverpressung $V_{ROHRSTRANG}$ [l/m] je Vortriebsmeter	Pumprate für Vortriebsgeschwindigkeiten [l/min]				
								20 mm/min [l/min]	50 mm/min [l/min]	100 mm/min [l/min]	200 mm/min [l/min]
dichtständig geklüfteter Fels Kluftabstand 0,02 - 0,06 m Kluftöffnung 2a= 1 mm $k_f = 10^{-2} - 10^{-3}$ m/s	105	50	0,30	72,25	177	0,94	Nur Maschine	3,54	8,84	17,68	35,37
							Maschine + 100m Tunnel	5,41	13,52	27,05	54,10
							Maschine + 500m Tunnel	12,90	32,26	64,51	129,03
							Maschine + 1000m Tunnel	22,27	55,67	111,35	222,69
mittelständig - engständig geklüfteter Fels Kluftabstand 0,06 - 0,6 m Kluftöffnung 2a= 0,4 mm $k_f = 10^{-4} - 10^{-7}$ m/s	105	33	0,18	5,18	110	0,56	Nur Maschine	2,20	5,49	10,98	21,95
							Maschine + 100m Tunnel	3,32	8,29	16,58	33,16
							Maschine + 500m Tunnel	7,80	19,50	38,99	77,98
							Maschine + 1000m Tunnel	13,40	33,50	67,01	134,01
Poröser Fels Kluftabstand 0,6 - 2 m nutzbares Porenvol 1,5% $k_f = 10^{-7} - 10^{-8}$ m/s	105	25	0,12	0,75	105	0,43	Nur Maschine	2,11	5,27	10,53	21,07
							Maschine + 100m Tunnel	2,98	7,44	14,88	29,76
							Maschine + 500m Tunnel	6,46	16,14	32,28	64,55
							Maschine + 1000m Tunnel	10,80	27,01	54,02	108,04
Kompakter Fels Kluftabstand > 2 m Kluftöffnung 2a= 0,1 mm $k_f = 10^{-8} - 10^{-13}$ m/s	105	20	0,075	0,02	105	0,38	Nur Maschine	2,09	5,23	10,46	20,92
							Maschine + 100m Tunnel	2,86	7,15	14,85	28,61
							Maschine + 500m Tunnel	5,94	14,85	24,46	59,39
							Maschine + 1000m Tunnel	9,79	24,46	24,46	97,86

Die hier genannten Verpressmengen stellen Orientierungswerte dar. Eine Anpassung an die Vortriebsbedingungen ist unbedingt notwendig. Jegliche Haftung ist ausgeschlossen.

10 Listen der erforderlichen Verpressmengen

AVN 1000

Pumprate	Ringspaltvolumen	Fließgrenze	Eindringtiefe	Mehrverpressvolumen	Erstverpressung	Nachverpressung	Pumprate für Vortriebsgeschwindigkeiten [l/min]					
	$V_{RING-SPALT}$	$\tau_{SUSPEN-SION}$	$L_{EIN-DRING-TIEFE}$	$V_{MEHR-VER-PRESS}$	$V_{MA-SCHINE}$	$V_{ROHR STRANG}$						
	[l/m]	[N/m²]	[m]	[l/m]	[l/m]	[l/m] je Vortriebsmeter		[l/min]	[l/min]	[l/min]	[l/min]	[l/min]
								20 mm/min	50 mm/min	100 mm/min	200 mm/min	
LOCKERGESTEIN												
Kies							Nur Maschine	9,8	24,4	48,9	97,8	
d_{10} = 2,5 mm	105	125	0,300	384	489	1,64	Maschine + 100m Tunnel	13,1	32,6	65,3	130,6	
$k_f = 10^{-1} - 10^{-2}$ m/s							Maschine + 500m Tunnel	26,2	65,4	130,8	261,7	
Porosität= 25%							Maschine + 1000m Tunnel	42,6	106,4	212,8	425,6	
Kies-Sand							Nur Maschine	6,4	15,9	31,8	63,6	
d_{10} = 0,3 mm	105	25	0,180	214	318	1,10	Maschine + 100m Tunnel	8,6	21,4	42,9	85,7	
$k_f = 10^{-3}$ m/s							Maschine + 500m Tunnel	17,4	43,5	87,0	174,0	
Porosität= 25%							Maschine + 1000m Tunnel	28,4	71,1	142,2	284,4	
Sand							Nur Maschine	2,9	7,3	14,6	29,2	
d_{10} = 0,08 mm	105	25	0,048	42	146	0,81	Maschine + 100m Tunnel	4,5	11,4	22,7	45,5	
$k_f = 10^{-4} - 10^{-5}$ m/s							Maschine + 500m Tunnel	11,0	27,6	55,2	110,4	
Porosität= 20%							Maschine + 1000m Tunnel	19,1	47,9	95,7	191,5	
Feinsand							Nur Maschine	2,5	6,2	12,4	24,7	
d_{10} = 0,03 mm	105	20	0,023	19	124	0,65	Maschine + 100m Tunnel	3,8	9,4	18,9	37,8	
$k_f = 10^{-5} - 10^{-6}$ m/s							Maschine + 500m Tunnel	9,0	22,5	45,0	90,0	
Porosität= 20%							Maschine + 1000m Tunnel	15,5	38,8	77,6	155,2	
Schluff							Nur Maschine	2,1	5,3	10,6	21,3	
d_{10} = 0,003 mm	105	10	0,005	2	106	0,45	Maschine + 100m Tunnel	3,0	7,6	15,2	30,3	
$k_f = 10^{-6} - 10^{-8}$ m/s							Maschine + 500m Tunnel	6,6	16,6	33,2	66,5	
Porosität= 10%							Maschine + 1000m Tunnel	11,2	27,9	55,8	111,6	
Ton							Nur Maschine	2,1	5,2	10,5	21,0	
d_{10} << 0,001 mm	105	10	0,002	0	105	0,35	Maschine + 100m Tunnel	2,8	7,0	14,0	28,0	
$k_f < 10^{-8}$ m/s							Maschine + 500m Tunnel	5,6	14,0	28,1	56,1	
Porosität= 5%							Maschine + 1000m Tunnel	9,1	22,8	45,6	91,2	

Die hier genannten Verpressmengen stellen Orientierungswerte dar. Eine Anpassung an die Vortriebsbedingungen ist unbedingt notwendig. Jegliche Haftung ist ausgeschlossen.

Pumprate

AVN 1200

$AD_{Maschine}[mm] = 1505$ $\text{Überschnitt}[mm] = 36$
$AD_{Rohr}[mm] = 1490$ $AD_{Bohrloch}[mm] = 1541$

	Ringspaltvolumen	Fließgrenze	Eindringtiefe	Mehrverpressvolumen	Erstverpressung	Nachverpressung	Pumprate für Vortriebsgeschwindigkeiten [l/min]				
	$V_{RING-SPALT}$	$\tau_{SUSPEN-SION}$	$L_{EIN-DRING-TIEFE}$	$V_{MEHR-VER-PRESS}$	$V_{MA-SCHINE}$	$V_{ROHR STRANG}$		**20** mm/min	**50** mm/min	**100** mm/min	**200** mm/min
	[l/m]	[N/m²]	[m]	[l/m]	[l/m]	[l/m] je Vortriebsmeter		[l/min]	[l/min]	[l/min]	[l/min]
FESTGESTEIN											
dichtständig geklüfteter Fels Kluftabstand 0,02 - 0,06 m Kluftöffnung 2a= 1 mm $k_f = 10^{-2} - 10^{-3}$ m/s	121	50	0,30	81,55	203	1,08	Nur Maschine	4,06	10,15	20,30	40,59
							Maschine + 100m Tunnel	6,23	15,57	31,14	62,28
							Maschine + 500m Tunnel	14,90	37,26	74,52	149,03
							Maschine + 1000m Tunnel	25,75	64,37	128,74	257,47
mittelständig - engständig geklüfteter Fels Kluftabstand 0,06 - 0,6 m Kluftöffnung 2a= 0,4 mm $k_f = 10^{-4} - 10^{-7}$ m/s	121	33	0,18	5,90	127	0,65	Nur Maschine	2,55	6,37	12,73	25,46
							Maschine + 100m Tunnel	3,84	9,61	19,22	38,44
							Maschine + 500m Tunnel	9,03	22,58	45,17	90,33
							Maschine + 1000m Tunnel	15,52	38,80	77,60	155,20
Poröser Fels Kluftabstand 0,6 - 2 m nutzbares Porenvol 1,5% $k_f = 10^{-7} - 10^{-8}$ m/s	121	25	0,12	0,87	122	0,50	Nur Maschine	2,45	6,11	12,23	24,46
							Maschine + 100m Tunnel	3,45	8,63	17,26	34,53
							Maschine + 500m Tunnel	7,48	18,70	37,40	74,80
							Maschine + 1000m Tunnel	12,51	31,29	62,57	125,15
Kompakter Fels Kluftabstand > 2 m Kluftöffnung 2a= 0,1 mm $k_f = 10^{-8} - 10^{-13}$ m/s	121	20	0,075	0,02	121	0,45	Nur Maschine	2,43	6,07	12,14	24,29
							Maschine + 100m Tunnel	3,32	8,30	8,30	33,19
							Maschine + 500m Tunnel	6,88	17,21	17,21	68,82
							Maschine + 1000m Tunnel	11,34	28,34	28,34	113,36

Die hier genannten Verpressmengen stellen Orientierungswerte dar. Eine Anpassung an die Vortriebsbedingungen ist unbedingt notwendig. Jegliche Haftung ist ausgeschlossen.

AVN 1200

Pumprate	Ringspaltvolumen $V_{RING-SPALT}$ [l/m]	Fließgrenze $\tau_{SUSPENSION}$ [N/m²]	Eindringtiefe $L_{EINDRINGTIEFE}$ [m]	Mehrverpressvolumen $V_{MEHRVERPRESS}$ [l/m]	Erstverpressung $V_{MASCHINE}$ [l/m]	Nachverpressung $V_{ROHRSTRANG}$ [l/m] je Vortriebsmeter	Pumprate für Vortriebsgeschwindigkeiten [l/min]	20 mm/min [l/min]	50 mm/min [l/min]	100 mm/min [l/min]	200 mm/min [l/min]
LOCKERGESTEIN											
Kies $d_{10} = 2{,}5$ mm $k_f = 10^{-1} - 10^{-2}$ m/s Porosität = 25%	121	125	0,300	434	555	1,90	Nur Maschine	11,1	27,8	55,5	111,0
							Maschine + 100m Tunnel	14,9	37,2	74,5	149,0
							Maschine + 500m Tunnel	30,1	75,2	150,4	300,8
							Maschine + 1000m Tunnel	49,1	122,6	245,3	490,6
Kies-Sand $d_{10} = 0{,}3$ mm $k_f = 10^{-3}$ m/s Porosität = 25%	121	25	0,180	243	365	1,28	Nur Maschine	7,3	18,2	36,5	72,9
							Maschine + 100m Tunnel	9,9	24,6	49,3	98,5
							Maschine + 500m Tunnel	20,1	50,2	100,4	200,7
							Maschine + 1000m Tunnel	32,9	82,1	164,3	328,5
Sand $d_{10} = 0{,}08$ mm $k_f = 10^{-4} - 10^{-5}$ m/s Porosität = 20%	121	25	0,048	48	169	0,94	Nur Maschine	3,4	8,5	16,9	33,9
							Maschine + 100m Tunnel	5,3	13,2	26,3	52,6
							Maschine + 500m Tunnel	12,8	31,9	63,9	127,8
							Maschine + 1000m Tunnel	22,2	55,4	110,8	221,7
Feinsand $d_{10} = 0{,}03$ mm $k_f = 10^{-5} - 10^{-6}$ m/s Porosität = 20%	121	20	0,023	22	144	0,76	Nur Maschine	2,9	7,2	14,4	28,7
							Maschine + 100m Tunnel	4,4	11,0	21,9	43,8
							Maschine + 500m Tunnel	10,4	26,1	52,1	104,2
							Maschine + 1000m Tunnel	18,0	44,9	89,9	179,7
Schluff $d_{10} = 0{,}003$ mm $k_f = 10^{-6} - 10^{-8}$ m/s Porosität = 10%	121	10	0,005	2	124	0,52	Nur Maschine	2,5	6,2	12,4	24,7
							Maschine + 100m Tunnel	3,5	8,8	17,6	35,2
							Maschine + 500m Tunnel	7,7	19,3	38,5	77,0
							Maschine + 1000m Tunnel	12,9	32,3	64,6	129,3
Ton $d_{10} << 0{,}001$ mm $k_f < 10^{-8}$ m/s Porosität = 5%	121	10	0,002	0	122	0,41	Nur Maschine	2,4	6,1	12,2	24,4
							Maschine + 100m Tunnel	3,2	8,1	16,2	32,5
							Maschine + 500m Tunnel	6,5	16,3	32,5	65,0
							Maschine + 1000m Tunnel	10,6	26,4	52,8	105,7

Die hier genannten Verpressmengen stellen Orientierungswerte dar. Eine Anpassung an die Vortriebsbedingungen ist unbedingt notwendig. Jegliche Haftung ist ausgeschlossen.

Pumprate AVN 1400

$AD_{Maschine}[mm] = 1740$
$AD_{Rohr}[mm] = 1720$
Überschnitt [mm] = 36
$AD_{Bohrloch}[mm] = 1776$

FESTGESTEIN	Ringspaltvolumen $V_{RING-SPALT}$ [l/m]	Fließgrenze $\tau_{SUSPENSION}$ [N/m²]	Eindringtiefe $L_{EINDRING-TIEFE}$ [m]	Mehrverpressvolumen $V_{MEHR-VER-PRESS}$ [l/m]	Erstverpressung $V_{MASCHINE}$ [l/m]	Nachverpressung $V_{ROHR STRANG}$ [l/m] je Vortriebsmeter	Pumprate für Vortriebsgeschwindigkeiten [l/min]							
								20 mm/min [l/min]		50 mm/min [l/min]		100 mm/min [l/min]		200 mm/min [l/min]
dichtständig geklüfteter Fels Kluftabstand 0,02 - 0,06 m Kluftöffnung 2a= 1 mm $k_f = 10^{-2} - 10^{-3}$ m/s	154	50	0,30	91,96	246	1,25	Nur Maschine		4,91		12,29		24,57		49,14
							Maschine + 100m Tunnel		7,41		18,53		37,07		74,14
							Maschine + 500m Tunnel		17,41		43,53		87,06		174,12
							Maschine + 1000m Tunnel		29,91		74,77		149,55		299,10
mittelständig - engständig geklüfteter Fels Kluftabstand 0,06 - 0,6 m Kluftöffnung 2a= 0,4 mm $k_f = 10^{-4} - 10^{-7}$ m/s	154	33	0,18	6,71	160	0,75	Nur Maschine		3,21		8,02		16,05		32,09
							Maschine + 100m Tunnel		4,70		11,76		23,52		47,05
							Maschine + 500m Tunnel		10,69		26,71		53,43		106,86
							Maschine + 1000m Tunnel		18,16		45,40		90,81		181,62
Poröser Fels Kluftabstand 0,6 - 2 m nutzbares Porenvol 1,5% $k_f = 10^{-7} - 10^{-8}$ m/s	154	25	0,12	1,00	155	0,58	Nur Maschine		3,10		7,74		15,48		30,95
							Maschine + 100m Tunnel		4,26		10,64		21,28		42,56
							Maschine + 500m Tunnel		8,90		22,24		44,49		88,98
							Maschine + 1000m Tunnel		14,70		36,75		73,50		147,00
Kompakter Fels Kluftabstand > 2 m Kluftöffnung 2a= 0,1 mm $k_f = 10^{-8} - 10^{-13}$ m/s	154	20	0,075	0,02	154	0,51	Nur Maschine		3,08		7,69		15,38		30,76
							Maschine + 100m Tunnel		4,10		10,26		10,26		41,02
							Maschine + 500m Tunnel		8,21		20,52		20,52		82,09
							Maschine + 1000m Tunnel		13,34		33,35		33,35		133,42

Die hier genannten Verpressmengen stellen Orientierungswerte dar. Eine Anpassung an die Vortriebsbedingungen ist unbedingt notwendig. Jegliche Haftung ist ausgeschlossen.

AVN 1400

Pumprate	Ringspaltvolumen	Fließgrenze	Eindringtiefe	Mehrverpressvolumen	Erstverpressung	Nachverpressung	Pumprate für Vortriebsgeschwindigkeiten [l/min]				
	$V_{RING-SPALT}$	$\tau_{SUSPEN-SION}$	$L_{EIN-DRING-TIEFE}$	$V_{MEHR-VER-PRESS}$	$V_{MA-SCHINE}$	$V_{ROHR-STRANG}$					
	[l/m]	[N/m²]	[m]	[l/m]	[l/m]	[l/m] je Vortriebsmeter	[l/min]	[l/min]	[l/min]	[l/min]	[l/min]
							20 mm/min	**50 mm/min**	**100 mm/min**	**200 mm/min**	
LOCKERGESTEIN											
Kies											
d_{10} = 2,5 mm	154	125	0,300	489	643	2,19					
$k_f = 10^{-1} - 10^{-2}$ m/s											
Porosität = 25%											
Nur Maschine							12,9	32,1	64,3	128,6	
Maschine + 100m Tunnel							17,2	43,1	86,2	172,3	
Maschine + 500m Tunnel							34,7	86,8	173,6	347,3	
Maschine + 1000m Tunnel							56,6	141,5	283,0	566,0	
Kies-Sand											
d_{10} = 0,3 mm	154	25	0,180	277	430	1,47					
$k_f = 10^{-3}$ m/s											
Porosität = 25%											
Nur Maschine							8,6	21,5	43,0	86,1	
Maschine + 100m Tunnel							11,6	28,9	57,8	115,5	
Maschine + 500m Tunnel							23,3	58,3	116,7	233,4	
Maschine + 1000m Tunnel							38,1	95,2	190,3	380,6	
Sand											
d_{10} = 0,08 mm	154	25	0,048	55	209	1,08					
$k_f = 10^{-4} - 10^{-5}$ m/s											
Porosität = 20%											
Nur Maschine							4,2	10,4	20,9	41,8	
Maschine + 100m Tunnel							6,3	15,9	31,7	63,4	
Maschine + 500m Tunnel							15,0	37,5	75,0	150,0	
Maschine + 1000m Tunnel							25,8	64,6	129,1	258,2	
Feinsand											
d_{10} = 0,03 mm	154	20	0,023	25	179	0,87					
$k_f = 10^{-5} - 10^{-6}$ m/s											
Porosität = 20%											
Nur Maschine							3,6	9,0	17,9	35,8	
Maschine + 100m Tunnel							5,3	13,3	26,6	53,2	
Maschine + 500m Tunnel							12,3	30,7	61,4	122,9	
Maschine + 1000m Tunnel							21,0	52,5	105,0	209,9	
Schluff											
d_{10} = 0,003 mm	154	10	0,005	3	156	0,60					
$k_f = 10^{-6} - 10^{-8}$ m/s											
Porosität = 10%											
Nur Maschine							3,1	7,8	15,6	31,3	
Maschine + 100m Tunnel							4,3	10,8	21,7	43,3	
Maschine + 500m Tunnel							9,2	22,9	45,8	91,5	
Maschine + 1000m Tunnel							15,2	37,9	75,9	151,8	
Ton											
d_{10} << 0,001 mm	154	10	0,002	0	154	0,47					
$k_f < 10^{-8}$ m/s											
Porosität = 5%											
Nur Maschine							3,1	7,7	15,4	30,8	
Maschine + 100m Tunnel							4,0	10,1	20,1	40,2	
Maschine + 500m Tunnel							7,8	19,4	38,9	77,7	
Maschine + 1000m Tunnel							12,5	31,1	62,3	124,6	

Die hier genannten Verpressmengen stellen Orientierungswerte dar. Eine Anpassung an die Vortriebsbedingungen ist unbedingt notwendig. Jegliche Haftung ist ausgeschlossen.

Pumprate

AVN 1500

$AD_{Maschine}[mm] = 1810$
$AD_{Rohr}[mm] = 1780$
Überschnitt [mm] = 36
$AD_{Bohrloch}[mm] = 1846$

FESTGESTEIN	Ringspaltvolumen $V_{RING-SPALT}$ [l/m]	Fließgrenze $\tau_{SUSPENSION}$ [N/m²]	Eindringtiefe $L_{EINDRINGTIEFE}$ [m]	Mehrverpressvolumen $V_{MEHR-VER-PRESS}$ [l/m]	Erstverpressung $V_{MA-SCHINE}$ [l/m]	Nachverpressung $V_{ROHR STRANG}$ [l/m] je Vortriebsmeter	Pumprate für Vortriebsgeschwindigkeiten [l/min]				
								20 mm/min [l/min]	50 mm/min [l/min]	100 mm/min [l/min]	200 mm/min [l/min]
dichtständig geklüfteter Fels Kluftabstand 0,02 - 0,06 m Kluftöffnung 2a= 1 mm $k_f = 10^{-2} - 10^{-3}$ m/s	188	50	0,30	95,06	283	1,30	Nur Maschine	5,66	14,15	28,30	56,60
							Maschine + 100m Tunnel	8,26	20,65	41,29	82,58
							Maschine + 500m Tunnel	18,65	46,63	93,25	186,51
							Maschine + 1000m Tunnel	31,64	79,10	158,20	316,41
mittelständig - engständig geklüfteter Fels Kluftabstand 0,06 - 0,6 m Kluftöffnung 2a= 0,4 mm $k_f = 10^{-4} - 10^{-7}$ m/s	188	33	0,18	6,95	195	0,78	Nur Maschine	3,90	9,75	19,49	38,98
							Maschine + 100m Tunnel	5,45	13,63	27,26	54,52
							Maschine + 500m Tunnel	11,67	29,17	58,35	116,69
							Maschine + 1000m Tunnel	19,44	48,60	97,20	194,40
Poröser Fels Kluftabstand 0,6 - 2 m nutzbares Porenvol 1,5% $k_f = 10^{-7} - 10^{-8}$ m/s	188	25	0,12	1,04	189	0,60	Nur Maschine	3,78	9,45	18,90	37,80
							Maschine + 100m Tunnel	4,99	12,47	24,93	49,86
							Maschine + 500m Tunnel	9,81	24,53	49,06	98,11
							Maschine + 1000m Tunnel	15,84	39,61	79,21	158,42
Kompakter Fels Kluftabstand > 2 m Kluftöffnung 2a= 0,1 mm $k_f = 10^{-8} - 10^{-13}$ m/s	188	20	0,075	0,02	188	0,53	Nur Maschine	3,76	9,40	18,80	37,60
							Maschine + 100m Tunnel	4,83	12,07	12,07	48,27
							Maschine + 500m Tunnel	9,09	22,74	22,74	90,95
							Maschine + 1000m Tunnel	14,43	36,08	36,08	144,30

Die hier genannten Verpressmengen stellen Orientierungswerte dar. Eine Anpassung an die Vortriebsbedingungen ist unbedingt notwendig. Jegliche Haftung ist ausgeschlossen.

Pumprate	AVN 1500							Pumprate für Vortriebsgeschwindigkeiten [l/min]				
	Rings-paltvo-lumen	Fließ-grenze	Ein-dring-tiefe	Mehr-verpress-volumen	Erstver-pressung	Nachver-pressung			20 mm/min	50 mm/min	100 mm/min	200 mm/min
	$V_{RING-SPALT}$	$\tau_{SUSPEN-SION}$	$L_{EIN-DRING-TIEFE}$	$V_{MEHR-VER-PRESS}$	$V_{MA-SCHINE}$	$V_{ROHR-STRANG}$						
	[l/m]	[N/m²]	[m]	[l/m]	[l/m]	[l/m] je Vortriebs-meter		[l/min]	[l/min]	[l/min]	[l/min]
LOCKERGESTEIN												
Kies												
d_{10} = 2,5 mm	188	125	0,300	506	694	2,27		Nur Maschine	13,9	34,7	69,4	138,7
k_f = 10^{-1} - 10^{-2} m/s								Maschine + 100m Tunnel	18,4	46,0	92,1	184,2
Porosität= 25%								Maschine + 500m Tunnel	36,6	91,5	183,0	366,0
								Maschine + 1000m Tunnel	59,3	148,3	296,7	593,4
Kies-Sand												
d_{10} = 0,3 mm	188	25	0,180	286	474	1,53		Nur Maschine	9,5	23,7	47,4	94,9
k_f = 10^{-3} m/s								Maschine + 100m Tunnel	12,5	31,4	62,7	125,5
Porosität= 25%								Maschine + 500m Tunnel	24,8	62,0	124,0	248,0
								Maschine + 1000m Tunnel	40,1	100,3	200,5	401,1
Sand												
d_{10} = 0,08 mm	188	25	0,048	57	245	1,13		Nur Maschine	4,9	12,3	24,5	49,0
k_f = 10^{-4} - 10^{-5} m/s								Maschine + 100m Tunnel	7,2	17,9	35,8	71,5
Porosität= 20%								Maschine + 500m Tunnel	16,2	40,4	80,8	161,5
								Maschine + 1000m Tunnel	27,4	68,5	137,0	274,0
Feinsand												
d_{10} = 0,03 mm	188	20	0,023	26	214	0,90		Nur Maschine	4,3	10,7	21,4	42,9
k_f = 10^{-5} - 10^{-6} m/s								Maschine + 100m Tunnel	6,1	15,2	30,5	61,0
Porosität= 20%								Maschine + 500m Tunnel	13,3	33,3	66,7	133,3
								Maschine + 1000m Tunnel	22,4	56,0	111,9	223,8
Schluff												
d_{10} = 0,003 mm	188	10	0,005	3	191	0,63		Nur Maschine	3,8	9,5	19,1	38,1
k_f = 10^{-6} - 10^{-8} m/s								Maschine + 100m Tunnel	5,1	12,7	25,3	50,6
Porosität= 10%								Maschine + 500m Tunnel	10,1	25,2	50,4	100,7
								Maschine + 1000m Tunnel	16,3	40,8	81,7	163,4
Ton												
d_{10} << 0,001 mm	188	10	0,002	0	188	0,49		Nur Maschine	3,8	9,4	18,8	37,7
k_f < 10^{-8} m/s								Maschine + 100m Tunnel	4,7	11,9	23,7	47,4
Porosität= 5%								Maschine + 500m Tunnel	8,6	21,6	43,2	86,4
								Maschine + 1000m Tunnel	13,5	33,8	67,6	135,1

Die hier genannten Verpressmengen stellen Orientierungswerte dar. Eine Anpassung an die Vortriebsbedingungen ist unbedingt notwendig. Jegliche Haftung ist ausgeschlossen.

Pumprate

AVN 1600

$AD_{Maschine}[mm] = 1970$
$AD_{Rohr}[mm] = 1940$
Überschnitt [mm] = 36
$AD_{Bohrloch}[mm] = 2006$

FESTGESTEIN	Ringspaltvolumen $V_{RINGSPALT}$ [l/m]	Fließgrenze $\tau_{SUSPENSION}$ [N/m²]	Eindringtiefe $L_{EINDRINGTIEFE}$ [m]	Mehrverpressvolumen $V_{MEHRVERPRESS}$ [l/m]	Erstverpressung $V_{MASCHINE}$ [l/m]	Nachverpressung $V_{ROHRSTRANG}$ [l/m] je Vortriebsmeter	Pumprate für Vortriebsgeschwindigkeiten [l/min]	20 mm/min [l/min]	50 mm/min [l/min]	100 mm/min [l/min]	200 mm/min [l/min]
dichtständig geklüfteter Fels Kluftabstand 0,02 - 0,06 m Klüftöffnung 2a = 1 mm $k_f = 10^{-2} - 10^{-3}$ m/s	205	50	0,30	102,15	307	1,41	Nur Maschine	6,13	15,33	30,67	61,34
							Maschine + 100m Tunnel	8,96	22,39	44,79	89,57
							Maschine + 500m Tunnel	20,25	50,63	101,25	202,50
							Maschine + 1000m Tunnel	34,37	85,92	171,83	343,66
mittelständig - engständig geklüfteter Fels Kluftabstand 0,06 - 0,6 m Klüftöffnung 2a = 0,4 mm $k_f = 10^{-4} - 10^{-7}$ m/s	205	33	0,18	7,50	212	0,84	Nur Maschine	4,24	10,60	21,20	42,41
							Maschine + 100m Tunnel	5,93	14,82	29,65	59,30
							Maschine + 500m Tunnel	12,69	31,71	63,43	126,85
							Maschine + 1000m Tunnel	21,13	52,82	105,65	211,30
Poröser Fels Kluftabstand 0,6 - 2 m nutzbares Porenvol 1,5% $k_f = 10^{-7} - 10^{-8}$ m/s	205	25	0,12	1,13	206	0,66	Nur Maschine	4,11	10,28	20,57	41,14
							Maschine + 100m Tunnel	5,42	13,56	27,12	54,24
							Maschine + 500m Tunnel	10,67	26,67	53,34	106,68
							Maschine + 1000m Tunnel	17,22	43,05	86,11	172,21
Kompakter Fels Kluftabstand > 2 m Klüftöffnung 2a = 0,1 mm $k_f = 10^{-8} - 10^{-13}$ m/s	205	20	0,075	0,02	205	0,58	Nur Maschine	4,09	10,23	20,46	40,91
							Maschine + 100m Tunnel	5,25	13,13	13,13	52,51
							Maschine + 500m Tunnel	9,89	24,72	24,72	98,89
							Maschine + 1000m Tunnel	15,69	39,22	39,22	156,87

Die hier genannten Verpressmengen stellen Orientierungswerte dar. Eine Anpassung an die Vortriebsbedingungen ist unbedingt notwendig. Jegliche Haftung ist ausgeschlossen.

10 Listen der erforderlichen Verpressmengen

Pumprate AVN 1600

Lockergestein	Ringspaltvolumen $V_{RINGSPALT}$ [l/m]	Fließgrenze $\tau_{SUSPENSION}$ [N/m²]	Eindringtiefe $L_{EINDRINGTIEFE}$ [m]	Mehrverpressvolumen $V_{MEHRVERPRESS}$ [l/m]	Erstverpressung $V_{MASCHINE}$ [l/m]	Nachverpressung $V_{ROHRSTRANG}$ [l/m] je Vortriebsmeter	Pumprate für Vortriebsgeschwindigkeiten [l/min]	20 mm/min [l/min]	50 mm/min [l/min]	100 mm/min [l/min]	200 mm/min [l/min]
Kies $d_{10} = 2{,}5$ mm; $k_f = 10^{-1} - 10^{-2}$ m/s; Porosität = 25%	205	125	0,300	543	748	2,47	Nur Maschine	15,0	37,4	74,8	149,6
							Maschine + 100m Tunnel	19,9	49,7	99,5	199,0
							Maschine + 500m Tunnel	39,7	99,2	198,3	396,6
							Maschine + 1000m Tunnel	64,4	160,9	321,8	643,6
Kies-Sand $d_{10} = 0{,}3$ mm; $k_f = 10^{-3}$ m/s; Porosität = 25%	205	25	0,180	309	514	1,66	Nur Maschine	10,3	25,7	51,4	102,7
							Maschine + 100m Tunnel	13,6	34,0	68,0	136,0
							Maschine + 500m Tunnel	26,9	67,3	134,5	269,1
							Maschine + 1000m Tunnel	43,5	108,9	217,7	435,5
Sand $d_{10} = 0{,}08$ mm; $k_f = 10^{-4} - 10^{-5}$ m/s; Porosität = 20%	205	25	0,048	62	266	1,22	Nur Maschine	5,3	13,3	26,6	53,3
							Maschine + 100m Tunnel	7,8	19,4	38,9	77,7
							Maschine + 500m Tunnel	17,6	43,9	87,8	175,6
							Maschine + 1000m Tunnel	29,8	74,5	148,9	297,8
Feinsand $d_{10} = 0{,}03$ mm; $k_f = 10^{-5} - 10^{-6}$ m/s; Porosität = 20%	205	20	0,023	29	233	0,98	Nur Maschine	4,7	11,7	23,3	46,6
							Maschine + 100m Tunnel	6,6	16,6	33,2	66,3
							Maschine + 500m Tunnel	14,5	36,2	72,5	145,0
							Maschine + 1000m Tunnel	24,3	60,8	121,6	243,3
Schluff $d_{10} = 0{,}003$ mm; $k_f = 10^{-6} - 10^{-8}$ m/s; Porosität = 10%	205	10	0,005	3	207	0,68	Nur Maschine	4,1	10,4	20,7	41,5
							Maschine + 100m Tunnel	5,5	13,8	27,5	55,1
							Maschine + 500m Tunnel	11,0	27,4	54,8	109,5
							Maschine + 1000m Tunnel	17,8	44,4	88,8	177,6
Ton $d_{10} << 0{,}001$ mm; $k_f < 10^{-8}$ m/s; Porosität = 5%	205	10	0,002	0	205	0,53	Nur Maschine	4,1	10,3	20,5	41,0
							Maschine + 100m Tunnel	5,2	12,9	25,8	51,6
							Maschine + 500m Tunnel	9,4	23,5	47,0	93,9
							Maschine + 1000m Tunnel	14,7	36,7	73,4	146,9

Die hier genannten Verpressmengen stellen Orientierungswerte dar. Eine Anpassung an die Vortriebsbedingungen ist unbedingt notwendig. Jegliche Haftung ist ausgeschlossen.

Pumprate

AVN 1800

$AD_{Maschine}[mm] = 2145$ $\quad$ $\ddot{U}berschnitt\,[mm] = 50$
$AD_{Rohr}[mm] = 2120$ $\quad$ $AD_{Bohrloch}\,[mm] = 2195$

FESTGESTEIN	Ringspaltvolumen $V_{RING-SPALT}$ [l/m]	Fließgrenze $\tau_{SUSPENSION}$ [N/m²]	Eindringtiefe $L_{EINDRING-TIEFE}$ [m]	Mehrverpressvolumen $V_{MEHR-VER-PRESS}$ [l/m]	Erstverpressung $V_{MASCHINE}$ [l/m]	Nachverpressung $V_{ROHR STRANG}$ [l/m] je Vortriebsmeter	Pumprate für Vortriebsgeschwindigkeiten [l/min]	20 mm/min [l/min]	50 mm/min [l/min]	100 mm/min [l/min]	200 mm/min [l/min]
dichtständig geklüfteter Fels Kluftabstand 0,02 - 0,06 m Kluftöffnung 2a= 1 mm $k_f=10^{-2} - 10^{-3}$ m/s	254	50	0,30	110,52	365	1,54	Nur Maschine	7,29	18,23	36,47	72,94
							Maschine + 100m Tunnel	10,38	25,96	51,92	103,83
							Maschine + 500m Tunnel	22,74	56,85	113,70	227,40
							Maschine + 1000m Tunnel	38,19	95,47	190,93	381,86
mittelständig - engständig geklüfteter Fels Kluftabstand 0,06 - 0,6 m Kluftöffnung 2a= 0,4 mm $k_f=10^{-4} - 10^{-7}$ m/s	254	33	0,18	8,15	262	0,92	Nur Maschine	5,25	13,12	26,23	52,46
							Maschine + 100m Tunnel	7,09	17,74	35,47	70,94
							Maschine + 500m Tunnel	14,49	36,22	72,43	144,86
							Maschine + 1000m Tunnel	23,73	59,32	118,63	237,27
Poröser Fels Kluftabstand 0,6 - 2 m nutzbares Porenvol 1,5% $k_f=10^{-7} - 10^{-8}$ m/s	254	25	0,12	1,24	255	0,72	Nur Maschine	5,11	12,77	25,54	51,08
							Maschine + 100m Tunnel	6,54	16,36	32,71	65,43
							Maschine + 500m Tunnel	12,28	30,70	61,40	122,80
							Maschine + 1000m Tunnel	19,45	48,63	97,26	194,51
Kompakter Fels Kluftabstand > 2 m Kluftöffnung 2a= 0,1 mm $k_f=10^{-8} - 10^{-13}$ m/s	254	20	0,075	0,03	254	0,63	Nur Maschine	5,08	12,71	25,42	50,84
							Maschine + 100m Tunnel	6,35	15,88	15,88	63,53
							Maschine + 500m Tunnel	11,43	28,57	28,57	114,28
							Maschine + 1000m Tunnel	17,77	44,43	44,43	177,72

Die hier genannten Verpressmengen stellen Orientierungswerte dar. Eine Anpassung an die Vortriebsbedingungen ist unbedingt notwendig. Jegliche Haftung ist ausgeschlossen.

10 Listen der erforderlichen Verpressmengen

AVN 1800

Pumprate	Ringspaltvolumen $V_{RING-SPALT}$ [l/m]	Fließgrenze $\tau_{SUSPENSION}$ [N/m²]	Eindringtiefe $L_{EIN-DRING-TIEFE}$ [m]	Mehrverpressvolumen $V_{MEHR-VERPRESS}$ [l/m]	Erstverpressung $V_{MASCHINE}$ [l/m]	Nachverpressung $V_{ROHR-STRANG}$ [l/m] je Vortriebsmeter	Pumprate für Vortriebsgeschwindigkeiten [l/min]				
								20 mm/min [l/min]	50 mm/min [l/min]	100 mm/min [l/min]	200 mm/min [l/min]
LOCKERGESTEIN											
Kies											
d_{10}= 2,5 mm	254	125	0,300	588	842	2,70	Nur Maschine	16,8	42,1	84,2	168,4
$k_f = 10^{-1} - 10^{-2}$ m/s							Maschine + 100m Tunnel	22,2	55,6	111,2	222,5
Porosität= 25%							Maschine + 500m Tunnel	43,9	109,7	219,4	438,7
							Maschine + 1000m Tunnel	70,9	177,3	354,5	709,0
Kies-Sand											
d_{10}= 0,3 mm	254	25	0,180	336	590	1,82	Nur Maschine	11,8	29,5	59,0	118,0
$k_f = 10^{-3}$ m/s							Maschine + 100m Tunnel	15,4	38,6	77,2	154,4
Porosität= 25%							Maschine + 500m Tunnel	30,0	75,0	150,0	300,0
							Maschine + 1000m Tunnel	48,2	120,5	241,0	482,1
Sand											
d_{10}= 0,08 mm	254	25	0,048	68	322	1,34	Nur Maschine	6,4	16,1	32,2	64,4
$k_f = 10^{-4} - 10^{-5}$ m/s							Maschine + 100m Tunnel	9,1	22,8	45,6	91,1
Porosität= 20%							Maschine + 500m Tunnel	19,8	49,5	99,1	198,1
							Maschine + 1000m Tunnel	33,2	83,0	166,0	331,9
Feinsand											
d_{10}= 0,03 mm	254	20	0,023	31	286	1,08	Nur Maschine	5,7	14,3	28,6	57,1
$k_f = 10^{-5} - 10^{-6}$ m/s							Maschine + 100m Tunnel	7,9	19,7	39,3	78,6
Porosität= 20%							Maschine + 500m Tunnel	16,5	41,2	82,3	164,7
							Maschine + 1000m Tunnel	27,2	68,1	136,1	272,2
Schluff											
d_{10}= 0,003 mm	254	10	0,005	3	257	0,74	Nur Maschine	5,1	12,9	25,7	51,5
$k_f = 10^{-6} - 10^{-8}$ m/s							Maschine + 100m Tunnel	6,6	16,6	33,2	66,4
Porosität= 10%							Maschine + 500m Tunnel	12,6	31,5	63,0	125,9
							Maschine + 1000m Tunnel	20,0	50,1	100,2	200,4
Ton											
d_{10}<< 0,001 mm	254	10	0,002	1	255	0,58	Nur Maschine	5,1	12,7	25,5	50,9
$k_f < 10^{-8}$ m/s							Maschine + 100m Tunnel	6,3	15,6	31,3	62,5
Porosität= 5%							Maschine + 500m Tunnel	10,9	27,2	54,4	108,9
							Maschine + 1000m Tunnel	16,7	41,7	83,4	166,8

Die hier genannten Verpressmengen stellen Orientierungswerte dar. Eine Anpassung an die Vortriebsbedingungen ist unbedingt notwendig. Jegliche Haftung ist ausgeschlossen.

Pumprate

AVN 2000

$AD_{Maschine}[mm] = 2525$ $\quad$ Überschnitt [mm] = 50
$AD_{Rohr}[mm] = 2500$ $\quad$ $AD_{Bohrloch}[mm] = 2575$

	Ringspaltvolumen	Fließgrenze	Eindringtiefe	Mehrverpressvolumen	Erstverpressung	Nachverpressung		Pumprate für Vortriebsgeschwindigkeiten [l/min]							
	$V_{RINGSPALT}$	$\tau_{SUSPENSION}$	$L_{EINDRINGTIEFE}$	$V_{MEHRVERPRESS}$	$V_{MASCHINE}$	$V_{ROHRSTRANG}$			20 mm/min		50 mm/min		100 mm/min		200 mm/min
	[l/m]	[N/m²]	[m]	[l/m]	[l/m]	[l/m] je Vortriebsmeter		[l/min]	[l/min]	[l/min]	[l/min]	[l/min]	[l/min]	[l/min]	[l/min]
FESTGESTEIN															
dichtständig geklüfteter Fels Kluftabstand 0,02 - 0,06 m Kluftöffnung 2a= 1 mm $k_f = 10^{-2} - 10^{-3}$ m/s	299	50	0,30	127,35	426	1,81	Nur Maschine		8,53		21,31		42,63		85,26
							Maschine + 100m Tunnel		12,15		30,37		60,75		121,50
							Maschine + 500m Tunnel		26,65		66,62		133,23		266,46
							Maschine + 1000m Tunnel		44,77		111,92		223,83		447,66
mittelständig - engständig geklüfteter Fels Kluftabstand 0,06 - 0,6 m Kluftöffnung 2a= 0,4 mm $k_f = 10^{-4} - 10^{-7}$ m/s	299	33	0,18	9,45	308	1,08	Nur Maschine		6,17		15,42		30,84		61,68
							Maschine + 100m Tunnel		8,34		20,84		41,68		83,36
							Maschine + 500m Tunnel		17,01		42,52		85,04		170,08
							Maschine + 1000m Tunnel		27,85		69,62		139,24		278,47
Poröser Fels Kluftabstand 0,6 - 2 m nutzbares Porenvol 1,5% $k_f = 10^{-7} - 10^{-8}$ m/s	299	25	0,12	1,46	300	0,84	Nur Maschine		6,01		15,02		30,04		60,08
							Maschine + 100m Tunnel		7,69		19,23		38,45		76,91
							Maschine + 500m Tunnel		14,42		36,05		72,10		144,21
							Maschine + 1000m Tunnel		22,83		57,08		114,17		228,34
Kompakter Fels Kluftabstand > 2 m Kluftöffnung 2a= 0,1 mm $k_f = 10^{-8} - 10^{-13}$ m/s	299	20	0,075	0,03	299	0,74	Nur Maschine		5,98		14,95		29,90		59,79
							Maschine + 100m Tunnel		7,47		18,67		18,67		74,68
							Maschine + 500m Tunnel		13,42		33,55		33,55		134,22
							Maschine + 1000m Tunnel		20,86		52,16		52,16		208,64

Die hier genannten Verpressmengen stellen Orientierungswerte dar. Eine Anpassung an die Vortriebsbedingungen ist unbedingt notwendig. Jegliche Haftung ist ausgeschlossen.

10 Listen der erforderlichen Verpressmengen

AVN 2000

Pumprate	Ringspaltvolumen $V_{RINGSPALT}$ [l/m]	Fließgrenze $\tau_{SUSPENSION}$ [N/m²]	Eindringtiefe $L_{EINDRINGTIEFE}$ [m]	Mehrverpressvolumen $V_{MEHRVERPRESS}$ [l/m]	Erstverpressung $V_{MASCHINE}$ [l/m]	Nachverpressung $V_{ROHRSTRANG}$ [l/m] je Vortriebsmeter	Pumprate für Vortriebsgeschwindigkeiten [l/min]	20 mm/min [l/min]	50 mm/min [l/min]	100 mm/min [l/min]	200 mm/min [l/min]
LOCKERGESTEIN											
Kies $d_{10}=2,5$ mm; $k_f=10^{-1}-10^{-2}$ m/s; Porosität= 25%	299	125	0,300	677	976	3,17	Nur Maschine	19,5	48,8	97,6	195,3
							Maschine + 100m Tunnel	25,9	64,7	129,3	258,7
							Maschine + 500m Tunnel	51,2	128,1	256,2	512,4
							Maschine + 1000m Tunnel	82,9	207,4	414,7	829,5
Kies-Sand $d_{10}=0,3$ mm; $k_f=10^{-3}$ m/s; Porosität= 25%	299	25	0,180	389	688	2,14	Nur Maschine	13,8	34,4	68,8	137,7
							Maschine + 100m Tunnel	18,0	45,1	90,2	180,4
							Maschine + 500m Tunnel	35,1	87,8	175,6	351,2
							Maschine + 1000m Tunnel	56,5	141,2	282,4	564,8
Sand $d_{10}=0,08$ mm; $k_f=10^{-4}-10^{-5}$ m/s; Porosität= 20%	299	25	0,048	79	378	1,57	Nur Maschine	7,6	18,9	37,8	75,6
							Maschine + 100m Tunnel	10,7	26,7	53,5	107,0
							Maschine + 500m Tunnel	23,3	58,1	116,3	232,5
							Maschine + 1000m Tunnel	38,9	97,4	194,7	389,5
Feinsand $d_{10}=0,03$ mm; $k_f=10^{-5}-10^{-6}$ m/s; Porosität= 20%	299	20	0,023	37	336	1,26	Nur Maschine	6,7	16,8	33,6	67,1
							Maschine + 100m Tunnel	9,2	23,1	46,2	92,4
							Maschine + 500m Tunnel	19,3	48,3	96,7	193,3
							Maschine + 1000m Tunnel	32,0	79,9	159,8	319,5
Schluff $d_{10}=0,003$ mm; $k_f=10^{-6}-10^{-8}$ m/s; Porosität= 10%	299	10	0,005	4	303	0,87	Nur Maschine	6,1	15,1	30,3	60,5
							Maschine + 100m Tunnel	7,8	19,5	39,0	78,0
							Maschine + 500m Tunnel	14,8	37,0	73,9	147,9
							Maschine + 1000m Tunnel	23,5	58,8	117,6	235,2
Ton $d_{10}<<0,001$ mm; $k_f<10^{-8}$ m/s; Porosität= 5%	299	10	0,002	1	300	0,68	Nur Maschine	6,0	15,0	30,0	59,9
							Maschine + 100m Tunnel	7,3	18,4	36,7	73,5
							Maschine + 500m Tunnel	12,8	32,0	63,9	127,9
							Maschine + 1000m Tunnel	19,6	49,0	97,9	195,8

Die hier genannten Verpressmengen stellen Orientierungswerte dar. Eine Anpassung an die Vortriebsbedingungen ist unbedingt notwendig. Jegliche Haftung ist ausgeschlossen.

Pumprate   **AVN 2200** $AD_{Maschine}[mm] = 2725$ $Überschnitt[mm] = 50$
    $AD_{Rohr}[mm] = 2700$ $AD_{Bohrloch}[mm] = 2775$

	Ringspaltvolumen $V_{RINGSPALT}$ [l/m]	Fließgrenze $\tau_{SUSPENSION}$ [N/m²]	Eindringtiefe $L_{EINDRINGTIEFE}$ [m]	Mehrverpressvolumen $V_{MEHRVERPRESS}$ [l/m]	Erstverpressung $V_{MASCHINE}$ [l/m]	Nachverpressung $V_{ROHRSTRANG}$ [l/m] je Vortriebsmeter	Pumprate für Vortriebsgeschwindigkeiten [l/min]				
								20 mm/min [l/min]	50 mm/min [l/min]	100 mm/min [l/min]	200 mm/min [l/min]
FESTGESTEIN											
dichtständig geklüfteter Fels Kluftabstand 0,02 - 0,06 m Kluftöffnung 2a= 1 mm $k_f=10^{-2} - 10^{-3}$ m/s	323	50	0,30	136,21	459	1,95	Nur Maschine	9,17	22,94	45,87	91,74
							Maschine + 100m Tunnel	13,08	32,70	65,40	130,80
							Maschine + 500m Tunnel	28,70	71,75	143,51	287,02
							Maschine + 1000m Tunnel	48,23	120,57	241,15	482,29
mittelständig - engständig geklüfteter Fels Kluftabstand 0,06 - 0,6 m Kluftöffnung 2a= 0,4 mm $k_f=10^{-4} - 10^{-7}$ m/s	323	33	0,18	10,13	333	1,17	Nur Maschine	6,65	16,63	33,26	66,53
							Maschine + 100m Tunnel	8,99	22,47	44,95	89,89
							Maschine + 500m Tunnel	18,33	45,84	91,67	183,34
							Maschine + 1000m Tunnel	30,02	75,04	150,08	300,16
Poröser Fels Kluftabstand 0,6 - 2 m nutzbares Porenvol 1,5% $k_f=10^{-7} - 10^{-8}$ m/s	323	25	0,12	1,57	324	0,91	Nur Maschine	6,48	16,20	32,41	64,81
							Maschine + 100m Tunnel	8,29	20,74	41,47	82,95
							Maschine + 500m Tunnel	15,55	38,87	77,74	155,48
							Maschine + 1000m Tunnel	24,61	61,54	123,07	246,14
Kompakter Fels Kluftabstand > 2 m Kluftöffnung 2a= 0,1 mm $k_f=10^{-8} - 10^{-13}$ m/s	323	20	0,075	0,03	323	0,80	Nur Maschine	6,45	16,13	32,25	64,51
							Maschine + 100m Tunnel	8,05	20,14	20,14	80,55
							Maschine + 500m Tunnel	14,47	36,18	36,18	144,71
							Maschine + 1000m Tunnel	22,49	56,23	56,23	224,91

Die hier genannten Verpressmengen stellen Orientierungswerte dar. Eine Anpassung an die Vortriebsbedingungen ist unbedingt notwendig. Jegliche Haftung ist ausgeschlossen.

AVN 2200

Pumprate	Ringspaltvolumen	Fließgrenze	Eindringtiefe	Mehrverpressvolumen	Erstverpressung	Nachverpressung		Pumprate für Vortriebsgeschwindigkeiten [l/min]			
	$V_{RINGSPALT}$	$\tau_{SUSPENSION}$	$L_{EINDRINGTIEFE}$	$V_{MEHRVERPRESS}$	$V_{MASCHINE}$	$V_{ROHRSTRANG}$					
	[l/m]	[N/m²]	[m]	[l/m]	[l/m]	[l/m] je Vortriebsmeter		20 mm/min [l/min]	50 mm/min [l/min]	100 mm/min [l/min]	200 mm/min [l/min]
LOCKERGESTEIN											
Kies							Nur Maschine	20,9	52,4	104,7	209,4
d_{10} = 2,5 mm	323	125	0,300	725	1047	3,42	Maschine + 100m Tunnel	27,8	69,4	138,9	277,8
$k_f = 10^{-1} - 10^{-2}$ m/s							Maschine + 500m Tunnel	55,1	137,8	275,6	551,1
Porosität= 25%							Maschine + 1000m Tunnel	89,3	223,2	446,4	892,9
Kies-Sand							Nur Maschine	14,8	37,0	74,0	148,1
d_{10} = 0,3 mm	323	25	0,180	418	740	2,30	Maschine + 100m Tunnel	19,4	48,5	97,0	194,1
$k_f = 10^{-3}$ m/s							Maschine + 500m Tunnel	37,8	94,5	189,1	378,2
Porosität= 25%							Maschine + 1000m Tunnel	60,8	152,1	304,2	608,3
Sand							Nur Maschine	8,2	20,4	40,8	81,5
d_{10} = 0,08 mm	323	25	0,048	85	408	1,69	Maschine + 100m Tunnel	11,5	28,8	57,7	115,4
$k_f = 10^{-4} - 10^{-5}$ m/s							Maschine + 500m Tunnel	25,1	62,7	125,3	250,7
Porosität= 20%							Maschine + 1000m Tunnel	42,0	104,9	209,9	419,8
Feinsand							Nur Maschine	7,2	18,1	36,2	72,4
d_{10} = 0,03 mm	323	20	0,023	40	362	1,36	Maschine + 100m Tunnel	10,0	24,9	49,8	99,6
$k_f = 10^{-5} - 10^{-6}$ m/s							Maschine + 500m Tunnel	20,8	52,1	104,2	208,4
Porosität= 20%							Maschine + 1000m Tunnel	34,4	86,1	172,2	344,4
Schluff							Nur Maschine	6,5	16,3	32,6	65,3
d_{10} = 0,003 mm	323	10	0,005	4	326	0,94	Maschine + 100m Tunnel	8,4	21,0	42,1	84,1
$k_f = 10^{-6} - 10^{-8}$ m/s							Maschine + 500m Tunnel	15,9	39,9	79,7	159,4
Porosität= 10%							Maschine + 1000m Tunnel	25,4	63,4	126,8	253,6
Ton							Nur Maschine	6,5	16,2	32,3	64,6
$d_{10} \ll 0,001$ mm	323	10	0,002	1	323	0,73	Maschine + 100m Tunnel	7,9	19,8	39,6	79,3
$k_f < 10^{-8}$ m/s							Maschine + 500m Tunnel	13,8	34,5	68,9	137,9
Porosität= 5%							Maschine + 1000m Tunnel	21,1	52,8	105,5	211,1

Die hier genannten Verpressmengen stellen Orientierungswerte dar. Eine Anpassung an die Vortriebsbedingungen ist unbedingt notwendig. Jegliche Haftung ist ausgeschlossen.

Pumprate

AVN 2500

$AD_{Maschine}[mm] = 025$
$AD_{Rohr}[mm] = 3000$
$Überschnitt [mm] = 56$
$AD_{Bohrloch}[mm] = 3081$

FESTGESTEIN	Ringspaltvolumen $V_{RING-SPALT}$ [l/m]	Fließgrenze $\tau_{SUSPENSION}$ [N/m²]	Eindringtiefe $L_{EINDRING-TIEFE}$ [m]	Mehrverpressvolumen $V_{MEHR-VER-PRESS}$ [l/m]	Erstverpressung $V_{MASCHINE}$ [l/m]	Nachverpressung $V_{ROHR STRANG}$ [l/m] je Vortriebsmeter	Pumprate für Vortriebsgeschwindigkeiten [l/min]	20 mm/min [l/min]	50 mm/min [l/min]	100 mm/min [l/min]	200 mm/min [l/min]
dichtständig geklüfteter Fels Kluftabstand 0,02 - 0,06 m Kluftöffnung 2a= 1 mm $k_f = 10^{-2} - 10^{-3}$ m/s	387	50	0,30	149,77	537	2,17	Nur Maschine	10,73	26,83	53,66	107,32
							Maschine + 100m Tunnel	15,07	37,67	75,34	150,69
							Maschine + 500m Tunnel	32,41	81,03	162,07	324,13
							Maschine + 1000m Tunnel	54,09	135,24	270,47	540,94
mittelständig - engständig geklüfteter Fels Kluftabstand 0,06 - 0,6 m Kluftöffnung 2a= 0,4 mm $k_f=10^{-4} - 10^{-7}$ m/s	387	33	0,18	11,18	398	1,30	Nur Maschine	7,96	19,90	39,80	79,61
							Maschine + 100m Tunnel	10,55	26,39	52,77	105,55
							Maschine + 500m Tunnel	20,93	52,33	104,65	209,31
							Maschine + 1000m Tunnel	33,90	84,75	169,50	339,00
Poröser Fels Kluftabstand 0,6 - 2 m nutzbares Porenvol 1,5% $k_f=10^{-7} - 10^{-8}$ m/s	387	25	0,12	1,74	389	1,01	Nur Maschine	7,77	19,43	38,86	77,72
							Maschine + 100m Tunnel	9,79	24,46	48,93	97,85
							Maschine + 500m Tunnel	17,84	44,60	89,19	178,38
							Maschine + 1000m Tunnel	27,90	69,76	139,52	279,04
Kompakter Fels Kluftabstand > 2 m Kluftöffnung 2a= 0,1 mm $k_f=10^{-8} - 10^{-13}$ m/s	387	20	0,075	0,04	387	0,89	Nur Maschine	7,74	19,34	38,69	77,38
							Maschine + 100m Tunnel	9,52	23,80	23,80	95,19
							Maschine + 500m Tunnel	16,64	41,61	41,61	166,43
							Maschine + 1000m Tunnel	25,55	63,87	63,87	255,47

Die hier genannten Verpressmengen stellen Orientierungswerte dar. Eine Anpassung an die Vortriebsbedingungen ist unbedingt notwendig. Jegliche Haftung ist ausgeschlossen.

AVN 2500

Pumprate	Ringspaltvolumen	Fließgrenze	Eindringtiefe	Mehrverpressvolumen	Erstverpressung	Nachverpressung		Pumprate für Vortriebsgeschwindigkeiten [l/min]				
	$V_{RING-SPALT}$	$\tau_{SUSPENSION}$	$L_{EIN-DRING-TIEFE}$	$V_{MEHR-VER-PRESS}$	$V_{MA-SCHINE}$	$V_{ROHR-STRANG}$		[l/min]	[l/min]	[l/min]	[l/min]	[l/min]
	[l/m]	[N/m²]	[m]	[l/m]	[l/m]	[l/m] je Vortriebsmeter		20 mm/min	50 mm/min	100 mm/min	200 mm/min	
LOCKERGESTEIN												
Kies												
d_{10} = 2,5 mm	387	125	0,300	797	1183	3,79	Nur Maschine	23,7	59,2	118,3	236,7	
k_f = 10^{-1} - 10^{-2} m/s							Maschine + 100m Tunnel	31,3	78,1	156,3	312,6	
Porosität= 25%							Maschine + 500m Tunnel	61,6	154,0	308,1	616,1	
							Maschine + 1000m Tunnel	99,6	248,9	497,8	995,5	
Kies-Sand												
d_{10} = 0,3 mm	387	25	0,180	461	848	2,56	Nur Maschine	17,0	42,4	84,8	169,6	
k_f = 10^{-3} m/s							Maschine + 100m Tunnel	22,1	55,2	110,3	220,7	
Porosität= 25%							Maschine + 500m Tunnel	42,5	106,3	212,5	425,1	
							Maschine + 1000m Tunnel	68,1	170,2	340,3	680,6	
Sand												
d_{10} = 0,08 mm	387	25	0,048	94	481	1,88	Nur Maschine	9,6	24,1	48,1	96,2	
k_f = 10^{-4} - 10^{-5} m/s							Maschine + 100m Tunnel	13,4	33,4	66,9	133,8	
Porosität= 20%							Maschine + 500m Tunnel	28,4	71,0	142,0	284,0	
							Maschine + 1000m Tunnel	47,2	117,9	235,9	471,8	
Feinsand												
d_{10} = 0,03 mm	387	20	0,023	44	431	1,51	Nur Maschine	8,6	21,5	43,1	86,1	
k_f = 10^{-5} - 10^{-6} m/s							Maschine + 100m Tunnel	11,6	29,1	58,2	116,3	
Porosität= 20%							Maschine + 500m Tunnel	23,7	59,3	118,6	237,1	
							Maschine + 1000m Tunnel	38,8	97,0	194,1	388,1	
Schluff												
d_{10} = 0,003 mm	387	10	0,005	4	391	1,05	Nur Maschine	7,8	19,6	39,1	78,2	
k_f = 10^{-6} - 10^{-8} m/s							Maschine + 100m Tunnel	9,9	24,8	49,6	99,2	
Porosität= 10%							Maschine + 500m Tunnel	18,3	45,7	91,4	182,8	
							Maschine + 1000m Tunnel	28,7	71,8	143,7	287,3	
Ton												
d_{10} << 0,001 mm	387	10	0,002	1	388	0,81	Nur Maschine	7,8	19,4	38,8	77,5	
k_f < 10^{-8} m/s							Maschine + 100m Tunnel	9,4	23,4	46,9	93,8	
Porosität= 5%							Maschine + 500m Tunnel	15,9	39,7	79,4	158,8	
							Maschine + 1000m Tunnel	24,0	60,0	120,1	240,1	

Die hier genannten Verpressmengen stellen Orientierungswerte dar. Eine Anpassung an die Vortriebsbedingungen ist unbedingt notwendig. Jegliche Haftung ist ausgeschlossen.

Pumprate

AVN 2600

$AD_{Maschine}[mm] = 3125$
$AD_{Rohr}[mm] = 3100$
Überschnitt [mm] = 56
$AD_{Bohrloch}[mm] = 3181$

FESTGESTEIN	Ringspaltvolumen $V_{RING-SPALT}$ [l/m]	Fließgrenze $\tau_{SUSPENSION}$ [N/m²]	Eindringtiefe $L_{EINDRING-TIEFE}$ [m]	Mehrverpressvolumen $V_{MEHR-VER-PRESS}$ [l/m]	Erstverpressung $V_{MA-SCHINE}$ [l/m]	Nachverpressung $V_{ROHR STRANG}$ [l/m] je Vortriebsmeter	Pumprate für Vortriebsgeschwindigkeiten [l/min]	20 mm/min [l/min]	50 mm/min [l/min]	100 mm/min [l/min]	200 mm/min [l/min]
dichtständig geklüfteter Fels Kluftabstand 0,02 - 0,06 m Kluftöffnung 2a= 1 mm $k_f = 10^{-2} - 10^{-3}$ m/s	400	50	0,30	154,20	554	2,24	Nur Maschine	11,08	27,69	55,38	110,76
							Maschine + 100m Tunnel	15,55	38,88	77,76	155,52
							Maschine + 500m Tunnel	33,46	83,65	167,30	334,60
							Maschine + 1000m Tunnel	55,84	139,61	279,22	558,45
mittelständig - engständig geklüfteter Fels Kluftabstand 0,06 - 0,6 m Kluftöffnung 2a= 0,4 mm $k_f = 10^{-4} - 10^{-7}$ m/s	400	33	0,18	11,53	411	1,34	Nur Maschine	8,22	20,56	41,11	82,22
							Maschine + 100m Tunnel	10,90	27,25	54,50	109,00
							Maschine + 500m Tunnel	21,61	54,03	108,06	216,13
							Maschine + 1000m Tunnel	35,00	87,51	175,02	350,04
Poröser Fels Kluftabstand 0,6 - 2 m nutzbares Porenvol 1,5% $k_f = 10^{-7} - 10^{-8}$ m/s	400	25	0,12	1,80	401	1,04	Nur Maschine	8,03	20,07	40,14	80,28
							Maschine + 100m Tunnel	10,11	25,27	50,53	101,06
							Maschine + 500m Tunnel	18,42	46,05	92,10	184,20
							Maschine + 1000m Tunnel	28,81	72,03	144,07	288,13
Kompakter Fels Kluftabstand > 2 m Kluftöffnung 2a= 0,1 mm $k_f = 10^{-8} - 10^{-13}$ m/s	400	20	0,075	0,04	400	0,92	Nur Maschine	7,99	19,98	39,96	79,92
							Maschine + 100m Tunnel	9,83	24,58	24,58	98,31
							Maschine + 500m Tunnel	17,19	42,97	42,97	171,86
							Maschine + 1000m Tunnel	26,38	65,95	65,95	263,80

Die hier genannten Verpressmengen stellen Orientierungswerte dar. Eine Anpassung an die Vortriebsbedingungen ist unbedingt notwendig. Jegliche Haftung ist ausgeschlossen.

10 Listen der erforderlichen Verpressmengen

AVN 2600

Pumprate	Ringspaltvolumen	Fließgrenze	Eindringtiefe	Mehrverpressvolumen	Erstverpressung	Nachverpressung		Pumprate für Vortriebsgeschwindigkeiten [l/min]				
	$V_{RING-SPALT}$	$\tau_{SUSPENSION}$	$L_{EINDRING-TIEFE}$	$V_{MEHR-VER-PRESS}$	$V_{MA-SCHINE}$	$V_{ROHR-STRANG}$		20 mm/min	50 mm/min	100 mm/min	200 mm/min	
	[l/m]	[N/m²]	[m]	[l/m]	[l/m]	[l/m] je Vortriebsmeter		[l/min]	[l/min]	[l/min]	[l/min]	
LOCKERGESTEIN												
Kies							Nur Maschine	24,4	61,0	122,0	244,0	
d_{10} = 2,5 mm	400	125	0,300	820	1220	3,92	Maschine + 100m Tunnel	32,2	80,6	161,2	322,3	
$k_f = 10^{-1} \cdot 10^{-2}$ m/s							Maschine + 500m Tunnel	63,6	158,9	317,8	635,7	
Porosität= 25%							Maschine + 1000m Tunnel	102,7	256,9	513,7	1027,4	
Kies-Sand							Nur Maschine	17,5	43,7	87,5	174,9	
d_{10} = 0,3 mm	400	25	0,180	475	875	2,64	Maschine + 100m Tunnel	22,8	56,9	113,9	227,7	
$k_f = 10^{-3}$ m/s							Maschine + 500m Tunnel	43,9	109,7	219,4	438,8	
Porosität= 25%							Maschine + 1000m Tunnel	70,3	175,6	351,3	702,6	
Sand							Nur Maschine	9,9	24,8	49,7	99,4	
d_{10} = 0,08 mm	400	25	0,048	97	497	1,94	Maschine + 100m Tunnel	13,8	34,5	69,1	138,2	
$k_f = 10^{-4} \cdot 10^{-5}$ m/s							Maschine + 500m Tunnel	29,3	73,3	146,6	293,3	
Porosität= 20%							Maschine + 1000m Tunnel	48,7	121,8	243,6	487,1	
Feinsand							Nur Maschine	8,9	22,2	44,5	89,0	
d_{10} = 0,03 mm	400	20	0,023	45	445	1,56	Maschine + 100m Tunnel	12,0	30,0	60,1	120,2	
$k_f = 10^{-5} \cdot 10^{-6}$ m/s							Maschine + 500m Tunnel	24,5	61,2	122,4	244,9	
Porosität= 20%							Maschine + 1000m Tunnel	40,1	100,2	200,4	400,8	
Schluff							Nur Maschine	8,1	20,2	40,4	80,8	
d_{10} = 0,003 mm	400	10	0,005	5	404	1,08	Maschine + 100m Tunnel	10,2	25,6	51,2	102,4	
$k_f = 10^{-6} \cdot 10^{-8}$ m/s							Maschine + 500m Tunnel	18,9	47,2	94,4	188,7	
Porosität= 10%							Maschine + 1000m Tunnel	29,7	74,2	148,3	296,7	
Ton							Nur Maschine	8,0	20,0	40,0	80,1	
d_{10} << 0,001 mm	400	10	0,002	1	400	0,84	Maschine + 100m Tunnel	9,7	24,2	48,4	96,9	
$k_f < 10^{-8}$ m/s							Maschine + 500m Tunnel	16,4	41,0	82,0	164,0	
Porosität= 5%							Maschine + 1000m Tunnel	24,8	62,0	124,0	248,0	

Die hier genannten Verpressmengen stellen Orientierungswerte dar. Eine Anpassung an die Vortriebsbedingungen ist unbedingt notwendig. Jegliche Haftung ist ausgeschlossen.

Pumprate

AVN 3000

$AD_{Maschine}[mm] = 3625$
$AD_{Rohr}[mm] = 3600$
Überschnitt $[mm] = 56$
$AD_{Bohrloch}[mm] = 3681$

FESTGESTEIN	Ringspaltvolumen $V_{RING-SPALT}$ [l/m]	Fließgrenze $\tau_{SUSPENSION}$ [N/m²]	Eindringtiefe $L_{EINDRINGTIEFE}$ [m]	Mehrverpressvolumen $V_{MEHR-VERPRESS}$ [l/m]	Erstverpressung $V_{MASCHINE}$ [l/m]	Nachverpressung $V_{ROHR STRANG}$ [l/m] je Vortriebsmeter	Pumprate für Vortriebsgeschwindigkeiten [l/min]	20 mm/min [l/min]	50 mm/min [l/min]	100 mm/min [l/min]	200 mm/min [l/min]
dichtständig geklüfteter Fels Kluftabstand 0,02 - 0,06 m Kluftöffnung 2a= 1 mm $k_f = 10^{-2} - 10^{-3}$ m/s	463	50	0,30	176,34	640	2,59	Nur Maschine	12,79	31,98	63,95	127,91
							Maschine + 100m Tunnel	17,97	44,93	89,86	179,71
							Maschine + 500m Tunnel	38,69	96,73	193,47	386,94
							Maschine + 1000m Tunnel	64,60	161,49	322,98	645,97
mittelständig - engständig geklüfteter Fels Kluftabstand 0,06 - 0,6 m Kluftöffnung 2a= 0,4 mm $k_f = 10^{-4} - 10^{-7}$ m/s	463	33	0,18	13,24	476	1,55	Nur Maschine	9,53	23,82	47,64	95,29
							Maschine + 100m Tunnel	12,63	31,57	63,14	126,28
							Maschine + 500m Tunnel	25,02	62,56	125,12	250,24
							Maschine + 1000m Tunnel	40,52	101,30	202,60	405,20
Poröser Fels Kluftabstand 0,6 - 2 m nutzbares Porenvol 1,5% $k_f = 10^{-7} - 10^{-8}$ m/s	463	25	0,12	2,08	465	1,20	Nur Maschine	9,31	23,26	46,53	93,06
							Maschine + 100m Tunnel	11,71	29,28	58,55	117,11
							Maschine + 500m Tunnel	21,33	53,33	106,66	213,32
							Maschine + 1000m Tunnel	33,36	83,40	166,79	333,58
Kompakter Fels Kluftabstand > 2 m Kluftöffnung 2a= 0,1 mm $k_f = 10^{-8} - 10^{-13}$ m/s	463	20	0,075	0,04	463	1,06	Nur Maschine	9,26	23,16	46,32	92,65
							Maschine + 100m Tunnel	11,39	28,48	28,48	113,93
							Maschine + 500m Tunnel	19,90	49,76	49,76	199,04
							Maschine + 1000m Tunnel	30,54	76,36	76,36	305,42

Die hier genannten Verpressmengen stellen Orientierungswerte dar. Eine Anpassung an die Vortriebsbedingungen ist unbedingt notwendig. Jegliche Haftung ist ausgeschlossen.

10 Listen der erforderlichen Verpressmengen

Pumprate AVN 3000

LOCKERGESTEIN	Ringspaltvolumen V_RINGSPALT [l/m]	Fließgrenze $\tau_{SUSPENSION}$ [N/m²]	Eindringtiefe L_EINDRINGTIEFE [m]	Mehrverpressvolumen V_MEHRVERPRESS [l/m]	Erstverpressung V_MASCHINE [l/m]	Nachverpressung V_ROHRSTRANG [l/m] je Vortriebsmeter		20 mm/min [l/min]	50 mm/min [l/min]	100 mm/min [l/min]	200 mm/min [l/min]
Kies d_{10} = 2,5 mm k_f = 10^{-1} - 10^{-2} m/s Porosität = 25%	463	125	0,300	938	1401	4,53	Nur Maschine	28,0	70,1	140,1	280,2
							Maschine + 100m Tunnel	37,1	92,7	185,5	370,9
							Maschine + 500m Tunnel	73,4	183,4	366,8	733,5
							Maschine + 1000m Tunnel	118,7	296,7	593,4	1186,8
Kies-Sand d_{10} = 0,3 mm k_f = 10^{-3} m/s Porosität = 25%	463	25	0,180	546	1009	3,05	Nur Maschine	20,2	50,5	100,9	201,8
							Maschine + 100m Tunnel	26,3	65,7	131,4	262,9
							Maschine + 500m Tunnel	50,7	126,8	253,5	507,1
							Maschine + 1000m Tunnel	81,2	203,1	406,2	812,4
Sand d_{10} = 0,08 mm k_f = 10^{-4} - 10^{-5} m/s Porosität = 20%	463	25	0,048	112	576	2,24	Nur Maschine	11,5	28,8	57,6	115,1
							Maschine + 100m Tunnel	16,0	40,0	80,0	160,0
							Maschine + 500m Tunnel	33,9	84,9	169,7	339,5
							Maschine + 1000m Tunnel	56,4	141,0	281,9	563,8
Feinsand d_{10} = 0,03 mm k_f = 10^{-5} - 10^{-6} m/s Porosität = 20%	463	20	0,023	52	516	1,80	Nur Maschine	10,3	25,8	51,6	103,1
							Maschine + 100m Tunnel	13,9	34,8	69,6	139,2
							Maschine + 500m Tunnel	28,4	70,9	141,8	283,5
							Maschine + 1000m Tunnel	46,4	116,0	232,0	463,9
Schluff d_{10} = 0,003 mm k_f = 10^{-6} - 10^{-8} m/s Porosität = 10%	463	10	0,005	5	468	1,25	Nur Maschine	9,4	23,4	46,8	93,7
							Maschine + 100m Tunnel	11,9	29,7	59,3	118,7
							Maschine + 500m Tunnel	21,9	54,6	109,3	218,6
							Maschine + 1000m Tunnel	34,3	85,9	171,7	343,5
Ton d_{10} << 0,001 mm k_f < 10^{-8} m/s Porosität = 5%	463	10	0,002	1	464	0,97	Nur Maschine	9,3	23,2	46,4	92,8
							Maschine + 100m Tunnel	11,2	28,1	56,1	112,2
							Maschine + 500m Tunnel	19,0	47,5	95,0	189,9
							Maschine + 1000m Tunnel	28,7	71,8	143,5	287,1

Die hier genannten Verpressmengen stellen Orientierungswerte dar. Eine Anpassung an die Vortriebsbedingungen ist unbedingt notwendig. Jegliche Haftung ist ausgeschlossen.

AVN 3600

Pumprate

$AD_{Maschine}[mm] = 4225$
$AD_{Rohr}[mm] = 4200$
$Überschnitt [mm] = 56$
$AD_{Bohrloch}[mm] = 4281$

FESTGESTEIN	Ringspaltvolumen $V_{RINGSPALT}$ [l/m]	Fließgrenze $\tau_{SUSPENSION}$ [N/m²]	Eindringtiefe $L_{EINDRINGTIEFE}$ [m]	Mehrverpressvolumen $V_{MEHRVERPRESS}$ [l/m]	Erstverpressung $V_{MASCHINE}$ [l/m]	Nachverpressung $V_{ROHRSTRANG}$ [l/m] je Vortriebsmeter	Pumprate für Vortriebsgeschwindigkeiten [l/min]				
								20 mm/min [l/min]	50 mm/min [l/min]	100 mm/min [l/min]	200 mm/min [l/min]
dichtständig geklüfteter Fels Kluftabstand 0,02 - 0,06 m Kluftöffnung 2a= 1 mm $k_f = 10^{-2} - 10^{-3}$ m/s	540	50	0,30	202,92	742	3,01	Nur Maschine	14,85	37,12	74,25	148,49
							Maschine + 100m Tunnel	20,87	52,19	104,37	208,74
							Maschine + 500m Tunnel	44,97	112,44	224,87	449,74
							Maschine + 1000m Tunnel	75,10	187,75	375,50	751,00
mittelständig - engständig geklüfteter Fels Kluftabstand 0,06 - 0,6 m Kluftöffnung 2a= 0,4 mm $k_f = 10^{-4} - 10^{-7}$ m/s	540	33	0,18	15,29	555	1,80	Nur Maschine	11,10	27,74	55,48	110,97
							Maschine + 100m Tunnel	14,70	36,75	73,50	147,01
							Maschine + 500m Tunnel	29,12	72,79	145,59	291,18
							Maschine + 1000m Tunnel	47,14	117,85	235,70	471,39
Poröser Fels Kluftabstand 0,6 - 2 m nutzbares Porenvol 1,5% $k_f = 10^{-7} - 10^{-8}$ m/s	540	25	0,12	2,42	542	1,40	Nur Maschine	10,84	27,10	54,20	108,39
							Maschine + 100m Tunnel	13,64	34,09	68,18	136,37
							Maschine + 500m Tunnel	24,83	62,06	124,13	248,26
							Maschine + 1000m Tunnel	38,81	97,03	194,06	388,13
Kompakter Fels Kluftabstand > 2 m Kluftöffnung 2a= 0,1 mm $k_f = 10^{-8} - 10^{-13}$ m/s	540	20	0,075	0,05	540	1,24	Nur Maschine	10,79	26,98	53,96	107,92
							Maschine + 100m Tunnel	13,27	33,17	33,17	132,66
							Maschine + 500m Tunnel	23,16	57,91	57,91	231,65
							Maschine + 1000m Tunnel	35,54	88,84	88,84	355,38

Die hier genannten Verpressmengen stellen Orientierungswerte dar. Eine Anpassung an die Vortriebsbedingungen ist unbedingt notwendig. Jegliche Haftung ist ausgeschlossen.

10 Listen der erforderlichen Verpressmengen

Pumprate AVN 3600

LOCKERGESTEIN	Ringspaltvolumen $V_{RINGSPALT}$ [l/m]	Fließgrenze $\tau_{SUSPENSION}$ [N/m²]	Eindringtiefe $L_{EINDRINGTIEFE}$ [m]	Mehrverpressvolumen $V_{MEHRVERPRESS}$ [l/m]	Erstverpressung $V_{MASCHINE}$ [l/m]	Nachverpressung $V_{ROHRSTRANG}$ [l/m] je Vortriebsmeter	Pumprate für Vortriebsgeschwindigkeiten [l/min]	20 mm/min [l/min]	50 mm/min [l/min]	100 mm/min [l/min]	200 mm/min [l/min]
Kies $d_{10}= 2,5$ mm $k_f = 10^{-1} - 10^{-2}$ m/s Porosität= 25%	540	125	0,300	1079	1619	5,27	Nur Maschine	32,4	80,9	161,9	323,8
							Maschine + 100m Tunnel	42,9	107,3	214,6	429,2
							Maschine + 500m Tunnel	85,1	212,7	425,5	851,0
							Maschine + 1000m Tunnel	137,8	344,5	689,1	1378,2
Kies-Sand $d_{10}= 0,3$ mm $k_f = 10^{-3}$ m/s Porosität= 25%	540	25	0,180	631	1170	3,55	Nur Maschine	23,4	58,5	117,0	234,0
							Maschine + 100m Tunnel	30,5	76,3	152,5	305,0
							Maschine + 500m Tunnel	58,9	147,3	294,5	589,1
							Maschine + 1000m Tunnel	94,4	236,0	472,1	944,1
Sand $d_{10}= 0,08$ mm $k_f = 10^{-4} - 10^{-5}$ m/s Porosität= 20%	540	25	0,048	131	670	2,61	Nur Maschine	13,4	33,5	67,0	134,0
							Maschine + 100m Tunnel	18,6	46,6	93,1	186,2
							Maschine + 500m Tunnel	39,5	98,7	197,5	394,9
							Maschine + 1000m Tunnel	65,6	164,0	327,9	655,8
Feinsand $d_{10}= 0,03$ mm $k_f = 10^{-5} - 10^{-6}$ m/s Porosität= 20%	540	20	0,023	61	600	2,10	Nur Maschine	12,0	30,0	60,0	120,1
							Maschine + 100m Tunnel	16,2	40,5	81,0	162,0
							Maschine + 500m Tunnel	33,0	82,5	164,9	329,9
							Maschine + 1000m Tunnel	54,0	134,9	269,8	539,7
Schluff $d_{10}= 0,003$ mm $k_f = 10^{-6} - 10^{-8}$ m/s Porosität= 10%	540	10	0,005	6	546	1,45	Nur Maschine	10,9	27,3	54,6	109,1
							Maschine + 100m Tunnel	13,8	34,5	69,1	138,2
							Maschine + 500m Tunnel	25,4	63,6	127,2	254,4
							Maschine + 1000m Tunnel	40,0	99,9	199,8	399,6
Ton $d_{10} << 0,001$ mm $k_f < 10^{-8}$ m/s Porosität= 5%	540	10	0,002	1	541	1,13	Nur Maschine	10,8	27,0	54,1	108,1
							Maschine + 100m Tunnel	13,1	32,7	65,4	130,7
							Maschine + 500m Tunnel	22,1	55,3	110,5	221,1
							Maschine + 1000m Tunnel	33,4	83,5	167,0	334,0

Die hier genannten Verpressmengen stellen Orientierungswerte dar. Eine Anpassung an die Vortriebsbedingungen ist unbedingt notwendig. Jegliche Haftung ist ausgeschlossen.

Literatur

[1] Alber, M.: Geotechnische Aspekte einer TBM-Vertragsklassifikation. Berlin, Mensch & Buch Verlag, 1999.

[2] API 13B-1 2009-03: Recommended Practice for Field Testing of Water-Based Drilling Fluids. 4th edition, American Petroleum Institute, 2009.

[3] Arbeitsblatt DWA-A 125: Rohrvortrieb und verwandte Verfahren. Hennef, Deutsche Vereinigung für Wasserwirtschaft, Abwasser und Abfall e.V., 2008.

[4] Arnold, W. (Hrsg.): Flachbohrtechnik. Leipzig/Berlin, Deutscher Verlag für Grundstoffindustrie, 1993.

[5] Auld, F. A.: Determination of pipe jacking loads. In: Proceedings of the 1986 Pipe Jacking Conference. London, Pipe Jacking Association, 1986.

[6] Barton, N., Lien, R., Lunde, J.: Engineering classification of rock masses for the design of tunnel support. Rock Mechanics 6 (1974), S. 189–236.

[7] Bentonit für Tunnelbau und unterirdische Bauverfahren. Mannheim, Ibeco Benonit-Technologie GmbH, 1999.

[8] Bentonit im Tiefbau – Ein Handbuch für die Baupraxis. Mannheim, Ibeco Bentonit-Technologie GmbH, 1998.

[9] Bieniawski, Z. T.: Engineering rock mass classification. New York, Wiley, 1989.

[10] Bieniawski, Z. T.: Rock mass classification in rock engineering. In: Bieniawski, Z. T. (Hrsg.): Exploration for rock engineering. Proceedings of the Symposium, 1976, Cape Town, Balkema, S. 97–106

[11] Bolker, H.: Natural and Synthetic Polymers – an Introduction. New York, Marcel Dekker, 1974

[12] Chapman, D., Rogers, C.: Understanding and predicting ground behaviour associated with trenchless operation. In: Proceedings of the 10th International Conference on Trenchless Construction (No-Dig 96). New Orleans, 1996, S. 502–515.

[13] Classification of Soils for Engineering Purposes. Annual Book of ASTM Standards, D 2487-83, Vol. 04.08, S. 395–408, 1985.

[14] Coldewey, G., Krahn, L.: Leitfaden zur Grundwasseruntersuchung in Festgesteinen bei Altablagerungen und Altstandorten. Düsseldorf, Ministerium für Umwelt, Raumordnung und Landwirtschaft Nordrhein-Westfalen, 1991.

[15] Deere, D. U.: Technical description of Rock Cores for Engineering Purposes. Rock Mechanics Engineering Geology, 1 (1963), S. 16–22.

[16] DIN 1054: Baugrund – Sicherheitsnachweise im Erd- und Grundbau. Januar 2005.

[17] DIN 1342-1: Viskosität, Teil 1: Rheologische Begriffe. 2003.

[18] DIN 1342-3: Viskosität, Teil 3: Nicht-newtonsche Flüssigkeiten. 2003

[19] DIN EN 1997: Entwurf, Berechnung und Bemessung in der Geotechnik. Teil 1: Allgemeine Regeln (Oktober 2005). Teil 2: Erkundung und Untersuchung des Baugrunds (Oktober 2007).

[20] DIN 4049-3: Hydrogeologie. Teil 3: Begriffe zur quantitativen Hydrologie. 1994.

[21] DIN 4126: Nachweis der Standsicherheit von Schlitzwänden. September 2003.

[22] DIN 4126 Beiblatt 1: Nachweis der Standsicherheit von Schlitzwänden, Beiblatt 1: Erläuterungen. September 2003.

[23] DIN 4127: Erd- und Grundbau – Prüfverfahren für Stützflüssigkeiten im Schlitzwandbau und für deren Ausgangsstoffe. 2014.

[24] DIN EN ISO 13500: Erdöl- und Erdgasindustrie – Bohrspülungen – Spezifikationen und Prüfungen. April 2011.

[25] DIN 14688-1: Geotechnische Erkundung und Untersuchung – Benennung, Beschreibung und Klassifizierung von Boden. Teil 1: Benennung und Beschreibung, 2003.

[26] DIN EN ISO 14688-2: Geotechnische Erkundung und Untersuchung – Benennung, Beschreibung und Klassifikation von Boden. Teil 2: Grundlagen für Bodenklassifizierung. 2004.

[27] DIN EN ISO 14689-1 Geotechnische Erkundung und Untersuchung – Benennung, Beschreibung und Klassifizierung von Fels. Teil 1: Benennung und Beschreibung, 2003.

[28] DIN 18122-1: Baugrund; Untersuchungen von Bodenproben – Zustandsgrenzen (Konsistenzgrenzen) – Teil 1: Bestimmung der Fließ- und Ausrollgrenze. 1997.

[29] DIN 18122-2: Baugrund; Untersuchungen von Bodenproben – Zustandsgrenzen (Konsistenzgrenzen) – Teil 2: Bestimmung der Schrumpfgrenze. 2000.

[30] DIN 18123: Baugrund – Untersuchung von Bodenproben; Bestimmung der Korngrößenverteilung. 1996.

[31] DIN 18130-2: Baugrund: Untersuchung von Bodenproben – Bestimmung des Wasserdurchlässigkeitswerts. 2011.

[32] DIN 18137-1: Bestimmung der Scherfestigkeit – Begriffe und grundsätzliche Versuchsbedingungen. 2010.

[33] DIN 18196: Erd- und Grundbau – Bodenklassifikation für bautechnische Zwecke. 2006.

[34] DIN 18319: VOB (Verdingungsordnung für Bauleistungen), Teil C: Allgemeine Technische Vertragsbedingungen für Bauleistungen (ATV) – Rohrvortriebsarbeiten. September 2012.

[35] DIN EN ISO 22476-1: Geotechnische Erkundung und Untersuchung – Felduntersuchungen – Teil 1: Drucksondierung mit elektrischen Messwertaufnehmern und Messeinrichtungen für Porenwasserdruck. 2005.

[36] DIN EN ISO 22476-2: Geotechnische Erkundung und Untersuchung – Felduntersuchungen – Teil 2: Rammsondierungen. 2005.

[37] DIN EN ISO 22476-3: Geotechnische Erkundung und Untersuchung – Felduntersuchungen – Teil 3: Standard Penetration Test. 2005.

[38] DIN 53019: Viskosimetrie – Messung von Viskositäten und Fließkurven mit Rotationsviskosimetern – Teil 1: Grundlagen und Messgeometrie. 2008.

[39] Dörhöfer, G., Maier, J.: Schadstofftransport und Schadstoffrückhaltung in klüftigen Tongesteinen am Beispiel der Sonderabfalldeponie Münchehagen – Feld und Laboruntersuchungen. Verbundprojekt „Methoden zur Erkundung und Beschreibung des Untergrunds von Deponien und Altlasten", Bundesanstalt für Geowissenschaften und Rohstoffe, Hannover, 1992.

[40] Eichler, K.: Fels und Tunnelbau. Renningen, Expert Verlag, 1999.

[41] Elbe, L.: Bohrspülungen im HDD. Schriftenreihe aus dem Institut für Rohrleitungsbau Oldenburg, Band 26. Essen, Vulkan Verlag, 2003.

[42] Engineering Geology Field Manual, Vol. 2. U.S. Department of the Interior, Bureau of Reclamation. 2001.

[43] Fecker, E., Reick, G.: Baugeologie. Stuttgart, Ferdinand Enke, 1996.

[44] Fengler, E.-G.: Grundlagen der Horizontalbohrtechnik. Essen, Vulkan-Verlag, 1998.

[45] Firmeninformation Baroid Industrial Drilling Products, Halliburton, www.halliburton.com, 2008.

[46] Firmeninformation Phrikolat Drillings Specialities GmbH, Siegburg, www.phrikolat.de, 2008

[47] Firmeninformation S&B Industrial Minerals GmbH, Mannheim, www.ibeco.de, 2008.

[48] Füchtbauer, H.: Sedimente und Sedimentgesteine. In: Sediment-Petrologie, Teil 2. Stuttgart, Schweizerbart, 1988.

[49] Fuji, H.: Development of a new pipe jacking method for ultra-long distances. In: Proceedings of the 11th International Conference on Trenchless Construction (No-Dig 97), Taiwan, 1997, S. III-2-1–10.

[50] Geil, M.: Untersuchungen der physikalischen und chemischen Eigenschaften von Bentonit-Zement-Suspensionen im frischen und erhärteten Zustand. Dissertation, TU Braunschweig, 1987

[51] Grim, R. E., Güven, N.: Bentonites – Geology, Mineralogy, Properties and Use. Amsterdam, Elsevier, 1978.

[52] Hölting, B.: Hydrogeologie – Einführung in die Allgemeine und Angewandte Hydrogeologie. Stuttgart, Ferdinand Enke, 2009.

[53] Hofmann, U.: Neue Erkenntnisse auf dem Gebiet der Thixotropie, insbesondere bei tonhaltigen Gelen. Kolloid-Zeitschrift 152 (1952), S. 86–99.

[54] Jasmund, K., Lagaly, G. (Hrsg.): Tonminerale und Tone. Darmstadt, Steinkopff, 1993.

[55] Jessberger, H. L.: Die viskosen und thixotropen Eigenschaften von Ton-Wasser-Gemischen. VDI-Zeitschrift 105 (1963), S. 8–12.

[56] Käsling, H., Thiele, I., Thuro, K.: Abrasivitätsuntersuchungen mit dem Cerchar-Test – eine Evaluierung der Versuchsbedingungen. 16. Tagung für Ingenieurgeologie und Forum „Junge Ingenieurgeologen", Bochum 2007.

[57] Kilchert, M., Karstedt, J.: Schlitzwände als Trag- und Dichtungswände, Band 2: Standsicherheitsberechnungen von Schlitzwänden nach DIN 4126. Wiesbaden, Bauverlag, 1984.

[58] Kollmann, B.: Microtunnelling – Innovationen für Langstreckenvortriebe. In: Taschenbuch für den Tunnelbau 2001, S. 341–368. Essen, Glückauf, 2001.

[59] Konietzky, H.: Skriptum „Einaxiale Zugfestigkeitsprüfung". Lehrstuhl Gebirgs und Felsmechanik/Felsbau, Technische Universität Bergakademie Freiberg, 2006

[60] Koppelberg, W.: Numerische und statistische Untersuchungen zur Durchlässigkeit geklüfteter geologischer Körper und ihrer Bestimmung durch Wasserdruckversuche. Dissertation, RWTH Aachen, 1985.

[61] Langguth, H. R., Voigt, R.: Hydrogeologische Methoden. Berlin, Springer, 1980.

[62] Lindner, T., Ehret D.: Baustelleneinrichtung im Rohrvortrieb. Schwanau, Business Unit Utility Tunnelling/After Sales Service, Herrenknecht AG, Version 2.1, März 2012

[63] Lummus, J. L., Azar, J. J.: Drilling Fluids Optimization – A Practical Field Approach. Penn Well Publishing Company, 1986.

[64] Lyon, J.: Drilling Manual. CETCO Colloid Environmental Technologies Company, Mereyside, England.

[65] Marshall, M.: Pipe-jacked tunneling: Jacking loads and ground movements. PhD Thesis, University of Oxford, 1998.

[66] Matula, M.: Rock and Soil Description and Classification for Engineering Geological Mapping Report by the IAEG Commission on Engineering Geological Mapping. Bulletin of Engineering Geology and the Environment 24 (1981), 235–274.

[67] Merkblatt W 113 des DVGW: Ermittlung, Darstellung und Auswertung der Korngrößenverteilung wasserleitender Lockergesteine für geohydrologische Untersuchungen für den Bau von Entnahmebrunnen. Bonn, Deutscher Verein des Gas- und Wasserfaches e.V., 1983.

[68] Meyer, L.: Versuchsbericht Bentonitversuch Leitungswiderstand. Schwanau, Herrenknecht AG, 2003

[69] Möbius, C. H.: Bentonit-Suspension – Eigenschaften, Herstellung und Prüfung. Österreichische Ingenieur-Zeitschrift 20 (1977), S. 73–82.

[70] Müller-Kirchenbauer, H.: Stability of slurry trenches in inhomogenius subsoil. Proceedings of the 9th International Conference on Soil Mechanics and Foundation Engineering, Band 2, Tokio, 1977.

[71] Pekdeger, A., Schulz, H.-D.: Ein Methodenvergleich zur Laborbestimmung des k_f-Wertes von Sanden. Meyniana 27 (1975), S. 35–40.

[72] Plinninger, R. J., Käsling, H., Thuro, K.: Praktische Aspekte der Abrasivitätsuntersuchung und Verschleißprognose mit den Cerchar-Abrasivitätstest (CAI). 15. Tagung für Ingenieurgeologie, Erlangen 2005.

[73] Praetorius, S., Scherer, T.: Bentonitdrücke im Ringraum von Rohrvortrieben. bi-Umweltbau Nr. 4, August 2011

[74] Prinz, H., Strauß, R.: Abriss der Ingenieurgeologie. München, Spektrum Akademischer Verlag, 2006.

[75] Pulsfort, M., Walz, B.: Skriptum „Spezialgrundbau – Teil A: Schlitzwandbauweise". FG Unterirdisches Bauen, Grundbau, Bodenmechanik, Bergische Universität Gesamthochschule Wuppertal, 2000.

[76] Reik, G., Hesselmann, F.-J.: Verfahren zur Ermittlung der Gebirgsfestigkeit von Sedimentgesteinen. In: Österreichische Gesellschaft für Geomechanik (Hrsg.): Ingenieurgeologie und Geomechanik im Talsperren- und Tunnelbau. Wien, Springer, 1981.

[77] RMR and Q: Settings records straight. Tunnels and Tunneling International (February 2008), S. 26–29.

[78] Savidis, S.: Skriptum „Grundbau II". FG Grundbau und Bodenmechanik, Technische Universität Berlin, 2003.

[79] Scherle, M.: Rohrvortrieb. Wiesbaden, Bauverlag, 1977.

[80] Schlumberger Oilfield Glossary (http://www.glossary.oilfield.slb.com). 19. November 2008.

[81] Schößer, B.: Untersuchungen zur Entwicklung und Übertragung von Tangentialspannungen am Umfang von Vortriebsrohren im nichtbindigen Lockergestein. Dissertation, Ruhr-Universität Bochum, Fakultät für Bauingenieurwesen, 2004.

[82] Schultz-Grunow, F.: Zur Rheologie der Suspensionen. Chemie Ingenieur Technik 34 (1962), S. 223–230.

[83] Schultze, E., Muhs, H.: Bodenuntersuchungen für Ingenieurbauten. Heidelberg, Springer, 1967.

[84] Schulze, B., Brauns, J.: Schwalm, I.: Neuartiges Baustellen-Messgerät zur Bestimmung der Fließgrenze von Suspensionen. geotechnik (1991) S. 125–131.

[85] Skriptum „Allgemeine Hydrogeologie". TU Dresden, Institut für Geotechnik, Angewandte Geologie, 2008.

[86] Skriptum „Bodenphysik". Universität für Bodenkultur Wien, Institut für Hydraulik und landeskulturelle Wasserwirtschaft, 2008. http://www.wau.boku.ac.at/ihlw.html.

[87] Skriptum „Geologie im Bauwesen". Universität Karlsruhe, Institut für Bodenmechanik und Felsmechanik, 2008.

[88] Smoltczyk, U. (Hrsg.): Grundbau-Taschenbuch. Teil 1: Geotechnische Grundlagen. Berlin, Ernst und Sohn, 2001.

[89] Snow, D. T.: A parallel plate model of fractures permeable media. PhD thesis, University of California Berkeley, 1965.

[90] Spang, R. M.: Vortriebsspezifische Boden und Felsklassifizierung. In: The European Water Pollution Control Association e.V. (Hrsg.): Dokumentation Internationaler Kongress Leitungsbau Hamburg, Band I. Hamburg (1987), S. 571–592.

[91] Standard Construction Guidelines for Microtunneling. Reston, American Society of Civil Engineers ASCE, Dezember 1998.

[92] Stein, D.: Grabenloser Leitungsbau. Berlin, Ernst und Sohn, 2003.

[93] Stein, D., Schößer, B., Statzni, C.: Entwicklung und Erprobung von optimierten Injektionsmitteln und -verfahren zur kontinuierlichen Ringspaltstützung beim Rohrvortrieb im heterogenen Baugrund. Abschlußbericht zum Forschungsprojekt gefördert durch das Ministerium für Umwelt- und Naturschutz, Landwirtschaft und Verbraucherschutz des Landes Nordrhein-Westfalen (MUNLV NRW), November 2007. http://www.lanuv.nrw.de/wasser/abwasser/forschung/pdf/Abschlussbericht_Injektionsmittel_RUB.pdf

[94] Triantafyllidis, Th.: Planung und Bauausführung im Spezialtiefbau. Berlin, Ernst und Sohn, 2003.

[95] Ulusay, R., Hudson, J. A.: The Complete ISRM Suggested Methods for Rock Characterization, Testing and Monitoring 1974–2006. International Society for Rock Mechanics, Commission on Testing Methods, 2007.

[96] Walz, B.: Grundlagen der Flüssigkeitsstützung von Erdwänden. In: Tagungsband des 4. Christian-Veder-Kolloquiums, Graz, Institut für Bodenmechanik, Felsmechanik und Grundbau, TU Graz, 1989.

[97] Walz, B., Pulsfort, M.: Skriptum „Spezialgrundbau – Teil A: Schlitzwandbauweise". Bergische Universität Gesamthochschule Wuppertal, 2001.

[98] Whitlow, R.: Basic Soil Mechanics. Upper Saddle River, Prentice Hall, 2001.

[99] Yonan, S. J.: Pipe Jacking Forces in Sand. PhD Thesis, Loughborough University, Department of Civil Engineering, 1993.

[100] Ziesmer, S.: Das Fließverhalten von Montmorillonitdispersionen unter dem Einfluss ionisch modifizierter Polyethylenglycole. Dissertation, Christian-Albers-Universität Kiel, 2002.